排水与内涝防治系列标准实施指南

张 辰 编著

中国建筑工业出版社

图书在版编目（CIP）数据

排水与内涝防治系列标准实施指南/张辰编著. —
北京：中国建筑工业出版社，2021.8
ISBN 978-7-112-26386-8

Ⅰ.①排…　Ⅱ.①张…　Ⅲ.①城镇-暴雨洪水-排水
系统-技术标准-中国-指南　Ⅳ.①TU992.03-65

中国版本图书馆 CIP 数据核字(2021)第 146989 号

本书旨在配合排水防涝系列标准的实施。第 1 章论述排水防涝系列标准实施指
南编制的背景和意义，第 2 章论述发达国家和地区排水系统技术与标准体系，第
3～5 章分别介绍《室外排水设计规范》GB 50014—2006（2016 年版）、《城镇内涝
防治技术规范》GB 51222—2017 和《城镇雨水调蓄工程技术规范》GB 51174—2017
三部国家标准的编制背景、编制思路、主要内容和编制意义，第 6～8 章分别介绍排
水系统工程设计实例、城镇排水防涝规划实例、调蓄池工程实例，为排水行业的设
计、规划提供参考。

责任编辑：于　莉
责任校对：李美娜

排水与内涝防治系列标准实施指南
张　辰　编著
*
中国建筑工业出版社出版、发行（北京海淀三里河路 9 号）
各地新华书店、建筑书店经销
北京科地亚盟排版公司制版
廊坊市海涛印刷有限公司印刷
*
开本：787 毫米×1092 毫米　1/16　印张：11¼　字数：276 千字
2021 年 8 月第一版　2021 年 8 月第一次印刷
定价：50.00 元
ISBN 978-7-112-26386-8
（37854）

前　言

随着我国城镇化水平不断提高、城市规模不断扩大，城市暴雨内涝造成的危害和影响也暴露了市政基础设施建设与安全保障不相适应的矛盾。以往的城镇化开发挤占河道、湖泊，使原本消纳雨水径流的空间和通道消失，直接导致了暴雨时雨水径流无处可去。此外，基础设施建设过程中存在"重地上、轻地下"的现象，地下排水管网建设投入不足、城市排水设施建设标准普遍偏低、运行维护管理不到位，也给城市排水和内涝防治工作留下诸多隐患。

针对我国城市内涝频发状况，2013 年 3 月 25 日，国务院办公厅发布了《国务院办公厅关于做好城市排水防涝设施建设工作的通知》（国办发〔2013〕23 号），提出用 10 年左右的时间，建成较为完善的城市排水防涝工程体系；并要求住房和城乡建设部等部门根据近年来我国气候变化情况，及时研究修订《室外排水设计规范》GB 50014 等标准规定，指导各地区科学确定有关建设标准。为此，住房和城乡建设部于 2013 年 4 月以工作函的形式，要求用 1 年～2 年的时间，迅速制修订一系列排水与内涝防治标准，从标准体系上保障城市安全运行。

在任务下达后的 3 年中，上海市政工程设计研究总院（集团）有限公司作为主编单位，开展了排水防涝系列标准中 3 部主要设计标准研究，在总结国外先进经验和结合国情的基础上，对《室外排水设计规范》GB 50014—2006 进行了 2014 年版和 2016 年版两次修订，并开创性地编制了国内排水行业城镇内涝防治的工程技术规范，即《城镇内涝防治技术规范》GB 51222—2017 和《城镇雨水调蓄工程技术规范》GB 51174—2017。不仅设立了排水与内涝防治的工程设计标准，而且引入系统治理的观念和先进的雨水管理理念，以期在我国排水行业树立崭新的设计理念和设计思路，引导传统的排水设计从依赖单一的灰色基础设施逐渐走向注重系统性和灰绿结合的现代化雨水管理道路。在排水防涝系列标准编制和审阅过程中住房和城乡建设部及国内一些知名的内涝防治与海绵城市建设的理论研究者与实践者都倾注了大量的心血。

为配合排水防涝系列标准的实施，组织编制了《排水与内涝防治系列标准实施指南》，第 1 章论述排水防涝系列标准实施指南编制的背景和意义，第 2 章论述发达国家和地区排水系统技术与标准体系，第 3～5 章分别介绍《室外排水设计规范》GB 50014—2006（2016 年版）、《城镇内涝防治技术规范》GB 51222—2017 和《城镇雨水调蓄工程技术规范》GB 51174—2017 三部国家标准的编制背景、编制思路、主要内容和编制意义，第 6～8 章分别介绍排水系统工程设计实例、城镇排水防涝规划实例、调蓄池工程实例，为排水行业的设计、规划提供参考。

本书由上海市政工程设计研究总院（集团）有限公司、北京市市政工程设计研究总院有限公司等合作完成。本书由张辰主编和统稿，参加编写的有吕永鹏、陈嫣、李春鞠、王盼、谭学军、贺晓红、顾敏燕、姚玉健、邹伟国、周娟娟、肖艳、朱勇、莫祖澜、谢胜、朱宇峰、汉京超、董磊、胡嘉娣、姚枝良、郭磊、俞士静。

感谢住房和城乡建设部及中国工程建设标准化协会对本书成稿的大力支持。感谢国家重点研发计划课题（2018YFC0809904）的资助。由于时间仓促和作者水平有限，书中不足和疏漏之处在所难免，敬请同行和读者指正。

目　录

第1章　概述 ………………………………………………………………… 1

　1.1　编制背景 ……………………………………………………………… 1

　1.2　编制意义 ……………………………………………………………… 2

　1.3　排水与内涝防治系列标准相互关系 ………………………………… 4

第2章　发达国家和地区排水系统技术与标准体系 ……………………… 6

　2.1　排水系统设计理念的发展 …………………………………………… 6

　　2.1.1　美国 ……………………………………………………………… 6

　　2.1.2　德国 ……………………………………………………………… 8

　　2.1.3　英国 ……………………………………………………………… 8

　　2.1.4　澳大利亚 ………………………………………………………… 10

　　2.1.5　日本 ……………………………………………………………… 11

　2.2　设计标准和设计方法 ………………………………………………… 11

　　2.2.1　内涝防治 ………………………………………………………… 11

　　2.2.2　污染控制 ………………………………………………………… 22

　　2.2.3　雨水利用 ………………………………………………………… 25

　　2.2.4　灾害应急 ………………………………………………………… 30

　2.3　典型案例 ……………………………………………………………… 33

　　2.3.1　源头减排案例 …………………………………………………… 34

　　2.3.2　排水管渠案例 …………………………………………………… 36

　　2.3.3　排涝除险案例 …………………………………………………… 36

　　2.3.4　雨水利用案例 …………………………………………………… 37

　2.4　发达国家和地区排水系统技术与标准体系的借鉴 ………………… 39

　　2.4.1　我国内地与发达国家和地区排水系统现状对比 ……………… 39

　　2.4.2　发达国家和地区排水系统技术与标准体系经验 ……………… 40

　　2.4.3　我国城镇排水系统标准体系构建原则 ………………………… 44

第3章　《室外排水设计规范》GB 50014—2006（2016 年版）实施指南 … 46

　3.1　修编背景 ……………………………………………………………… 46

　3.2　修编思路 ……………………………………………………………… 46

　3.3　主要内容 ……………………………………………………………… 47

　　3.3.1　《室外排水设计规范》GB 50014—2006（2011 年版） ……… 47

　　3.3.2　《室外排水设计规范》GB 50014—2006（2014 年版） ……… 58

　　3.3.3　《室外排水设计规范》GB 50014—2006（2016 年版） ……… 72

　3.4　编制意义 ……………………………………………………………… 74

第4章 《城镇内涝防治技术规范》GB 51222—2017 实施指南 ·········· 75

  4.1 编制背景 ··· 75

  4.2 编制思路 ··· 75

  4.3 主要内容 ··· 76

    4.3.1 主要技术要求 ·· 76

    4.3.2 主要技术措施 ·· 82

    4.3.3 运行维护 ·· 92

  4.4 编制意义 ··· 93

第5章 《城镇雨水调蓄工程技术规范》GB 51174—2017 实施指南 ·········· 94

  5.1 编制背景 ··· 94

  5.2 编制思路 ··· 94

  5.3 主要内容 ··· 95

    5.3.1 调蓄系统设计 ·· 95

    5.3.2 运行维护 ·· 112

  5.4 编制意义 ··· 114

第6章 排水系统工程设计实例 ···································· 115

  6.1 上海市宝山区乾溪新村排水系统工程 ··········· 115

    6.1.1 项目介绍 ·· 115

    6.1.2 数学模型计算 ·· 117

    6.1.3 工程设计方案 ·· 117

  6.2 上海市杨浦区民星南排水系统工程 ··········· 118

    6.2.1 项目介绍 ·· 118

    6.2.2 数学模型计算 ·· 119

    6.2.3 工程设计方案 ·· 120

第7章 城镇排水防涝规划实例 ···································· 122

  7.1 昆山市城市排水（雨水）防涝综合规划 ··········· 122

    7.1.1 项目介绍 ·· 122

    7.1.2 规划总论 ·· 124

    7.1.3 规划方案 ·· 126

  7.2 扬州市城市排水与防涝规划 ··········· 128

    7.2.1 规划背景 ·· 128

    7.2.2 规划总论 ·· 129

    7.2.3 规划方案 ·· 131

  7.3 温州市城市排水（雨水）防涝综合规划 ··········· 135

    7.3.1 项目介绍 ·· 135

    7.3.2 规划原则 ·· 136

    7.3.3 规划方案 ·· 138

  7.4 宁波市区防汛排涝评估研究 ··········· 142

    7.4.1 项目介绍 ·· 142

　　7.4.2　规划原则 ……………………………………………………………… 142
　　7.4.3　规划方案 ……………………………………………………………… 143
　7.5　南京市中心城区排水防涝综合规划 …………………………………… 147
　　7.5.1　项目介绍 ……………………………………………………………… 147
　　7.5.2　规划原则 ……………………………………………………………… 148
　　7.5.3　规划方案 ……………………………………………………………… 149
第8章　调蓄池工程实例 ……………………………………………………… 151
　8.1　上海市梦清园调蓄池工程 ……………………………………………… 151
　　8.1.1　项目介绍 ……………………………………………………………… 151
　　8.1.2　规模确定 ……………………………………………………………… 151
　　8.1.3　工程设计 ……………………………………………………………… 152
　8.2　上海市西干线改造工程蕰藻浜调蓄处理池工程 ……………………… 155
　　8.2.1　项目介绍 ……………………………………………………………… 155
　　8.2.2　规模确定 ……………………………………………………………… 155
　　8.2.3　工程设计 ……………………………………………………………… 156
　8.3　上海市世博会园区市政配套设施工程——浦明调蓄池 ……………… 157
　　8.3.1　项目介绍 ……………………………………………………………… 157
　　8.3.2　规模确定 ……………………………………………………………… 158
　　8.3.3　工程设计 ……………………………………………………………… 159
　8.4　石家庄市正定新区2号雨水泵站工程配套调蓄池 ……………………… 162
　　8.4.1　项目介绍 ……………………………………………………………… 162
　　8.4.2　规模确定 ……………………………………………………………… 162
　　8.4.3　工程设计 ……………………………………………………………… 163
　8.5　北京市成寿寺雨水泵站升级改造工程 …………………………………… 164
　　8.5.1　项目介绍 ……………………………………………………………… 164
　　8.5.2　规模确定 ……………………………………………………………… 165
　　8.5.3　工程设计 ……………………………………………………………… 165
　8.6　北京市五路居雨水泵站升级改造工程 …………………………………… 168
　　8.6.1　项目介绍 ……………………………………………………………… 168
　　8.6.2　规模确定 ……………………………………………………………… 168
　　8.6.3　工程设计 ……………………………………………………………… 168
参考文献 ………………………………………………………………………… 170

第1章 概述

1.1 编制背景

自进入 20 世纪以来,全球极端气候频发,致使暴雨和特大暴雨经常发生。2013 年,联合国政府间气候变化专业委员会第 5 次评估报告指出,由于热岛效应、阻碍效应和凝结核效应,人口密集、经济发达的特大城市群对气候变化将更为敏感。气候变化是全球性的难题,但传统的混凝土丛林式的城镇化发展会令城市在气候变化面前更为脆弱。根据我国年代际暴雨时空变化的研究,1951—1960 年暴雨天数小于 30d 的观测点为 547 个,2001—2010 年暴雨天数小于 30d 的观测点仅剩 233 个,而暴雨天数大于 120d 的观测点达到了265 个。据统计,2010—2016 年,我国平均每年发生内涝的城市超过 180 座。伴随着我国城镇化进程的加快,极端性强降雨频次显著上升,城市内涝问题日趋突出,这为传统城镇化发展方式敲响了警钟。

随着我国城镇化水平不断提高、城市规模不断扩大,城市暴雨内涝造成的危害和影响也暴露了市政基础设施建设与安全保障不相适应的矛盾。以往的城镇化开发挤占河道、湖泊,使原本消纳雨水径流的空间和通道消失,直接导致暴雨时雨水径流无处可去。相关调查研究表明,1971—2000 年,长江中下游湖泊的水域面积逐年减小,以上海为例,主要湖泊面积从 96.68km² 下降至 66.38km²,并且有若干湖泊消失。同时,基础设施建设中存在"重地上、轻地下"的现象,地下排水管网建设投入不足、城市排水设施建设标准普遍偏低、运行维护管理不到位,也给城市排水和内涝防治工作留下诸多隐患。我国 70% 以上的城市排水系统建设标准很低,设计暴雨重现期小于 1 年,有的甚至只有 0.3 年~0.5 年,完全没有能力应对城镇的内涝灾害。另外,大多数城市缺乏应对特大暴雨的城市内涝防治体系,缺乏完善的预警机制和应急措施,导致城市缺乏抵御暴雨等恶劣气候的能力。

针对我国城市内涝频发状况,2013 年 3 月 25 日,发布了《国务院办公厅关于做好城市排水防涝设施建设工作的通知》(国办发〔2013〕23 号),提出用 10 年左右的时间,建成较为完善的城市排水防涝工程体系;并要求住房和城乡建设部等部门根据近年来我国气候变化情况,及时研究修订《室外排水设计规范》GB 50014 等标准规定,指导各地区科学确定有关建设标准。为此,住房和城乡建设部于 2013 年 4 月以工作函的形式,要求用 1年~2 年的时间,迅速制修订一系列排水与内涝防治标准,从标准体系上保障城市安全运行。

在任务下达后的 3 年中,上海市政工程设计研究总院(集团)有限公司作为排水防涝系列标准中 3 部主要设计标准的主编单位,在总结国外先进经验和结合国情的基础上,对《室外排水设计规范》GB 50014—2006 进行了 2014 年版和 2016 年版两次修订,并开创性地编制了国内排水行业城镇内涝防治的工程技术规范,即《城镇内涝防治技术规范》

GB 51222—2017 和《城镇雨水调蓄工程技术规范》GB 51174—2017。不仅设立了排水与内涝防治的工程设计标准，而且以系统治理的观念和先进的雨水管理理念应对前述我国城镇化发展中的弊病。

1.2 编制意义

自古以来，排水管渠系统是城镇必需而重要的基础设施，承担着及时排除雨水径流、防治内涝、保护水环境和防治水污染等重要任务。19 世纪末到 21 世纪初期，为了解决内涝和水环境污染问题，国际雨水管理的重点逐渐从水量向水质过渡，同时应对策略也趋向于系统性方案，不再仅仅依赖于排水管渠。而且现代化城市的排水管渠系统远远超出了传统"下水道"的范畴，其具有了生态、经济、社会、文化等多方面的重要意义。排水管渠系统不再是应对城市内涝和保护水环境的唯一设施。例如，在美国的芝加哥市，通过实施规模宏大的调蓄隧道和水库计划（TARP 计划，具体内容参见 2.2.1 节），合流制污水溢流问题基本被消灭，整座城市彻底告别了以往污水横流的形象，城市的生态环境也得到了极大的改善，昔日的溢流污水受纳水体成功转型成为休闲娱乐和旅游景点，成为城市新的名片。

作为指引我国排水行业发展的规范，国家标准《室外排水设计规范》GB 50014—2006 在 2014 年和 2016 年修订过程中就把新时期城镇化发展方向、破解内涝频发灾害和城市河流污染问题作为修订的重点，并结合《城镇内涝防治技术规范》GB 51222—2017 和《城镇雨水调蓄工程技术规范》GB 51174—2017 的编制，期望在我国排水行业树立崭新的设计理念和设计思路，引导传统的排水设计从依赖单一的灰色基础设施逐渐走向注重系统性和灰绿结合的现代化雨水管理道路。《室外排水设计规范》GB 50014—2006（2014 年版、2016 版)、《城镇内涝防治技术规范》GB 51222—2017 和《城镇雨水调蓄工程技术规范》GB 51174—2017 三部标准的主要制修订意义如下：

（1）建立了系统治理的设计理念

过去很长一段时间，我国一直将城市排水标准等同于城市内涝防治标准，对于应对超过雨水管网排水能力的暴雨径流，没有内涝灾害防御工程体系，缺少相关的技术标准，也缺乏相应的工程设施。在规划设计理念方面，将城市排水、内涝防治和防洪割裂规划设计是我国与发达国家和地区城市排水系统的本质区别。在城市开发过程中，美国、英国、澳大利亚等发达国家和地区都曾遭受过内涝问题。历经数年，这些国家逐渐总结出适合本地情况的可持续雨水管理策略和适宜的内涝防治战略。其中最重要的特点就是，将城市排水、城市内涝防治和城市防洪作为一个系统来考虑；强调从源头到末端全过程控制的雨水管理系统，能够削减降雨过程中的流量峰值，减轻排水管道的压力，降低城市内涝发生的频率和强度。

为此，《城镇内涝防治技术规范》GB 51222—2017 提出，建立"源头减排—排水管渠—排涝除险"的三段论式城镇内涝防治系统，体现了从源头到末端的全过程控制和系统治理的理念。不仅如此，系统治理的思路也打破了以往内涝防治仅仅依靠排水管渠的传统观念，将道路、广场、绿地、水体等也作为雨水消纳的空间和通道，纳入内涝防治体系中。《室外排水设计规范》GB 50014—2006（2014 年版）就指出，排水工程的规划和设计应与河道水系、道路交通和园林绿地等专业规划协调一致，充分利用河道、湖泊、湿地和沟塘等的自然蓄排水功能。当城市生态系统中原有的水系和绿地被保存下来，用于消纳雨水，不但避免了在地下排水管线上高昂的投入，也令城镇化建设回归人与自然和谐共处的发展理念。

不仅如此，《城镇内涝防治技术规范》GB 51222—2017 所构建的内涝防治体系在工程性设施之外，还包括应急管理的非工程性措施，以应对内涝防治重现期之外的暴雨。借助当下物联网和互联网的迅猛发展，应急管理的信息化平台的建立和发展还有助于推动排水行业向智慧水务发展，从而在科技层面上以系统调度管理最终实现系统治理。

（2）设立了水量、水质并举的内涝防治体系

我国在 2015 年之前针对暴雨的管理仍然停留在防洪防涝这个层面，而在水污染防治方面，我国的工作重点仍然集中在解决工业污染源和生活污水问题等方面，而对雨水造成的污染的重视程度远远不够。当暴雨来临的时候，无论是来自合流制系统的雨污混合溢流，还是来自分流制系统中降雨初期的地面雨水径流，都会对受纳水体造成严重污染。根据对华东地区某市的调查，该市暴雨期间排入江中的雨污混合溢流 COD 浓度达到了350mg/L 以上。即使是在一些点源污染控制比较好的城市地区，其市区内的河流水质也远远低于景观水的要求，因此，系统性解决雨水对环境造成的污染已经到了刻不容缓的地步。

《室外排水设计规范》GB 50014—2006、《城镇内涝防治技术规范》GB 51222—2017 和《城镇雨水调蓄工程技术规范》GB 51174—2017 三部标准所提出的内涝防治系统是一个兼顾水质和水量控制的系统。不仅有雨水管渠设计重现期、内涝防治设计重现期等水量控制的要求，也有雨水径流污染控制目标对应的设计方法和要求。例如，《室外排水设计规范》GB 50014—2006（2014 年版）在排水管渠方面提出，要采取截流、调蓄和处理相结合的措施，加强对降雨初期的污染防治。《城镇内涝防治技术规范》GB 51222—2017 和《城镇雨水调蓄工程技术规范》GB 51174—2017 则在源头减排和排涝除险设施中都提出径流污染与削峰调蓄的设计要求。

（3）提供了内涝防治体系的设计依据和设计方法

从水量控制到水质水量并举的治理目标，从单一的排水管渠到涵盖水体、绿地、道路和广场的内涝防治体系，《室外排水设计规范》GB 50014—2006、《城镇内涝防治技术规范》GB 51222—2017 和《城镇雨水调蓄工程技术规范》GB 51174—2017 三部标准为新增的设计目标和内涝防治设施提出了设计标准和设计方法。

对于源头减排设施，《城镇内涝防治技术规范》GB 51222—2017 规定采用年径流总量控制率、雨水径流污染削减要求和雨水利用率作为设计依据。其中，强制性条文"当地区整体改造时，对于相同的设计重现期，改建后的径流量不得超过原有径流量"的要求与国外发达国家低影响开发的要求是接轨的。《城镇雨水调蓄工程技术规范》GB 51174—2017还分别给出了源头总量控制、削减径流峰值和径流污染控制等几种目标下，雨水调蓄容量的确定方法。

针对我国排水管渠设计标准偏低的现实，《室外排水设计规范》GB 50014—2006（2014 年版）提高了雨水管渠的设计标准，做到与发达国家标准接轨：①按城镇类型和城区类型细分雨水管渠设计重现期，最高可达 50 年，最低也有 2 年；②在暴雨强度公式中

取消了折减系数；③结合雨量资料的积累，在暴雨强度公式的统计上规定采用国际上常用且更加准确的年最大值法。在排水管渠的设计方法上建议对于超过 2km² 的汇水范围采用数学模型法计算雨水设计流量，推动了排水行业设计方法从手工走向计算机模拟。

在排涝除险设施的设计中，《室外排水设计规范》GB 50014—2006 和《城镇内涝防治技术规范》GB 51222—2017 按城镇类型规定了以内涝防治重现期及路面积水深度作为设计依据。此依据的确定既参考了发达国家的经验，也结合了我国的国情。我国采用的路面积水深度为 15cm，略高于美国的设计标准，而且没有像美国一样，根据道路等级规定积水深度。这主要是考虑 15cm 的积水不至于让机动车排气管进水而导致车辆熄火，交通瘫痪。由于我国城市人口密度高，道路等级和路幅宽度有时不一致，一条小马路也可能导致周围交通的瘫痪，因此积水深度标准确立时不限制路幅，使得整个城市交通在内涝设计重现期下都能正常运行。《城镇内涝防治技术规范》GB 51222—2017 还补充了内涝防治目标下所需的设计方法：①规定了内涝设计重现期下雨水量的计算方法和设计雨型的要求；②路面积水宽度的计算方法；③内涝设计重现期下，雨水管渠按压力流校核的要求，并在规范附录中以手工计算实例解释了校核的原理。

《室外排水设计规范》GB 50014—2006、《城镇内涝防治技术规范》GB 51222—2017 和《城镇雨水调蓄工程技术规范》GB 51174—2017 三部排水防涝系列标准的制修订，建立起了具有中国特色的内涝防治系统，不仅与国际先进的可持续性雨水管理理念接轨，而且也符合我国"天人合一，道法自然"的传统观念，更契合了十九大报告中提出的"生态文明建设"和当下海绵城市建设的要求，为城镇化建设转型中排水设施的建设和未来发展提供了技术支撑。

1.3 排水与内涝防治系列标准相互关系

《室外排水设计规范》GB 50014—2006 一直是引领我国排水行业发展和设计的重要规范。因此，在我国尚未形成建立内涝防治体系—认识之前，《室外排水设计规范》GB 50014—2006 在 2014 年版修订过程中充当了开创者的角色。2014 年版在总则中确立了三段论式的内涝防治体系雏形，并指出城镇内涝防治应采取工程性和非工程性相结合的综合控制措施。在内涝防治系统的术语解释中进一步体现了雨水收集、输送、调蓄、行泄、处理和利用的全过程控制以及天然和人工设施相结合的理念。总则中还设立了雨水综合管理的目标：控制面源污染、防止内涝灾害和提高雨水利用程度，体现了与国际雨水管理先进理念接轨的"水质水量"并举。在设计标准中，参照国外有关内涝防治的标准并结合我国国情，首次在国内规范中确立了内涝防治设计重现期和积水标准。此外，还补充了内涝防治设施的目标和设计方法。例如，第 3.2.2 条强制性条文规定"当地区整体改建时，对于相同的设计重现期，改建后的径流量不得超过原有径流量"，设立了源头减排设施的设计目标。第 3.2.5A 条指出，源头控制的措施和目的是应采取雨水渗透、调蓄等措施，从源头降低雨水径流的产生量和延缓出流时间。在第 4 章中补充了雨水调蓄池、雨水渗透设施、雨水综合利用等设计内容。2014 年版的实施不仅及时为我国内涝防治工作的开拓提供了科学的技术基础，而且也为我国内涝防治系统相关理论的完善和内涝防治经验的积累提供了时机。2016 年版修订时在总则里补充了与海绵城市建设相协调的内容，在 2014 年版重点修订内容的修订上未做重要删减。

2013年住房和城乡建设部下达了《城镇内涝防治技术规范》和《城镇雨水调蓄工程技术规范》的编制任务，编制组凭借之前的调研积累，在1年多的时间里就完成了两部标准的送审稿。为了配合住房和城乡建设部2015年开始的海绵城市建设相关要求的落地，这两部规范的报批修改花费了整整26个月时间，期间主管部门和国内一些知名的内涝防治与海绵城市建设的理论研究者和实践者在编制和审阅过程中都倾注了大量的心血。为了保持规范自身完整的系统性，这两部规范与《室外排水设计规范》GB 50014—2006（2016年版）之间有少量的交叉和重叠，但各有侧重，共同承担起指导国内排水行业理念更新的重任。

《城镇内涝防治技术规范》GB 51222—2017侧重于内涝防治体系的系统性构建，覆盖了源头减排、排水管渠和排涝除险设施的设计、施工和运行以及应急管理的内容，体现了系统治理和全过程、全流程覆盖。规范明确解释了内涝防治体系的3个子系统的设计目标和相互关系：源头减排针对的是大概率降雨事件（即小雨时），以径流总量控制率、雨水利用率和径流污染要求为目标；排水管渠仅承担雨水管渠设计重现期下（2年~5年）的积水排除；源头减排、排水管渠和排涝除险设施共同应对内涝设计重现期下（20年~100年）的暴雨冲击；应急管理针对的是超出内涝设计重现期的特大暴雨。对于雨水径流污染的控制，可以依靠在排水管渠中的截流和在3个子系统中的调蓄实现。规范为了体现"人工设施与自然和谐共处，共同营造海绵城市"的理念，包含了许多绿色设施，如透水路面、植草沟、生物滞留设施、景观水体等，以及原本非排水功能、现在兼用的内涝防治设施，如行泄通道、绿地和广场等。

《室外排水设计规范》GB 50014—2006（2016年版）偏重于排水管渠和污水处理厂的设计，包括污水和雨水的收集、污水的处理和污泥的处理处置。规范中第4章排水管渠和附属构筑物覆盖了目前排水行业所有相关的工艺设计要求。为了保持内涝防治体系的完整性，《城镇内涝防治技术规范》GB 51222—2017第5章也涉及了排水管渠的设计内容，但是重点在内涝防治设计中雨水管渠的校核方法以及路面积水的计算方法。由于我国特殊的国情，分流制的排水体制并不能做到真正的分流，雨污混接、错接和河水倒灌等很多管网问题和污水处理厂运行问题都有待在这本规范今后的修订中逐渐理清思路，指明排水系统的建设和改建方法。

《城镇雨水调蓄工程技术规范》GB 51174—2017在《室外排水设计规范》GB 50014—2006（2016年版）第4.14节雨水调蓄池的基础上，进行了扩充。调蓄设计内容既有内涝防治目标，也有径流污染控制目标，体现了现代雨水管理中"水质水量"并举的理念。由于调蓄设施的位置可以位于内涝防治系统的各个子系统中，所以规范技术内容按调蓄设施的类型编排，分为水体调蓄设施（包括小区景观水体和内河内湖）、绿地和广场等多功能调蓄设施、调蓄池和隧道调蓄等灰色设施3大类，技术内容覆盖设计、施工验收和运行管理全流程。

本书后续章节将从这三部排水与内涝系列标准制修订过程中国外先进雨水经验的调研、三部标准重点内容的解析和重点内容的实例分别展开论述。

第2章　发达国家和地区排水系统技术与标准体系

2.1　排水系统设计理念的发展

从 20 世纪末期开始，发达国家和地区的排水系统设计理念开始从单一的排水概念逐步演变发展为强调源头控制的可持续性雨水管理，从源头到末端全过程控制地表径流，从而减少地表径流对城市排水的不利影响。目前比较著名的可持续性雨水管理系统包括美国的低影响开发（LID）、德国的分散式雨水管理系统（DRSM）、英国的可持续城市排水系统（SUDS）、澳大利亚的水敏感城市设计（WSUD）以及日本的综合治水对策等。

2.1.1　美国

与世界上许多国家不同，美国目前没有一部全国统一的"国家"排水标准或规范。各类排水设施的规划设计以及日常运行管理活动需要遵循或参照各级政府颁布的多部法律法规和政策规定，同时，一些非官方的行业组织制定的标准或导则也经常被工程技术人员和市政管理人员参考。这些法规、标准和导则构成了一套较为庞大而复杂的排水设计及施工标准规范体系。

从历史上看，美国的排水标准体系大体上经历了四个发展阶段。

第一阶段可以称作水量控制阶段。在《清洁饮用水法》颁布以前，美国的排水管理几乎是完全针对排水"水量"的控制，排水系统主要是为了满足防洪需要。这一时期，排水系统的主要设计理念是避免雨水在地面停留，尽快将降雨形成的地表径流收集起来，然后通过埋设在地下的雨水管道输送至受纳水体。径流雨水中的污染负荷对水体的影响在该阶段没有受到足够认识。

第二阶段是水质管理的初步实施阶段。1972 年之后，美国环境保护署（USEPA）在《清洁饮用水法》的要求下，逐渐加强了对排水"水质"的管理，陆续制定了多项针对点源污染的政策，其中包括主要针对工业和城市污水的强制性的全美污染排放控制许可证（National Pollutant Discharge Elimination System，NPDES）制度，该制度一般由美国环境保护署授权各州的环境主管部门具体实施。同时，由于 NPDES 制度同样适用于雨污合流制系统的排放，因此，这一制度的实施大大加强了对暴雨期间雨污混流污水的管理。

第三阶段是雨水水量和水质控制并重的阶段。大约从 20 世纪 70 年代后期，美国环境保护署开始加强了对分流制系统中的雨水排放污染物质的管理，推出了针对雨水系统的多项最佳管理措施（Best Management Practices，BMP）。这些措施涉及多项具体的雨水设施的设计要求，其中的一些措施是强制性的，比如主要针对市政项目的 MS4 制度及针对工业和建设项目的 SWPPP 制度。MS4 的全称是市政分流制雨水排放系统许可证制度（Municipal Separate Storm Sewer System Permits），SWPPP 的全称是雨水污染预防计划

(Storm Water Pollution Prevention Plan)。与此同时，各基层县、市也相应制定了同时针对雨水排放"水量"和"水质"控制的具体设计标准和规范。美国新建项目全部实行雨污分流制，这些制度的主要目的是截流并适当处理暴雨初期的地表径流，消除分流制雨水系统对水体的污染。

第四阶段是创新性（可持续性）雨水管理阶段。自 20 世纪 90 年代以来，人们逐渐认识到，传统的雨水系统设计理念有很多局限性，比如过分强调雨水的快速收集和在系统末端的集中排放和处理，忽视了雨水径流的源头控制等。这些局限性往往导致雨水管道的过水能力不足、雨水系统投资过大等问题。有鉴于此，一批创新性的雨水管理理念逐渐兴起，低影响开发（Low Impact Development，LID）设计方法就是这些理念中最有影响力的一种。LID 有时又被称作绿色基础设施（green infrastructure）或就地设计（on site design）等。LID 的概念最先由美国马里兰州乔治王子县环境资源部（PGDER）在美国环境保护署的资助下提出。1999 年，PGDER 正式发表了全面阐述 LID 理念的《低影响开发设计理念：一种综合设计方法》一书，标志着这一理念正式形成。

同传统的雨水系统设计方法不同，LID 理念重视雨水排放的源头控制，强调人工排水系统应最大限度模拟自然界的水文环境，尽可能降低雨水系统对自然界的影响。自 2004 年以来，LID 理念已经逐步获得了美国各界的认可，并在多个城市或地区得到了应用，越来越多的基层市、县以及联邦政府机构开始将其融入各自的雨水系统设计标准当中。此外，许多基于 LID 的设计理念和技术（如绿色屋顶等）又可以同绿色建筑（green building）的设计有机地结合起来，使得这种革新性的雨水系统成为致力追求低能耗和环境友好的现代建筑不可或缺的一部分。

美国国防部的设计规范（Unified Facilities Criteria，UFC）总结了 LID 设计理念同传统雨水管理设计理念的不同点，见表 2-1。

传统雨水管理设计理念与 LID 设计理念的区别　　　　　　　　　　　　　　表 2-1

传统雨水管理设计理念	LID 设计理念
管道末端雨水处理	雨水处理从径流产生的地方开始，贯穿全程
集中式雨水处理	分散式雨水处理
尽可能将雨水径流快速高效地收集起来排走	模拟项目开发前的天然水文状况，尽可能将雨水留在原地
许多雨水管理设施的设计目的是控制或削减径流峰值	缩小雨水管理设施的规模和尺寸
新建雨水设施来处理初期降雨	初期降雨不需要专门的设施来处理

基于 LID 理念的设计工艺和方法与传统设计方法最核心的区别在于这两者对当地水文现状的处理方式不同，见表 2-2。

传统雨水管理与 LID 设计工艺对现状水文参数的影响　　　　　　　　　　　表 2-2

水文参数	传统雨水管理	LID 设计工艺
不透水表面	提倡增加，以利于雨水的高效收集和排放	尽可能减少，以减少对天然排水能力的影响
天然植被	减少，以利于雨水的高效收集和排放	尽量保留
汇流时间	由于不透水表面的增加而缩短	维持原状或增加
总径流量	增加	尽量维持原状

水文参数	传统雨水管理	LID 设计工艺
径流峰值	通过控制维持原状	通过控制维持原状
径流频率	大大增加	通过控制维持原状
径流历时	增加	尽量维持原状
径流的自然削减 （截流、渗透、贮存等）	大大减少	通过控制维持原状
地下水补充	减少	尽量维持原状

资料来源：《低影响开发设计理念：一种综合设计方法》，马里兰州乔治王子县著，1999。

2.1.2 德国

分散式雨水管理系统（Decentralized Rainwater/Stormwater Management）是一种创新性的可持续性雨水系统的设计方法，它的设计理念和具体技术工艺与低影响开发（LID）等其他创新性的雨水管理系统基本相同，因此在这里不再赘述。

德国是世界上排水系统比较完备的发达国家之一，同时也是积极倡导并广泛实践可持续性雨水系统的先驱之一，在这一领域有着深厚的传统并享有世界领先地位。绿色屋顶、生物渗透、透水路面和雨水回用等代表性技术在德国均有广泛应用，分散式雨水管理的理念已经成为当代城市规划和管理不可分割的一部分。

2000 年，欧盟颁布了具有重要意义的《水框架指令》，该指令秉承可持续发展的理念，特别强调应当将地球环境当作一个整体来看待，而不是像以往那样仅仅关注工业活动对人类自身健康的影响。作为欧盟的发起成员国之一，在《水框架指令》颁布之后，德国联邦政府在水资源管理领域扮演了异乎寻常的积极角色，并于 2010 年颁布了德国《水资源法案》。该法案对城市污水处理、地下水污染、防洪等水环境管理的核心议题提出了清晰的政策导向，明确地规定了分散式雨水管理应当成为雨水管理系统的优先方式。在此之前，德国给水废水和废弃物协会已经发布了相关的技术标准和规范，如 DWA-M153（2007）和 DWA-A138（2005）等，这些标准对分散式雨水管理系统的设计和建设做出了详细的规定。

2.1.3 英国

可持续城市排水系统（Sustainable Urban Drainage System，SUDS）是 20 世纪 90 年代在参照了美国和欧洲其他国家的 BMP 理念和实践的基础上，在英国发展起来的一种创新性的雨水管理系统。同其他可持续性（或创新性）雨水管理系统类似，SUDS 强调源头控制，主张充分利用土壤的渗滤功能削减径流峰值并改善出水水质。可持续城市排水系统的三原则包括：第一，排水渠道多样化，避免传统下水道成为唯一排水出口；第二，排水设施兼顾过滤，减少污染物排入河道；第三，排水兼顾资源化，尽可能重复利用降雨等水资源。

从 2000 年起，英国陆续推出了多部 SUDS 设计手册（最新版本为 2015 年版），使得 SUDS 的设计逐渐规范化和标准化。英国环境署是实践 SUDS 设计的主要推动者之一。通常，英国环境署推荐 SUDS 按照百年一遇的降雨来设计，另外，设计中还应当针对全球气候变化状况给出一定余量。

如图 2-1 所示，一套完整的 SUDS 可以分成上游、中游和下游三个区域，每个区域都有相应的排水设施或工艺。上游区域主要是指私有的住宅或办公楼等产生径流的地方。在这一区域，典型的 SUDS 工艺包括绿色屋顶、渗水坑等。中游区域包括位于上游区域和雨水的最终受纳水体之间雨水可能流经的所有区域，包括路面和各种雨水截流、渗透和处理设施，这些设施包括透水性路面、渗透沟（swale）等。SUDS 的下游区域为雨水的最终受纳水体，如人工建造的露天雨水贮存池、人工湿地、天然水体等。显然，地下截流池和雨水干管也属于下游区域。

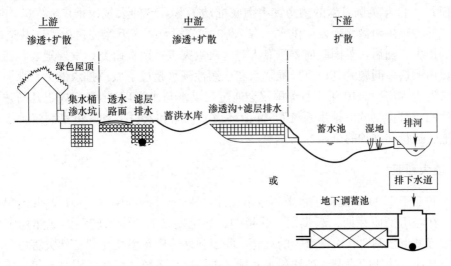

图 2-1　典型的 SUDS 处理流程

尽管 SUDS 与 LID、分散式雨水管理系统等具有相同或类似的理念、技术和工艺，但是，最初几年 SUDS 在英国的推广却不尽如人意。英国政府将造成这一现象的主要原因总结如下：

（1）现行的排水管理体制缺乏一个明确的具有强大执行能力的责任主体来推行 SUDS。在 SUDS 的推行方面，尽管规定了地方政府全权负责当地防洪和雨水管理，但由于英国的水务管理已经完全私有化，地方政府实际上并不具备完全承担以上责任的能力，因而在实践中往往表现得有心无力。此外，SUDS 的许多设施都需要长期持续的维护管理，但是，这些设施一旦建成后，其归属往往并不明确。当地政府缺乏足够的人力来管理这些设施，而水务公司则往往不愿意承担责任。

（2）现行的法律（《1991 水产业法》）规定开发商和业主有权利免费就近接入当地的公共排水管道系统。因此，考虑到公众普遍认为 SUDS 方案造价较高，开发商和业主没有动力去实施 SUDS 方案。此外，现行的法律对 SUDS 中的各种处理设施如渗滤沟等的地位并没有界定，水务公司常常以不能确定此类设施是否属于城市排水系统的一部分为理由拒绝实施 SUDS 方案。

（3）由于英国已经建成的 SUDS 项目并不是特别多，其造价和性能等方面的数据还不是特别丰富，因此公众往往对 SUDS 的性价比持有疑虑。

（4）英国长期以来已经形成了一套很成熟的对传统排水系统的运行管理的评价标准，这些标准是衡量水务公司表现的重要指标。相比之下，SUDS 却没有明确的评价和激励机制。

（5）SUDS 的规划和设计缺乏成熟的评判标准。在系统投入使用之前，设计质量往往难以评价。此外，大量的 SUDS 设施往往埋在地下，也给工程质量的检查造成了困难。

（6）SUDS 的推广有时也受到文化和理念方面的影响。许多水务产业的从业人员对 SUDS 不太熟悉，往往对其怀有疑虑甚至偏见。此外，有些 SUDS 的工艺设施如露天贮存池等可能对人的生命健康产生威胁，也使得公众觉得不安。

（7）显然，以上种种因素不仅仅为英国所独有，类似的障碍在其他国家推行可持续性雨水管理系统的过程中也有可能遇到，因此，这些因素值得所有从业人员了解和重视。

然而，2007 年英国发生的洪涝灾害彻底推动了 SUDS 的大规模推广。2007 年，极端暴雨天气导致英国境内多地发生洪水，有 7300 家公司及 4.8 万家住房被淹，共造成约 32 亿英镑的损失。随后，英国政府委派专人对这次洪灾进行调查研究，发现地表径流是罪魁之一，城市的这一问题尤其严重。强降水和连续性降水超过了城市排水能力，那一年英国多个城市发生内涝。2010 年 4 月英国议会通过《洪水与水管理法案》，规定凡新建设项目都必须使用"可持续城市排水系统"，并由环境、食品和农村事务部负责制定关于系统设计、建造、运行和维护的全国标准。

2.1.4　澳大利亚

澳大利亚于 1994 年提出了水敏感城市设计（Water Sensitive Urban Design，WSUD）的理念，在经历了萌芽期、起步期、跨越期、稳定期之后，步入转型的成熟稳定发展阶段。水敏感城市强调"宜居城市"的理念，除了弹性适应环境变化与自然灾害以外，还包括了城市其他水功能的协调，如饮用水系统、生活供水系统、绿化灌溉系统等，将雨洪管理、供水和污水管理一体化。WSUD 作为跨学科的新兴领域，为解决城市问题和指导城市可持续发展提供了新的思路和新的途径。

（1）萌芽期（1960—1989 年）

伴随着全球环境主义论的热浪，澳大利亚对水系统开始重视。澳大利亚位于南太平洋和印度洋之间，陆地平坦而干燥。除沿海城市外，大部分城市终年雨水稀少。干旱或半干旱地带占其国土面积的 70%，超过 1/3 的面积被沙漠覆盖。维多利亚州的首府墨尔本是澳大利亚最早开始水敏感城市建设的城市之一，政府在 20 世纪 80 年代开展了一场名为"放雅拉河一条生路"（Give the Yarraa Go!）的运动，以唤起公众的环境公平意识，解决雅拉河水域健康危机。

（2）起步期（1990—1999 年）

1994 年，来自西澳大利亚的学者首次提出 WSUD 理念，但在当时并未得到认可，直到 20 世纪 90 年代中后期，随着可持续理念普及，这种将城市水循环与城市设计相结合的理念才逐步被大众认同，并成为后期可持续雨洪管理的支撑。该转型阶段逐步勾勒出水敏感城市的雏形，可持续雨水管理理念的影响力逐步扩大。

（3）跨越期（2000—2010 年）

该阶段是水敏感城市走向成熟的关键阶段，管理模式进一步从传统的雨水排放转型为雨水资源的回收利用，号召采用净化后的雨水来解决墨尔本淡水水源不足问题，并提出了"发挥城市汇水供水作用"（Cities as Water Supply Catchments）的管理理念，鼓励通过净化、收集、循环利用雨水资源，逐渐摆脱以往依赖淡化海水来获取淡水资源的方式。

（4）稳定期（2011 年至今）

新阶段以建设宜居城市、增强城市的弹性与适应性为目标，澳大利亚联邦政府组建了新的政府管理部门——"活力维多利亚"办公室（Living Victoria Office），它主要引导不同领域（科学、政策、建设）相互合作，帮助可持续雨洪管理逐步向城市设计中嵌入。2011 年 11 月，为水敏感城市而设的全新合作研究中心（CRC for Water Sensitive Cities）宣告成立，其主要职责是帮助澳大利亚各个城市实现水敏感城市转型，提升城市水系统的健康性与可持续性。

2.1.5　日本

日本综合治水大致以 20 世纪 80 年代为转折点，在这之前多进行大规模河道疏浚、拓宽、护岸与堤防建设；20 世纪 80 年代以来，全面实施流域综合治水对策，实现了从"快排"模式到疏、排、滞、蓄、渗多手段综合运用的转变。

日本"综合治水对策"指依据河川流域的不同特性，打破属地界限，以流域为单位，进行整体规划。相较于传统治水做法，"综合治水对策"强调先研究水的源头和分配，确认降雨的"进"以及径流入海的"出"，综合一整条河川的病灶和解方法，建立属于流域治理的法规系统和管理权责。流域所在地方自治体的相关单位以及日本国土交通省共同设置流域综合治水对策协议会，为促进综合治水对策的实施效果，进行各项协商。

日本"综合治水对策"的主要措施包括：绿地保全恢复，河川改修，铺设透水性路面，修建多目的调节池、防灾调节池、雨水贮留设施等。

2.2　设计标准和设计方法

本节从内涝防治、污染控制、雨水利用和灾害应急四个方面分别阐述美国、德国、英国、日本、澳大利亚、新加坡和中国香港等发达国家和地区的设计标准以及相应的设计方法。

2.2.1　内涝防治

1. 美国

（1）规划

在美国，洪涝灾害管理工作在联邦一级能够得到较好协调。这得益于国家洪涝灾害保险计划（NFIP）的支持，该项计划于 1968 年制定，旨在为财产所有者提供洪涝灾害保险服务。NFIP 为加入该计划并遵守各项 NFIP 条例的社区提供洪涝灾害保险，从而有效地在地方层面执行了联邦政府的最低标准。这一点与澳大利亚等其他国家有所不同，在那些国家，洪涝灾害保险是私营的，地方政府机构之间的防洪标准和法规差异也较大。

最初，美国联邦应急管理局（FEMA）的洪涝灾害地图是为了 NFIP 中的洪涝灾害保险费率的设定而编制的。但是，这些地图已经发展成为联邦政府进行洪涝灾害风险沟通的主要工具和进行洪涝灾害风险缓解规划的主要资源。历史上，FEMA 的洪涝灾害地图大多为纸质地图，仅仅是依据一维标准壅水模型或 1% AEP 洪涝灾害的历史数据编制的。目前，大多数洪涝灾害地图均为基于 GIS 数据、比例为 500 或 1000、依据 1% AEP 和 0.2%

AEP 洪涝灾害的历史数据编制的。作为一项经验法则，这些地图主要以 1 平方英里（≈2.59km²）为最小排水面积记录开放式水道的洪涝灾害范围，但是，一些已经确定存在洪涝灾害危害的大型封闭式系统也已纳入地图之中。

FEMA 最近一直在实施一项全国性的风险评估工作（RiskMAP），即根据一系列洪涝灾害风险水平因素对 17000 个县进行洪涝灾害风险评级。通过进行洪涝灾害风险评级，有利于确定优先进行洪涝灾害减灾的区域，确定洪涝灾害研究方法的适当程度。例如，风险评级高则表明需要进行复杂的二维建模，并且需要加大投资获得更为准确的调查数据。

（2）管理

地方政府机构可以决定筹资进行比 FEMA 所提供模型更加详细的洪涝灾害建模工作，也可以选择与美国陆军工程师兵团（US Army Corp of Engineers）等其他大型联邦机构合作进行勘察研究，对洪涝灾害问题展开调查并对一系列解决方案进行审核，并且对环境影响分析等各种经济高效的备选方案进行可行性研究。这些研究工作一般由地方政府机构和美国陆军工程师兵团共同出资。美国陆军工程师兵团是负责执行联邦防洪政策的最大联邦机构，其职责包括实施和维护大坝、防洪堤及水道等结构性防洪设施，为地方政府机构提供技术援助，解决洪涝灾害管理问题。美国陆军工程师兵团还负责对垦务局（Water Reclamation Bureau）运行的联邦大坝的泄洪进行监测与监管。

一般来讲，美国各州的内涝防治标准是允许有条件地将部分道路作为排涝通道的。由于城市道路的设计重现期一般都远远低于 100 年一遇，因此，当降雨强度超过道路的设计标准时，道路的一部分甚至全部将不可避免地成为排涝通道。对此，很多城市也会在设计手册中做出明确要求。另外，美国各州的内涝防治标准呈现逐步严格的趋势。以丹佛市为例，其内涝防治标准如表 2-3 所示。

美国丹佛市内涝防治标准 表 2-3

道路分类	重现期（年）	道路雨水口		道路交叉口	
		2002 年标准	2006 年标准	2002 年标准	2006 年标准
支路	2~5	不淹没路牙，积水可延伸到路面中央最高点	同 2002 年标准	道路积水深度≤6inch	若无雨水管，则允许积水深度≤6inch
	100	道路两旁建筑物不进水；道路积水深度≤18inch	道路两旁建筑物不进水；道路积水深度≤12inch	道路积水深度≤18inch	积水深度≤12inch
次干路	2~5	不淹没路牙，至少1条车道不被淹	不淹没路牙，至少1条车道（路面最高点两侧各5feet）不被淹	若允许积水，深度≤6inch	不允许积水
	100	道路两旁建筑物不进水；道路积水深度≤18inch	道路两旁建筑物不进水；道路积水深度≤12inch	道路积水深度≤12inch	不允许积水

续表

道路分类	重现期（年）	道路雨水口		道路交叉口	
		2002 年标准	2006 年标准	2002 年标准	2006 年标准
主干路	2~5	不淹没路牙，至少双向各一车道不被淹，但每个方向淹没不能超过 2 条车道	不淹没路牙，至少 2 条 10feet 的车道（路面最高点或中心线两侧各 10feet）不被淹	无要求	不允许积水
	100	道路两旁建筑物不进水；保障紧急车辆通行，道路积水深度≤路面最高点或≤12inch	同 2002 年标准	道路交叉口中央不允许积水；道路交叉口路边排水沟上游来水允许积水深度≤12inch	不允许积水
高速路	2~5	每条车道都不允许积水	该文件不含高速路	同主干路标准	该文件不含高速路
	100	同主干路标准	该文件不含高速路	同主干路标准	该文件不含高速路

注：1. 数据来源于：Table 7. 2 & 7. 3，Storm Drainage Design & Technical Criteria（City and County of Denver，2006）；Table ST-3 & ST-4，Urban Storm Drainage Criteria Manual（Urban Drainage and Flood Control District，Denver，2002）；
2. 建筑包括居住区，商业、公共和工业建筑；
3. 1 英尺（foot）＝12 英寸（inch）≈0.3m；
4. 2 年~5 年一遇是指小雨（minor storm runoff），100 年一遇是指暴雨（major storm runoff）。

（3）工程技术

1）源头控制

美国采用"城市雨水最佳管理实践"来描述各种城市雨水径流流量控制、污染物清除和污染源减少的工程性和非工程性设施与系统。这是根据 USEPA 制定的国家指南来进行的。但是，这一权利通常会赋予州政府机构。然后由州政府机构向各市、各行业和其他政府单位发放许可，设定最低标准。每个市一般均会制定自己的法令来实施这些最低标准，也可比这些最低标准更严格。

另一方面，美国在描述用地规划和工程设计方法时也采用低影响开发理论，采用在径流源头进行渗流、过滤、贮蓄、蒸发和滞留等方法管理雨水径流。LID 与英国所用的可持续城市排水系统（SUDS）和澳大利亚所用的水敏感城市设计（WSUD）等措施相似。

2）过程调蓄

① 地上式雨水调蓄设施

如前所述，从源头控制雨水径流是当前美国排水系统设计的一个重要趋势，这一趋势也符合不把负担从上游转移到下游的原则。目前，美国绝大多数地方规定，任何新建或改扩建项目完全建成之后，项目所在场址产生的径流量都不能大于建设前的初始径流量，有些城市甚至硬性规定了项目场址所允许的最大径流量。由于项目建设往往会增加地表不透水面积，从而导致径流量增加，因此，增设雨水调蓄设施往往是建设项目不可缺少的一个环节。同时，为了满足美国环境保护署 MS4 许可证制度的要求，雨水调蓄设施往往又担负着净化雨水水质、减少雨水污染负荷的任务。传统的雨水调蓄设施大体可分为地上式和地下式两种。

美国大多数地区和城市地广人稀，因此地上式雨水调蓄设施较为普遍。此类设施一般由一大一小两个相邻的池子组成，较小的池子为雨水水质池或处理池（water quality

13

pond)，较大的池子为雨水贮存池 (water detention pond)。下面以德克萨斯州奥斯汀市设计手册为例，对两个水池的功能和设计进行介绍。

雨水水质池一般为钢筋混凝土结构，分为前后两格，其结构分别类似于传统水处理工艺中的矩形沉淀池和砂滤池。在降雨初期的地表径流中往往汇集了积累在道路表面、屋顶等地方的污染物质，因而污染物浓度较高，不能直接排放到河流或湖泊等受纳水体中。奥斯汀市规定，每次降雨事件中，最初的 0.5inch（约 13mm）降雨形成的径流必须被输送到雨水水质池中进行处理，然后才能进行排放。此外，如果 20% 以上的项目汇水面积由不透水层（如水泥地面）构成，那么，超过 20% 的部分，每增加 10%，需要处理的降水将增加 0.1inch（约 2.5mm）。收集起来的初期雨水将依次进入沉淀池和砂滤池，在雨水水质池中的总停留时间必须至少为 48h，然后通过设在砂滤池底部的穿孔管缓慢排入下游的雨水管道。砂滤池也可以由池底铺有草皮或其他适应当地气候的植被的生物滤池来代替。生物滤池不但可以降低雨水径流的速度，而且可以有效地吸收或去除水体中的污染物和氮、磷等营养物质。同砂滤池相比，生物滤池的日常维护也较为简单。由于奥斯汀冬季气候温和，植物不会冻死，因而生物滤池逐渐变得更加流行。

根据奥斯汀市的规定，雨水水质池需要按照 25 年一遇的降雨设计过水能力。超过 25 年一遇但低于 100 年一遇的雨水将通过设在雨水水质池前的溢流堰自动导入雨水贮存池。雨水贮存池的形状可以因地制宜，而且对建筑材料没有严格要求，但是池底必须铺设防渗膜，防止未处理的雨水渗入地下。雨水贮存池一般遵循快进缓出的原则，在出口处设有不同高度的溢流堰，以便控制在不同降雨条件下的出水流速。雨水贮存池的容积通过计算确定，必须满足前文提到的水文条件，即项目完全建成后的雨水径流量不能超过项目建设前的初始径流量。

地上式雨水调蓄设施必须加以正常的维护和保养。主要维护项目包括清除沉淀池池底累积的污泥、垃圾等，清理滤砂池，剪修生物滤池中的植物，疏通砂滤池底部的穿孔管等。此外，地上式雨水调蓄设施必须配备合适的安全设施如栅栏等以防止人畜溺水。

奥斯汀市与排水系统设计有关的标准和细则包含在该市制定的两部规范中，一部是《排水设计标准手册》(*Drainage Criteria Manual*)，另一部是《环境设计标准手册》(*Environmental Criteria Manual*)。该市市区范围内所有建设项目的雨水排水系统设计均由该市流域保护与开发部 (Department of Watershed Protection and Development) 审批，该部门享有建设项目的一票否决权。

在一些地区，地上式雨水调蓄设施有时会与景观设计相结合，被营造成人工休闲娱乐设施。但是，出于人身安全方面的考虑，此类设计并不多见。

② 地下式雨水调蓄设施

在人口和建筑稠密的都市地区，建设地上式雨水调蓄设施往往不太现实。为了满足雨水截流目标，这些地区往往采用地下式雨水调蓄设施。纽约市就是一个广泛采用此类设施的例子。同时，由于受到施工条件的限制，这些地区往往仍然大量保留雨污合流制的排水系统。在此类地段，在根据相关标准和规范兴建了为主体项目配套的各类雨水调蓄设施之后，由于削减了降雨期间的雨水径流量，该地段的污水排水能力一般将会得到改善，而不是与现状持平。

地下式雨水调蓄设施大体可以分为四种：贮水井、卵石渗透床、穿孔管系统和半管式渗滤池。贮水井一般为圆形钢筋混凝土建筑，通常建在空间狭窄，不具备铺设大面积雨水收集系统的地方。在条件允许的地方，贮水井可以建成开放式，不设固定井底，而是在井底铺设卵石，以利于雨水下渗。除钢筋混凝土结构外，贮水井也可以由大口径金属或塑料管道建成。顾名思义，卵石渗透床一般由铺设在地下的鹅卵石构成，收集到的雨水贮存在卵石间的空隙中，然后经由穿孔管缓慢排入雨水管道。由于卵石渗透床的空隙一般只有33％左右，其贮水能力比其他地下式调蓄设施要低，因而需要较大的空间来获得相同的贮存能力。穿孔管系统的工作原理与滤池底部的布水系统类似。穿孔管的材料一般为HDPE，直径为 100mm～1200mm。穿孔管之间的空间由砂石回填。雨水通过渗透进入穿孔管中，然后通过设在穿孔管末端的集水管缓慢流入排水系统中。半管式渗滤池的工作原理与穿孔管类似，其主要不同之处在于穿孔管被大口径塑料管道（通常为 HDPE 管）代替。大口径塑料管道被沿轴线切割成两半，每个半管被倒扣在地上，周围被砂石填充。在单位面积内，半管式渗滤池可以提供的贮水容积仅次于贮水井。

地下式雨水调蓄设施拥有以下共同特征：第一，雨水进出口设计应遵循快进缓出原则，确保蓄水容积得到充分利用，径流峰值得到削减。为了控制出口流速，调蓄设施出水处一般设有出水井，出水管选用较小管径，具体数值根据允许的排水流速经过计算确定。同时，出水口一般不应小于5cm，以避免堵塞。第二，如果条件允许，进水口应尽量增设雨水预处理装置。预处理装置通常为长方体钢筋混凝土构筑物，内分 2 个～3 个区，分别用于沉淀较大的颗粒、拦截漂浮物等。预处理构筑物设于地下，上底基本与地面平齐。为便于清理，每格上方均应设检修孔或人孔。第三，地下式雨水调蓄设施均应设观察井，以便于随时监控调蓄设施的运行状况。观察井应设于调蓄设施中部，一般由直径为 10cm 的塑料管组成，管底深入到调蓄设施底部，管顶与地面平齐，管口封闭。第四，地下式雨水调蓄设施及其附属设施均应满足与周围地区相同的荷载，调蓄设施周围应留出检修空间，其上方不应建造永久性建筑物或结构。第五，地下式雨水调蓄设施的设计应考虑当地的气候条件。在寒冷地区，预处理装置应设于冰冻线以下。此外，还应避免含盐或沙土的雪水进入地下式雨水调蓄设施。

③ 大型雨水调蓄隧道和水库

雨水调蓄隧道实际上是地下式雨水调蓄设施的一种，但由于其形式和前文所述的设施有较大区别，因此在这里单独描述。

美国的多个城市至今仍然保留着合流制排水系统，这些城市遍布全美 31 个州和首府华盛顿特区，但主要集中在东北部、大湖区和西北部等一些工业发展较早的地区。当遇到较强降雨时，大量掺混有市政污水的雨水溢流至受纳水体中，对其造成严重污染，这一现象被称作合流污水溢流（Combined Sewer Overflow，CSO）。据统计，此类溢流污水中，15％～20％为市政污水，80％～85％为雨水。溢流污水的平均五日生化需氧量（BOD_5）为 43mg/L，总悬浮固体（TSS）为 127mg/L。美国每年大约有 3.2 亿 m^3 混合污水溢流至天然水体中，而这些水体往往是当地或下游地区的饮用水水源，因而，CSO 对环境的巨大影响是不言而喻的。

由于施工环境的制约，在这些地区进行分流制改造基本不可行。有鉴于此，多个城市采用了修建地下隧道来临时贮存溢流污水的治理办法。表 2-4 列出了一些利用隧道来贮存CSO 的代表性工程项目。

城市	项目周期	完成日期	贮水能力（m³）	总造价（亿美元）
芝加哥	40 年以上	2019 年	68130000	34
密尔沃基	17 年（第一期）	1994 年	1532925	23
密尔沃基	8 年（第二期）	2005 年	333080	1.3
波特兰	20 年	2011 年	465555	14
华盛顿特区	20 年以上	未知	732398	19
平均造价			1280 美元/m³	

CSO 调蓄隧道的代表性项目 　　　　　表 2-4

由表 2-4 可见，所有雨水调蓄隧道工程均具有工程浩大、建设周期长、投资巨大的特点。以芝加哥市为例，该市大约有 960km² 的合流制地区，在 20 世纪 70 年代以前，该市饱受 CSO 困扰。每当下雨时，部分市区街道和地下室频繁被淹，雨污混合污水经过市内的芝加哥河排入作为该市饮用水水源的密歇根湖（美国和加拿大边境五大湖之一），对湖水造成严重污染，迫使该市不得不采取强制措施，使芝加哥河倒流入密西西比河，以减轻对密歇根湖的污染。1972 年，该市开始实施调蓄隧道和水库计划（Tunnel And Reservoir Plan，TARP），其设计目标是在雨天的情况下收集城市的所有径流（超过历史记录前三名的特大暴雨除外）。TARP 计划（见图 2-2 和图 2-3）分为两个主要建设阶段。第一阶段于

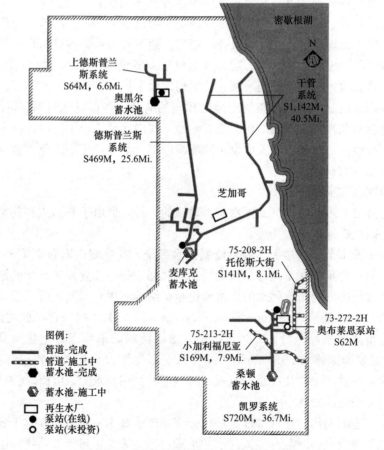

图 2-2　美国芝加哥市 TARP 总体示意图

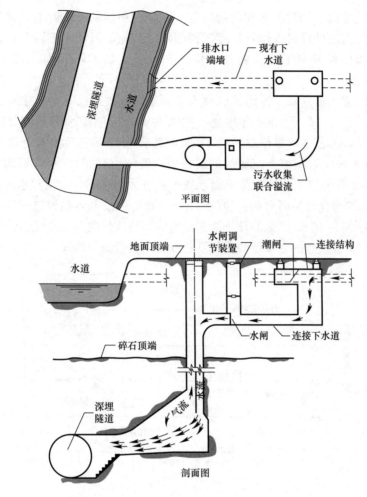

图 2-3 美国芝加哥市 TARP 隧道系统示意图

1975 年开始，2006 年全部建成运行。该阶段以污染控制为主要目标，主要包含四个独立的隧道系统，这些隧道位于地表以下 46m～88m，总长度为 175km，直径在 2.4m～10.8m 之间，贮水能力约为 0.1 亿 m^3。降雨过后，临时贮存在隧道内的混合污水经泵站提升后全部进入污水处理厂。第二阶段以防洪为主要目标，同时也在第一阶段的基础上增强了污染控制能力。第二阶段包括三个总贮水能力约 0.7 亿 m^3 的大型水库。整个 TARP 系统的贮水能力相当于合流制地区 17.3cm 的径流量（由隧道提供的径流调蓄能力为 1.2cm）。现在，芝加哥市的合流制污水溢流问题已被基本消灭，城市的生态环境也得到了极大的改善。芝加哥河，这一昔日的溢流污水受纳水体，成功转型成为休闲娱乐和旅游景点，河道中的鱼类从 1974 年的 10 种逐渐增加到了 2000 年的 63 种。TARP 曾获得美国环境保护署和当地环保机构的多个奖项，以及 1986 年美国土木工程师协会最杰出工程奖。

需要说明的是，美国的芝加哥等地的深隧排水系统是作为城市排水体制改造的一个替代性方案，具有多种功能，包括 CSO 污染控制、城市雨水排放和内涝防治等。

2. 德国

在德国的分流制系统中，雨水的调蓄和处理分别由两类不同的设施来实现。调蓄水库主要用于解决暴雨期间的洪水和内涝问题，而降雨初期的高浓度地表径流则被引导至类似于沉淀池的雨水处理设施进行处理。德国规定新建的机动车道路必须设有此类处理设施，德国水协已经发布了相关的技术标准和规范，如 DWA-M153（2007）和 DWA-A138（2005）等。

自从上述标准颁布以来，德国政府投入了大量资金改造已有的排水系统并兴建新的设施。如图 2-4 所示，截至 2004 年年底，德国共有合流制雨水调蓄池 23311 个，总容积为 0.15 亿 m^3，折合平均每位居民约 311L 调蓄容积（不包括排水管道本身的蓄水能力）。在分流制系统中，类似于沉淀池的雨水处理设施约有 3000 个，平均容积为 909m^3（总容积约为 270 万 m^3）。此外，分流制系统中还有大约 15000 个调蓄水库，总库容量约为 0.29 亿 m^3（约为合流制雨水调蓄池的 2 倍）。如果将以上各类设施的容积加起来，其总调蓄能力约为 0.47 亿 m^3。据估计，这些设施的平均造价约为 1000 欧元/m^2，因此，德国排水系统中的调蓄设施的总价值约为 470 亿欧元，折合每位居民 570 欧元。

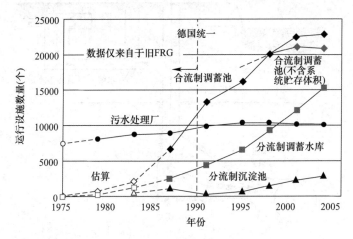

图 2-4　雨水处理（调蓄）设施统计（1975—2005 年）

3. 英国

（1）规划

在英格兰，政府的空间规划系统由《规划政策声明》（PPS）中的国家政策及相关指南说明组成。洪涝灾害风险规避和管理政策在《规划政策声明 25》（PPS25）"发展与洪涝灾害风险"中制定。在城市规划方面，PPS25 还有几项其他的政策声明加以支持，包括：《PPS1 实现可持续发展》（涵盖气候变化与洪涝灾害风险规避规划）、《PPS11 区域空间规划》《PPS12 地方空间规划》《PPG20 沿海规划》。

空间规划与洪涝灾害风险管理在 PPS25 应用中得到了整合。在开发规划过程的各个阶段，这些规划文件均要求规划机构采取风险型顺序排列法进行开发地块的区划和分配，确保开发项目选址根据其潜在脆弱性选在风险尽可能低的地方进行。

（2）管理和工程技术

英格兰和威尔士环境署编制的洪涝灾害地图是区域和地方层面洪涝灾害风险评估工作的基础。

环境署目前可提供的洪涝灾害警报地图涵盖了"主要河流"和海洋的现有洪涝灾害风

险。目前，尚不具备海岸侵蚀风险以及地下水和地表水等洪涝灾害源的相关信息。区域规划机构（RPB）和地方规划部门（LPA）以这些地图和相关模型为基础，对其辖区和地方区域内的现有和未来洪涝灾害评估报告进行了完善。

1）流域洪涝灾害管理计划（CFMP）

CFMP 一般由环境署编制，目的是为了了解河流流域的洪涝灾害范围与程度并且制定流域内洪涝灾害风险管理的政策与措施。CFMP 对未来计划、项目或行动措施的投资决策具有指导作用。此外，CFMP 还可为空间规划活动和应急规划提供信息资料。

2）地表水管理计划（SWMP）

在存在重大地表水洪涝灾害风险和复杂的综合排水安排的区域，建议由地方政府部门联合关键利益相关方制定 SWMP，提出该地区的优选管理战略。在这种背景下，地表水洪涝灾害指的是下水道、排水管道、地下水、土地径流、小型水道和沟渠在较大降雨时发生的洪涝灾害。SWMP 将以战略洪水风险评估（SFRA）、CFMP 和岸线管理计划为基础，为具有最大地表水洪涝灾害风险的地区提出经济高效的解决方案。SWMP 应制定长期行动计划，管理区域内的地表水，应该对未来基建投资、排水维护、公众参与和理解、用地规划、应急规划和未来开发项目产生影响。此外，SWMP 还应明确 SUDS 能够在地表水洪涝灾害管理中发挥较大作用的机会。

4. 日本

由于干旱天气流量的增加、城市内可入渗面积的减少以及降雨强度/持续时间的增大，降雨期间合流污水溢流（CSO）问题已经成为困扰日本城市的大问题。污水未经处理排放，破坏了河边景观，污染了水体，迫切需要在全国范围内展开 CSO 削减行动。

过去十年来，日本采取的结构性控制措施有：建设分流制下水道系统、渗流设施（比如进水口、排水管、透水路面等）以及雨水调蓄设施和管道。东京市 CSO 防治计划的主要要素包括在雨水出水口设置固体物质消除设备和滤油网，泵站设置过滤、消毒和处理设施，下水道清理等。

雨水水库/雨水池通常建设在污水处理厂附近，横滨市便是一个例子。这些雨水池可在降雨期间贮蓄高度污染的初期径流。水池蓄满后，污水雨水混合物需经过一级处理，然后方可排放。降雨结束后，蓄水会被泵送到污水处理厂进行二级处理，然后方可排放。雨水调蓄池可在公园或家庭建设。

5. 澳大利亚

（1）规划和管理

雨水系统总体规划（Stormwater Master Plan）在澳大利亚许多州又被称为雨水管理规划（Stormwater Management Plan，SMP）。地方政府在实施内涝防治工程之前，必须编制 SMP。当流域范围跨越当地辖区界限时，一般需要采用全流域管理措施。在这种情形下，地方政府机构可一起编制 SMP 或者成立一个单一的主管机构实施全流域综合和协调雨水管理。除了雨水洪涝灾害以外，这些 SMP 通常还会采取水敏感城市设计措施，以解决水质管理问题，通过截流减少污染物总量，有助于预防系统堵塞，从而防止发生城市洪涝灾害。此外，一些地方机构还执行现场滞洪政策，可能需要在城市区域建设新的开发项目和二次开发项目，建设现场补充蓄洪设施，缓解不断提高的城市化水平在开发区域或子辖区层面对洪峰和流量的影响。但是，洪泛区管理流程正在越来越多地应用于存在严重洪涝问题的城市排水区域。地方政府机构在州、特区和联邦政府的支持下负责采取以下综合管理措施进行城市区域的洪泛区管理：

1）综合政策框架：由州和特区政府负责，包括立法、法规、标准、洪泛区管理政策和规划政策。

2）洪泛区管理计划（FPMP）：其编制由地方政府负责，以强有力的洪涝风险管理措施为依据。①洪涝灾害研究：明确各种现有和未来可能发生的洪水事件的后果，编制洪涝灾害地图，记录洪涝灾害的程度、深度、速度和危害，估算年度洪涝损失，选择适当的防洪规划水位（FPL）；②公众与利益相关方咨询：包括成立洪泛区管理顾问委员会；③制定综合洪涝管理措施：结构性缓解工程、用地规划控制措施、开发与建筑控制措施和洪涝灾害应急措施；④经济评估（包括减少未来预估洪涝灾害损失）、环境和可持续资源方面的事宜和社会事宜；⑤计划的批准和措施的实施；⑥每5年～10年进行规划评审。

3）洪涝灾害应急计划：与FPMP的制定整合进行。

4）雨水管理规划：将全流域管理措施与洪泛区管理整合起来，由地方政府机构管理特定流域。

这些流程是在一系列国家指导方针的指导下实施的，主要包括：《澳大利亚洪泛区管理：最佳实践原则与方针》；《澳大利亚降雨与径流（ARR）》（澳大利亚工程师协会，1987年，目前正在进行评审和逐步更新）；《澳大利亚径流水质》（澳大利亚工程师协会，2006年）。

在州级层面，各州已经制定了其洪泛区管理政策。新南威尔士州政府编制的《易洪地块政策和洪泛区开发手册》支持对被可能最大洪水（PMF）淹没的易洪地块进行明智合理开发。《洪泛区开发手册》向地方议会就FPL以上的易洪地块区域的住宅和非住宅开发提出了适当的洪涝灾害相关控制措施。此外，澳大利亚地方政府机构还负责编制《本地环境计划》（LEP），通过对易发生洪涝灾害的地块进行区划和限制洪涝风险区域的开发来控制用地并且将FPMP和SMP中洪涝风险等相关知识整合到规划流程中。这些措施与州规划政策相一致，得到了州政府的批准。此外，地方政府机构还编制了开发控制计划（DCP），计划中包含有详细的开发设计控制措施，以应对洪涝灾害影响、水质影响及风险。

需要提到的是，澳大利亚在城市大排水通道（flood conveyance）管理方面值得我国借鉴，澳大利亚允许将城市街道作为城市大排水通道的组成部分。

（2）工程技术

在澳大利亚重要城市的城市区域，目前流行着一种选择更加复杂的二维和一维-二维叠加洪涝灾害建模方式的趋势，这种建模方式非常重视洪涝灾害风险。TUFLW、MIKE-FLD（MIKE21和MIKE11/MIKEURBAN）或SBEK等水力程序的应用越来越普遍。但是，HECRAS、MIKE11和SWIMM等一维和准二维模型仍然较为常用。年度洪涝灾害损失评估也是编制FPMP时所需进行的分析工作的一个必不可少的组成部分。洪涝灾害损失估算结果一般可用于多标准方案评估中，作为洪涝灾害风险管理可选方案成本与效益财务评估的一部分内容。

6. 新加坡

新加坡是国际水业公认的以创新科技解决城市内涝问题的成功实践者。作为一个热带岛国，新加坡雨量异常充沛，年均降雨量达2400mm，每年11月到次年1月是雨季，几乎天天下雨。非雨季的时候，降雨也很频繁。新加坡地势低平，没有足够的土地贮存这些雨水量。在 20 世纪 60 和 70 年代，新加坡雨季内涝现象极其严重，尤其是城市中心区的低洼区。

新加坡政府主要从三个方面进行内涝防治：

（1）以防为主，规划及建造高标准的排水系统。

新加坡国家水务局（Public Utilities Board，PUB）隶属于新加坡环境和水资源部，负责全国供水、流域和污水的综合管理。新加坡所有主要排水系统统一由 PUB 进行规划、设计及建造。

为了缓解内涝，PUB 在全国洪涝灾害易发区（flood prone areas）规划和建设排水系统及排水设施改善工程。具有以下特点：

1）城市排水系统规划前瞻性很强，与城市总体规划、土地利用规划紧密结合，充分考虑未来城市化进程加快对排水系统的影响，减少现存洪涝灾害易发区，确保不新增洪涝灾害易发区；在新城建设之前，要确保排水管渠容量满足内涝防治需求。新加坡的排水系统设计标准比我国要高很多，一般管渠、次要排水设施、小河道达到 5 年一遇，新加坡河等主干河流要达到 50 年～100 年一遇，机场、隧道等重要基础设施和区域要达到 50 年一遇，即使这样高的排水标准，新加坡还计划继续提高排水标准。

2）充分考虑和保障将来排水设施的扩容和维护的需求。

3）采取一系列现有成效的措施，包括加宽和加深排水管渠以增加排水容量、建设分流管渠和滞留塘（调蓄池）等减少上游集水区对下游的影响，如图 2-5 所示。

图 2-5　新加坡排水管渠加宽措施

此外，为了使新加坡的整体排水规划及工程设计符合国家的方针与规范，达到彻底防治内涝的效果，依据《新加坡规划及建筑法令》，所有发展规划项目的申请都必须呈交环境和水资源部审查、批改及核准后方可施工建造，以确保发展规划项目的排水设计符合政府所制定的规范标准。

（2）强化竖向规划，填土抬高低洼地区和道路。

以前新加坡有很多重要设施和道路处于低洼地区，常常被淹没，因此，新加坡通过全国土地的规划，填土抬高低洼地区和道路，并在道路两侧建设高标准的排水管沟渠。新加坡竖向规划标高要求见表 2-5。

新加坡竖向规划标高要求 表 2-5

序号	类别	基础平台标高要求 (platform level requirements)
1	一般区域	必须在最高潮位 750mm 以上；高于周边道路；高于历史内涝水位 300mm 以上
2	特殊设施	必须在最高潮位或周边道路高程 1m 以上
3	有地下室的建筑物和设施	比特殊设施的基础平台高 150mm

（3）持续投入改善，全面减少洪涝灾害易发区。

近几十年来，PUB 投入了大量的财力用于完善城镇排水系统。1980—2010 年的 30 年间，共投入 240 亿美元。通过数十年的努力，新加坡内涝防治效果显著。全国洪涝灾害易发区面积已经从 20 世纪 70 年代的 3178hm² 下降到 2011 年的 56hm²。

尽管如此，2010 年和 2011 年仍然有一次因为特大暴雨造成的城市老城区局部淹水的情况发生。PUB 对全国多个地方进行了全面的检查，包括水道和水沟，通过咨询专家，提出了内涝防治措施，比如排除堵塞、扩充水沟容积、垫高马路等。计划 2013 年将全国洪涝灾害易发区面积从 2011 年的 56hm² 降低到 40hm²。同时，计划于 2011—2015 年每年再投入 1.5 亿美元的预算用于持续改善排水设施，运行维护费用增加一倍，每年投入 2300 万美元。

7. 中国香港

香港位处热带气旋的寻常路径，年均降雨量约为 2400mm，是太平洋周边降雨量最多的城市之一。在特大暴雨期间，本港北部乡郊的低洼地带和天然洪泛平原，以及市区部分老化的地区，都可能会发生内涝。

自 20 世纪 90 年代开始，渠务署进行了一系列防洪战略研究和排水总体规划研究，为政府提供了一个框架，逐步系统地制定有效的防洪战略。该防洪战略考虑了各种技术和管理备选方案，以结构性和非结构性措施的方式表示。在制定防洪战略时，考虑了若干种制约因素和目标，其中包括社会和经济压力、财务和法律制约因素、地理和环境条件、机构和管理制约因素以及发展方案。该防洪战略由多个部分组成，其中包括以下主要项目：公共雨水排水系统的防洪标准、长期改善措施、持续改进和缓解措施、预防性维护、用地管理与立法。

2.2.2 污染控制

1. 美国

（1）规划

《清洁水法案》（CWA）严格有效限制从任何点源向美国的水体中排放污染物，除非该排放行为符合国家污染物排放清除系统（NPDES）许可规定。按照 NPDES 的规定，市政雨水排放、工业雨水排放和建设雨水排放均需获得许可。

服务人口在 10 万人以上（1 期社区）的市政雨污分流系统必须获得 NPDES 许可并且要求制定雨水管理规划。

（2）管理和工程技术

一般每个州均制定了雨水水质管理 BMP 规划与设计的标准要求，包括新开发项目径流处理的最低要求。必须达到这些要求方可获得 NPDES 许可。

2. 德国

德国很早就注意到了合流制系统溢流对受纳水体可能造成的污染，因此，早在 1913 年就建成了一座"雨水处理厂"来处理此类溢流。但是，此类实践后来受两次世界大战的影响而中断，直到 20 世纪 70 年代才重新获得重视。如今，特别注重溢流雨水的调蓄和处理已经成为德国现有合流制系统的一项最主要的特征。不下雨的时候，所有污水全部进入二级污水处理厂。大中型污水处理厂的出水化学需氧量（COD）标准为 75mg/L，小型污水厂的出水 COD 标准为 150mg/L。现有的污水处理设施完全可以满足以上标准。下雨的时候，通过雨水调蓄池的调节作用，下游污水处理厂的进水量被控制在设计处理污水量的 3 倍以内。由此可见，确定雨水调蓄池的合适容积是合流制系统成功的关键，为此，德国于 1977 年颁布了《合流污水箱涵暴雨削减装置指针》ATV A128，针对不同的降雨强度和设计重现期，对雨水调蓄池的容积要求进行了明确的规定。该标准的最后一次修订为 1992 年，如图 2-6 所示。

在《合流污水箱涵暴雨削减装置指针》ATV A128 颁布后很长一段时间，雨水调蓄池的详细构造并没有统一的标准，而是由工程设计者自行设计。这种情况在 20 世纪 90 年代后期得到了改变。德国于 1999 年和 2001 年颁布了两部标准，对雨水调蓄池的结构和工艺设备做出了详细规定。这两部标准给出了 21 种适用于合流制系统的雨水调蓄池的设计范例，每个池子的容积为 50m³～17600m³。目前，德国应用最广泛的雨水调蓄池有管道式、圆形和长方形三种，其容积分别为 150m³、500m³ 和 3000m³。为保护下游的污水处理厂，每种池体的出水量分别限制在

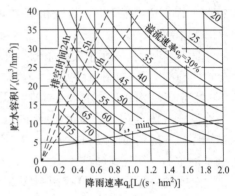

图 2-6　《合流污水箱涵暴雨削减装置指针》ATV A128（1992）

25L/s、36L/s 和 118L/s。雨水调蓄池同时也具有简单的处理功能，其构造基本上与普通污水处理厂的沉淀池类似。

3. 英国

英国传统排水系统的核心理念为：将雨水尽快从落地点引流至排放点，比如下水道或者渗水坑。但是，这也可能带来一些负面影响：首先，可能增加下游洪水的风险；其次，地表水通常夹杂油质、有机物、有毒金属等污染物质，不经处理地经下水道排入河流，会导致河流和地下水的水质下降。英国 SUDS 强调通过源头控制措施来削减雨水径流量以及雨水污染物的含量，从而对污水污染进行控制。

4. 日本

由于合流制下水道溢流已经成为全日本许多大城市的主要污染问题，过去十年来，日本也出台了一系列合流制下水道改善的规章制度。

为了解决合流制下水道溢流问题，2001 年成立了"合流制下水道系统（CSS）顾问委员会"，就加强 CSO 控制编制了报告。日本对 13 个主要城市进行了一次调查，确定了 10 年内须实现的 3 项关键目标：

（1）将合流制下水道系统（CSS）污染物负荷降低至等于或低于分流制下水道系统（SSS）的水平；

（2）将雨水排放口发生未处理污水溢流的次数减半；

（3）防止杂物从雨水排放口溢流。

2002 年，MLIT 启动了"CSS 改善项目紧急补贴计划"，要求各城市于 2005 年之前向 MLIT 提交一份"CSO 紧急改善计划"。针对改善计划的制定提出了如下具体措施：

（1）对目前已经实施的 CSO 控制项目进行评估；

（2）确定受纳水体的用水量并确定重要受影响水面区域；

（3）制定 CSO 紧急控制目标；

（4）对雨水"隔离"、"输送"和/或"蓄积"应用案例进行调查；

（5）确认 CSO 控制效率；

（6）制定年度计划和 CSO 紧急控制计划。

为了对 CSO 控制措施的实施提出指导方针，日本下水道协会于 2002 年颁布了《CSO 控制工程指南和说明》，后续由日本污水工程技术研究院（JIWET）于 2003 年颁布了《CSO 监测手册》。

2003 年 9 月，《污水实施条例》进行了修订，并于 2004 年 4 月颁布，针对 10 年至 20 年内实施的 CSO 控制项目提出了具体规定。

制定了结构性和出水水质标准，要求雨水溢流闸箱必须设置适当的溢流堰高度和杂物消除设施（10 年内，大城市 20 年内），同时出水口 BOD 限制在 40mg/L 或以下（或者在结构性标准达到之前限制在 70mg/L 以下）。条例要求 17 个城市在 10 年内采取措施，21 个城市在 20 年内采取措施。

全国的目标是将 CSO 控制率从 2004 年的 17％提升至 2013 年的 70％。

5. 澳大利亚

澳大利亚联邦政府、州政府、特区政府和地方政府已经批准实施了国家水质管理战略（NWQMS），该战略的一个主要焦点是生态可持续发展的水质问题，即："在保持经济和社会发展的同时保护和提高全国水资源的水质，实现全国水资源的可持续利用"。为了实现这一目标，重点针对区域集水区采用了国家、州和地方三级式水质管理措施。在实践中，政府的每个部门均使用了各自的水质规划、环境政策和监管手段来应对这一挑战。

大多数州已经确定了雨水水质管理目标与方针，其中包括 WSUD，以保护环境免受城市发展所带来的影响。这些方针大多以州环境规划政策的参考文件的形式出现，以保证新的开发项目能够满足水质要求。

大多数地方政府机构、水务企业和流域信托机构均制定了自己的 WSUD 指导方针，以便在最佳实践惯例方面提供指导。这些指导方针一般与国家和各州的方针一致，但是通常会根据当地特殊情况规定具体的目标。

对于新开发区域，必须采用 BMPs 措施，以降低开发区流域出口（或排水口）雨水径流中的污染物总量，目前要求氮磷污染物要削减 45％以上，而总悬浮颗粒物 TSS 要削减 80％以上（摘自《Principles for Provision of Waterway and Drainage Services for Urban Growth》，p7，Melbourne Water，2007）。

6. 新加坡

新加坡是提倡雨污分流的国家之一，为了保护水体环境质量，把径流雨水收集起来，集中处理排放，而不是就近排放。新加坡有着严格的排水管制条例，污水处理厂只有将污水处理到符合标准的水质才允许排入大海。针对工厂居住区、商业区等不同情况，有着详细的排污规划，并随时可能改进、更新处理措施。

新加坡对于污水排放主要有以下具体措施：不符合规定标准的企业，必须建立自己的污水处理厂；所有建筑物上都要设置完备的现代化卫生设备；调整住宅区楼下地面的倾斜度，以使清洁地面后的水能够及时排入污水管；住宅区内的沟渠必须加盖；为减少污水的泄漏，不断更新废水收集设施。

7. 中国香港

以往污水经过一级强化处理后排入港湾的做法引起了严重的环境担忧。渠务署和环境保护署合力在污水收集与处理基础设施的战略规划、设计、建设和运行方面所做的工作取得了进展。此外，水污染控制条例的实施大幅度改善了海洋和河流水体水质。

虽然污水收集和排放有单独的系统，但是，仍有大量污水得不到妥善处置，最终排入雨水排水系统。为了解决这一问题，建设了旱流截流管道和充气橡胶坝等特殊设施，将雨水排水系统中的污染水流引回到污水管网中。

2.2.3 雨水利用

1. 美国

在美国，雨水收集并未广泛实施。虽然少数几个州和地方政府机构已经制定了雨水收集标准或指南，但是，较高级别的法规和规范中大多未涉及此类规定，一些辖区已经将所收集雨水按照再生水进行监管，从而导致了不必要的更加严苛的规定。

为了推广雨水循环利用，美国环境保护署近期编制了《市政雨水收集手册》，协助地方机构在其社区内实施雨水循环利用系统。

绿色屋顶、蓝色屋顶等 LID 设计方法常常可以同雨水回用有机地结合起来，不但可以削减降雨期间的径流量，还可以减少饮用水的需求量。美国常见的雨水回用方式包括雨水花园和简易的雨水回收系统等。在人口和建筑密集的都市地区，雨水花园常常被建在办公楼之间的空地上；在人口较为稀少的农场和牧场，从屋顶收集的未加处理的雨水则被收集到雨水罐中用于灌溉。

绿色屋顶是屋顶雨水收集利用技术的一种通俗称呼。通过在屋顶铺设土层和栽种植物，屋顶的蓄水功能大大增加，地面或地下排水系统的负担也得到大大降低。此外，绿色屋顶可以增加建筑的保温隔热功能，降低能耗。绿色屋顶甚至可以通过选择合适的水果或蔬菜型植物获得额外的收益。典型的绿色屋顶构造自下而上各层依次为屋顶、保温层、不透水防渗膜、植被隔离层、滤布、土壤层和植被。绿色屋顶的设计需要考虑多个因素，一是屋顶必须能够承受相应的结构荷载，二是确保屋顶不漏水，三是屋顶植物的维护保养。

与绿色屋顶类似的一种做法是蓝色屋顶。蓝色屋顶不设土壤和植被层，其核心设备是安装在屋顶上的一个或多个特制的雨水收集装置，此类雨水收集装置大体为一圆管，下部与雨水管连接，周围设有一圈溢流槽或溢流孔，外面装有过滤罩，防止树叶等杂物进入排水系统。下雨时，屋顶汇集的雨水先经过过滤罩，然后才会通过雨水收集装置进入排水系统。由于溢流槽（孔）的泄水能力有限，所以雨水进入排水系统的速度也会受到限制。蓝色屋顶的主要意义在于它可以延迟径流雨水进入排水系统的时间，从而起到削减流量峰值的作用。

2. 德国

同其他国家相比，德国的雨水利用具有起步较早、技术和规范成熟、标准化程度高和政府高度重视等特点。以绿色屋顶为例，德国一直有建设绿色屋顶的传统，从 20 世纪 70 年代起，绿色屋顶开始得到大规模应用，到 20 世纪 80 年代时，绿色屋顶技术已经度过了探索阶段，变得非常成熟。相对而言，其他国家此时对该项技术基本上一无所知。早在 1982 年，德国风景园林研究开发和建设协会（FLL）就发布了第一部绿色屋顶设计建造导则，此后，FLL 对该导则进行了不断的更新，最近一次更新为 2008 年。该导则被欧洲乃至世界上许多国家和专业组织广泛接受。在 20 世纪 90 年代，德国成立了世界上第一个绿色屋顶技术协会（FBB），为传统屋顶和绿色屋顶的广大从业人员如制造商、供应商、设计师以及维护人员提供了一个很好的交流平台，对绿色屋顶在德国和欧洲的推广起到了很大的推动作用。此外，德国的许多城市如汉诺威、柏林、盖森海姆和新勃兰登堡等地都设有绿色屋顶研究机构。据统计，将近三分之一的德国城市都出台了专门支持绿色屋顶和雨水回用技术的政策。德国是世界上拥有绿色屋顶最多的国家，其绿色屋顶的建设已经专业化、规范化和标准化，并拥有一批专门提供绿色屋顶技术、设计和设备的专业厂商。目前，德国绿色屋顶的建设规模大约为每年 1000 万 m^2，其中四分之一为屋顶花园。柏林和汉堡是德国拥有绿色屋顶最多的城市。图 2-7 是绿色屋顶在德国应用的一个典型例子。

图 2-7　位于德国斯图加特市的 EnBW 绿色屋顶项目

德国各级政府推行了很多财政政策和措施，用以鼓励居民或企业采用分散式雨水管理系统。例如，自 20 世纪 70 年代以来，德国逐渐在全国范围陆续推行了差异性排水收费政策（Individual Parcel Assessment，IPA）。这一政策规定，居民和工商业住户的雨水排水费与该住户的排水量直接挂钩，如果住户采用了绿色屋顶或其他雨水回用措施，则其雨水排水费会大大减少。在这一政策实施之前，政府采用单一的雨水排水费率，即每家居民或工商业住户的费用只与该住户房产的面积相关，而与其采用的雨水系统无关。该政策对分散式雨水管理系统的推广起到了良好的作用。

3. 英国

英国的人均水资源量较少，重视雨水利用已经成为深入到英国人脑子里的意识，这是十分值得我们学习的。英国雨水采集系统设计简单、技术成熟。这一方面得益于英国大力营造雨水利用的政策环境，另一方面注重发挥行业协会的推动作用，从而达到带动整个雨水采集行业发展的目的，未来该市场潜力巨大。

（1）雨水利用政策

英国在雨水利用方面的政策引导虽然不及德国等国家力度大，但英国正在营造有利于推广雨水利用的政策环境。英国 2008 年出台的《可持续发展住宅标准》规定新建住宅必须有"能效证书"，明确提出分阶段减少人均自来水使用量，由人均每天 150L 降至第一阶段的 120L，后续再降至第二阶段的 105L，最终目标是第三阶段的 80L。第一阶段目标可以通过安装节水龙头等手段实现，第二阶段目标可以通过不洗盆浴等调整生活方式实现，但第三阶段目标只能通过雨水利用等其他开源方式实现。

英国要求公租房等使用公共资金的新建住宅必须达到第二阶段节水目标，然后力争在 2 年～3 年内达到第三阶段节水目标。英国正在修订《建筑法》，拟要求所有新建住宅，包括私人新建住宅必须在 2016 年之前达到第三阶段节水目标。该法对商业建筑也提出节水要求，但目前尚未提出强制推行时间表。2010 年 4 月 6 日英国《建筑法》修订版首次提出民宅配备两套供水系统概念，即一套是自来水公司的饮用水标准供水系统，另一套是来自雨水、中水等其他途径的非饮用水供水系统，这是英国推广雨水采集系统的又一个政策福音。

英国削减碳排放的压力很大，各行各业都在追求绿色低碳目标，而配备雨水采集系统的建筑被认为是绿色低碳建筑，其享受的政策支持力度也越来越大。如 2007 年英国政府就把雨水采集系统列入可享受资金税收优惠政策的水技术项目，规定商业建筑在投资配备雨水采集系统期间，可在应纳税利润中扣除投资额，并可向政府水技术基金申请与投资等额的贷款。英国业界正在游说政府为民宅配备雨水采集系统出台类似的优惠政策。

（2）行业协会的作用

英国雨水采集行业协会的作用正日益得到强化。该协会负责推广雨水采集理念，制定行业标准，推动相关部门立法，鼓励技术进步。该协会认为，英国雨水采集市场发展较慢的原因有三：一是系统投入维护成本较高，民宅雨水采集系统建设费需 2000 英镑～3000 英镑，水泵每抽 1m³ 水需耗电 1.5kWh～2kWh。二是英国自来水价格低，大部分民宅按面积缴纳固定水费，英国安装有水表的民宅不足一半，民众节约用水动力不足。三是非饮用水标准欠完善，雨水利用缺乏科学的法律监管。该协会指出，雨水采集系统收回投资成本的周期并不长，商业建筑是 2 年～5 年，民宅是 10 年～15 年。考虑到英国自来水价格将大幅度上涨，民众收集雨水的兴趣会更大。有专家建议雨水含菌标准可参照"游泳水质指导原则"制定，以明确标准消除民众对雨水水质可能带来健康风险的担忧。自来水公司也支持雨水采集，因为增加雨水利用量可减少其未来投资兴建蓄水池的压力，对调节洪涝水量及环境保护都有益处。

英国雨水采集系统主要包括采集、上下传输、贮存三部分。采集区域主要是屋顶，虽然屋顶可能有瓦砾等污染，但经过絮凝、沉淀、生物反应，雨水中微生物污染水平很低，符合再利用标准。贮存是成本最高的环节，英国的蓄水池材质大多采用塑料，蓄水池大小取决于降水量、屋顶面积及非饮用水需求量，通常每年有 2 次～3 次蓄水池满溢，满溢雨水由渠道直接接至下水道，有利于清除蓄水池里的浮物。如果降水量减少导致蓄水池水位偏低，系统将自动切换到自来水管道，切换不影响用户日常生活。蓄水池中设有过滤装置，能分离水中的固体物质。由于蓄水池建在地下，黑暗、凉爽、处于氧饱和状态，甚至连军团菌也不易滋生。系统维护也较简单，通常只需每季度清洁一次过滤器，用自来水龙头冲洗 5min 就可完成。英国采集的雨水主要用于冲厕所、洗衣服、洗车、浇灌花园等非饮用水用途，而非饮用水占英国家庭总用水量的 50%～80%。英国雨水采集行业协会认为，英国自来水水质硬，家电易生水垢，而雨水是软水，洗衣机使用雨水可减少水垢，延长洗衣机使用寿命，并减少洗涤剂使用量，相应减少排污量，无疑更为环保。

新房配套建设雨水采集系统很方便，旧房加装该系统则相对困难，主要是布管工程量大。英国千禧绿色住宅样板房项目是有效利用雨水采集系统的成功范例。该样板房是一栋有 4 个卧室的两层小楼，屋顶面积为 153m²，蓄水池容量可满足 18d 用水量需求，该地区年均降水量为 622mm，每年系统可采集 95m³ 雨水，使用 3500L 直泵抽水装置。该样板家庭由于使用雨水，每年自来水用量减少了 50m³，显示民宅雨水采集系统的能效大约是 50%，而商业建筑雨水采集系统的能效最高能达到 80%。

4. 日本

政府融资系统推出后，20 世纪 80 年代以来，雨水和再生水利用设施安装工程数量骤增。3289 个水循环利用设施中约有 1600 个为雨水收集设施。

雨水收集在全日本作为一种寻找替代水源、防止城市内涝和保障灾难应急供水的方式进行了推广。有 60 多个城市对雨水调蓄池安装实行补贴，有 45 个城市对老旧化粪池改造为防洪雨水调蓄池实行补贴。虽然研究发现雨水调蓄池最佳尺寸是 2m³，但是，大小只要达到 0.2m³ 的雨水调蓄池便可获得补贴。

全日本约有 15 座体育场下方设置了雨水蓄水设施，用来收集体育场外或屋顶流入的雨水，调蓄能力从 1000m³ 至 4320m³ 不等。所收集雨水可用于景观灌溉、运动场洒水以及冲厕。东京巨蛋体育场安装的雨水收集系统蓄水能力达 1000m³，可用于防洪、消防以及巨蛋体育场内冲厕等其他用途。

在日本很多城市，雨水还被用来作为热岛效应的应对措施。滞水路面在降雨后可产生降温效应。为了延长这种效应，一种信息系统会继续在降雨结束后利用地下蓄水池中贮存的水在路面内进行水循环。例如，在东京港区一个公共广场，在保水砌块下安装了喷水陶瓷管道。降落在广场上的雨水被收集到边沟中，贮存在广场下安装的一个 155m³ 的蓄水池中。在干燥时期，雨水在一天中的不同时刻会自动过滤并泵送到保水砌块中，使水能够渗透整个保水砌块。通过对多个系统观察发现，与传统的沥青路面相比，这种保水路面能够使地表温度下降 13℃～19℃，有利于缓解东京等高度城市化地区产生的热岛效应。

此外，2011 年由日本日建设计股份有限公司（Nikken Sekkei）对建设于东京的索尼大厦一侧也安装了类似的陶瓷管，作为天窗使用，通过"生物皮肤（Bioskin）"冷却系统对陶瓷管中循环的雨水的蒸发来降低环境温度，从而节约空调成本。

雨水入渗在日本得到广泛应用，通过地下水补充保持河水流量、恢复春季水量、保障水资源、防止地面沉降以及防治地下水盐化。1982—1994 年期间，东京西练马区在一个 1434hm² 的区域实施了试验下水道系统（ESS）。该系统共有 34000 多个渗水坑、285km

长的渗水沟、70km 长的渗水路缘石和将近 $500000m^2$ 的渗水路面。札幌、横滨、名古屋等其他多座日本城市也已建设了类似的 ESS。

5. 澳大利亚

（1）规划

澳大利亚最近发生的干旱以及对气候变化的普遍关注，突出说明了需要以一种更加可持续的方式管理水资源。如今，雨水已经不再是一种需要迅速处置的公害，而是一种宝贵的资源，在大型城市中心尤为如此。

雨水收集与循环利用已经成为 WSUD 的一个重要组成部分（WSUD 在其他国家被称为可持续城市发展（SUD）），它不仅可提供一种潜在的替代水源，还可提供一种减少水道雨水污染的手段。目前，大多数雨水循环利用方案均将雨水作为非饮用水供应给最终用户。

州政府规划部门已经制定了政策，对新建和二次开发项目实施 WSUD。例如，新南威尔士州政府引进了建筑可持续性指数（BASIX），可确保房屋设计减少饮用水用量，并且通过为房屋和单元设定能源和用水目标实现更低的温室气体排放量。因此，新的开发项目常常设计了屋面雨水回收利用功能，以达到这些目标。BASIX 是澳大利亚所采用的最强有力的可持续规划措施之一，在新南威尔士全州公平且有效地削减了用水量和温室气体排放量。

此外，国家也已针对水的循环利用制定了多种指导方针，包括雨水收集和循环利用以及可控含水层补充等特别出版物。这些指导方针为屋面雨水循环利用系统的有益和可持续管理设定了一个风险管理框架。州或地方辖区则利用其各自的立法和监管手段，依据这些文件制定了自己的指导方针。

（2）管理

地方主管部门和区域水务主管部门一般负责保证新的开发项目中能够实施 WSUD 和雨水收集。很多地方主管部门已经依据州和国家的相关指导方针制定了自己的 WSUD 指导方针和政策。对于新的开发项目而言，雨水循环利用的实施职责由开发商承担。现状城区的分散性雨水收集和循环利用方案也正在进行编制。

（3）工程技术

澳大利亚典型的雨水循环利用范例包括：

1）居民屋面雨水收集——现场用于花园浇灌、车辆清洗和厕所冲洗等；

2）非居民屋面雨水收集——工业和商业用水（景观浇灌、工艺用水、冷却塔补充用水）、冲洗以及降尘等；

3）雨水收集方案——利用池塘收集城市径流，典型的最终用途包括公共空地灌溉（公园、花园、游乐场、高尔夫球场）到厕所冲洗、室外使用等双网使用；

4）含水层蓄水和恢复。

雨水所需要达到的处理程度取决于拟使用的用途，尤其是公众接触的程度。

6. 新加坡

新加坡是自然水资源严重匮乏的国家，人均可利用水资源量排名全世界倒数第二位。受岛国地质条件限制，新加坡严禁开采地下水，以防止地面沉降。目前新加坡供水途径包括从马来西亚购水、废水再生、海水淡化及雨水利用。新加坡地处热带，年均降雨量在

2400mm 左右，雨水利用是最经济和安全的途径。经过多年的实践，新加坡已经建立了一套适合于其岛国特色的雨水收集利用体系，即所谓的"集水区计划"。

集水区大致可以分为三类：受保护集水区、河道蓄水池以及城市暴雨收集系统。中央集水区为受保护的集水区，同时也是自然保护区，其土地专门用来收集雨水，因而有着高质量的原水。随着用水量的逐步增加，中央集水区已经无法满足供水需求。1971 年，新加坡开始实行第一个非保护集水区的供水计划，即利用河流建造蓄水池。2005 年 7 月，新加坡政府不惜斥资上亿美元，开工建造滨海堤坝，计划把滨海湾开发为一个大型河口蓄水池，2007 年年底建成后，它的面积将等于新加坡总面积的 1/6。另外，新加坡几乎每栋楼顶都有专门用于收集雨水的蓄水池，雨水经过专门的管道输送到各个水库贮存。经过多年努力，如今新加坡共有 15 个蓄水池（库）和一个在下暴雨时防洪的雨水收集池系统，随着榜鹅蓄水池和实龙岗蓄水池的落成，新加坡集水区面积已经从占全国面积的一半扩大到三分之二，全国几乎变成了一个巨大的水库，以往的贫水状况得到了彻底的改观。

7. 中国香港

雨水收集在香港尚未广泛实施。在某些乡村地区，一些排水改善项目建设了一些新的湿地。这些湿地可接受穿越一个地区的水道中的水流，水道中的碎砖作为生物过滤器分解了一些有机物质，为鱼类和鸟类提供了栖息地。这些工程被建设为活跃的淡水生态系统，有利于香港环境的可持续发展。

2.2.4 灾害应急

1. 美国

美国国家气象局（NWS）是国家海洋和大气管理局（NOAA）的下属机构，是美国负责天气预报、风暴预警、河流预报和洪涝灾害警报的联邦机构。美国国家气象局会使用多种来源的数据来编制洪涝灾害预报。美国地质勘探局（USGS）是河流深度和流量数据的主要来源。美国 85% 以上的河流测量站由 USGS 负责运行与维护，其中 98% 可用于实时河流预报。目前，该网络共有测量站 7292 个，分布在全国各地，其中 4200 个配备了对地卫星无线电设备，可进行实时通信。美国国家气象局利用其中 3971 个测量站发出的数据对设置在城市地区的主要河流和小溪流上的 4017 个预报服务点进行河流深度和水流状态预报。雨量数据由国家气象与水文服务中心提供。

NWS 使用两个子系统进行暴洪预报。第一个子系统为地方洪涝灾害警报系统（LFWS），该系统使用手工和自动水文气象仪并且在一个集中地点收集和处理读数来进行警报。第二个子系统使用的是《暴洪指南》（FFG）。FFG 可对降雨和径流关系进行比较，通过土壤湿度和饱和度来确定暴洪威胁程度。

自动本地实时评估系统（ALERT）在美国以及澳大利亚和中国等其他国家广泛应用。该系统要求配备自动化事件报告气象水文传感器、通信设备和计算机软硬件设备。ALERT 传感器可在达到现行标准时向基站发送编码信号。

2. 德国

德国很重视雨水灾害控制和应急系统建设，在各州设立了洪水预报中心，将洪水预警分为四级，并广泛宣传，向民众解释各级不同的风险程度和相应的预防措施。另外，德国在中小学就开展灾害预防教育，一般民众都知道受灾时如何进行自救和相互救助。与此同时，政府也在雨水灾害控制和应急系统建设方面提供必要的物质和资金保障。

3. 英国

（1）灾害风险管理

英国所采用的洪涝灾害风险管理方案可划分为以下几大类：

1）洪涝灾害规避方案——将开发项目选址在洪涝灾害风险区以外地区，即 1 类防洪区。

2）场地布局——应采用顺序排列法，根据 FRA 将开发项目最脆弱要素选址在最低风险区内。低洼地段可提供重要的排洪或蓄洪能力，从而产生社会与环境效益。

3）提高室内地面高度——该方案在提供安全通道的前提下有效管理新开发项目的洪涝灾害风险。

4）调节地面高度——将地面高度提升至洪涝灾害风险高度以上，可以保护开发项目或将洪涝深度降至可接受程度。需谨慎避开孤立地块，保证安全畅通。任何地面高度调整方案均需在 FRA 中证明不会对洪水位产生影响，可能需要一同补充建设蓄洪设施。

5）防洪墙和防洪堤坝——PPS25 要求，如果防洪设施被淹没或突破，则使用这些设施进行防洪可能产生残余风险，应尽可能避免。对这一方法进行合理性论证时，需要证明上游蓄水和水流削减等其他可选方案已经考虑并证明不具有可行性而且所提出的方案与该地区的总体洪涝灾害风险管理相兼容（CFMP 和 IDB 管理）。

6）上游蓄洪——可以设置在河流或水道上或者河流或水道外，可以是蓄洪水库或者湿地等蓄洪区。这些设施还可提供额外的栖息地和用于休闲娱乐。

（2）应急响应

召开地方应急论坛，将 1 类和 2 类组织整合在一起，协调做好地方层面的紧急响应。地表水洪涝灾害地图以及合作伙伴提供的信息可用来更新事件管理计划和社区风险登记表。紧急事件响应措施须包含已知地表水洪涝灾害位置等信息，尤其是公共建筑和穿越本区域主要干道附近的灾情。

社区风险注册表（CRR）由 1 类响应机构编制，要求成为《2004 年国民紧急事务法案（CCA）》的一部分。CCA 要求 1 类响应机构进行风险评估活动并将这些风险保留在CRR 中。在这种条件下，风险可以定义为能够导致重大后果的事件，其中包括洪涝风险。但是，截至目前，大多数 CRR 仍然不包括地表水洪涝风险，随着 SWMP 的制定其所输出的信息可用来更新 CRR。

多机构防洪计划（MAFP）是由 LRF 编制的专门的应急计划，是洪涝灾害事件的协调响应计划。由于洪涝灾害的复杂性以及产生后果的严重性，MAFP 认识到需要制定专门的洪涝灾害应急计划。SWMP 的输出信息可作为 MAFP 编制或更新的输入信息。

开发项目的 FRA 必须详细说明疏散路线并设置清晰标志，说明规划条件，确保这些路线和标志能够得以维护。

4. 日本

"Tokyo Amesh" 是东京的降雨信息系统，1988 年投入运行，采用雷达设备和雨量计对降雨强度和位置实行实时监测，为泵站和污水处理厂运行提供信息数据。Tokyo Amesh共设有 5 个雷达站（2 个在东京，3 个在相邻城市）和大约 150 个雨量计。利用这些实时信息以及蓄水池中的水位传感器发来的信息，泵站可以实现远程控制，对降雨做出反应。

以东京中部的 Umeda 泵站为例，该泵站可利用地面雨量计的降水数据、光学水位计的进水渠水位数据以及 Tokyo Amesh 系统的雨量信息估算流入量。然后，泵站可根据流入量增减情况进行运行，避免发生 CSO 或内涝。与仅仅依靠沉砂池水位数据运行的泵站相比，雨水排放量以及 BOD、COD 和 SS 负荷可降低 20%～30%。

此外，国土交通省（MLIT）河川局还在日本全境安装了 11 座 X 波段多参数雷达，确保河川管理的正确实施，包括防洪设施的运行、防洪和其他工作的充分实施，以缓解洪涝灾害损失。X 波段雷达可以 250m 网格分辨率每间隔 1min 发送一次雨量数据，而传统的 C 波段雷达的网格分别率为 1km，间隔时间为 5min。根据这些数据，目前国家地球科学和灾难预防研究院正在进行持续研究，以提高降水预报、洪涝灾害预测和滑坡风险预防水平。

名古屋市实施了洪涝灾害和 CSO 混合防护系统。地面安装了雨量计，向天气信息服务中心发送信息。根据天气预报和雨量计数据，雨水水库的闸门和紧急排水泵会在排洪和污染预防两种功能之间切换运行。

《防洪法案》修订后，MLIT 要求所有城市编制洪水险情地图，明确易洪区和市民疏散路线。洪水险情地图的有效性已经在日本的多次暴雨事件中得到了验证，当市民有洪水险情地图可以查看时，成功疏散人数大幅度增长。对于城市地区而言，设置了标准化图形标志，标注预测洪水深度并且提供疏散路线和避难所信息。这些标准在 2006 年 MLIT 发布的《洪水险情地图普及手册》中进行了阐述。

5. 澳大利亚

一般每个州和特区均设有一个应急服务组织，负责领导洪涝灾害管理等紧急事件管理工作。一般由这些组织负责编制洪涝灾害应急规划，针对准备程度、响应措施和恢复安排做出详细规定。洪涝灾害应急规划中还需针对这些机构、地方机构（包括地方议会）、联邦气象局（BoM）和志愿者组织之间的协调活动做出规定。

澳大利亚的洪涝灾害应急规划一般由以下阶段和活动组成：

（1）洪涝灾害应急计划

《洪涝灾害应急计划》详细规定了关键机构的职责、区域和地方层面的具体要求、具体的洪涝灾害应急活动（比如溃坝响应措施、安全撤离路线）以及控制机制。

（2）洪涝灾害应急准备程度

定期举办/召开公众教育活动/会议，就洪涝灾害警报、疏散、沙袋垒筑、救援、补充供应等方面进行人员培训，确保设备供应，定期与州和特区应急服务中心联络沟通。

（3）洪涝灾害响应

洪涝灾害预测与警报——BoM 可进行为期 3 个月的降雨和河水流量预测，预测洪涝灾害期间关键部位的水位情况，发布严重天气警报，包括山洪暴发风险。

洪涝灾害警报系统——包括降雨和河水流量监测用基础设施、预测结果解释工具（包括模型）以及编写和发布警报信息的能力。地方政府或州应急服务中心负责解释 BoM 的预测结果，提供洪水水位和范围本地信息、潜在影响以及受威胁人员的行动措施建议。信息通过广播媒介和网站以及近期流行的社会媒介进行发布（例如，昆士兰州最近发生的洪涝灾害中便使用了 Twitter、Facebook 等媒介发布信息）。

洪涝灾害应急任务——道路管制、沙袋垒筑、疏散、补给和救援以及信息发布。

洪涝灾害灾后恢复——州和特区应急服务中心负责在洪涝灾害发生后立即提供救援，但是，地方政府机构和志愿者参与洪涝灾害灾后恢复也是很重要的。具体任务包括清理、福利以及服务的恢复。

6. 新加坡

在雨水灾害控制和应急系统建设方面，新加坡有三点经验值得借鉴。

（1）加强排水管渠水位监测和预报能力

新加坡目前有 93 个排水管渠水位监测和预报站，为了进一步加强排水管渠水位监测和预报能力，计划新增 57 个排水管渠水位监测和预报站，从而实现排水管渠水位监测和预报的全面覆盖，为雨水灾害控制和应急决策提供最准确的信息。

（2）完善的防涝应急措施

新加坡政府对内涝治理的理念重在防。在平时，为房屋地基近期受到洪涝影响的房屋持有人提供帮助和咨询，包括提供咨询报告、安装永久性的防涝设施、更新排水管网等。

在内涝事件发生时，新加坡的应急措施十分完善。政府工作人员在内涝现场用排水泵、沙袋和内涝挡板等帮助受灾居民减少洪水造成的损失。

（3）加强信息公开和公众参与

公众可以从政府网站获取许多内涝防治信息，如管渠水位、易涝区域、防涝措施等。

新加坡政府也通过其官方的 Facebook 和 Twitter 账户来公开防涝信息。

公众也可以向预警服务数据系统（SMS alert service）申请来获取更为详尽的信息，如某个管渠的某个监测点位的水位数据。

7. 中国香港

为了实现自然灾害对生命和财产损失最小化，香港天文台于 1967 年开始发布雷暴和大雨警报。该系统后来进行了修改和改进。天文台目前可提供香港境内的雷暴、暴雨和滑坡预报，发布新界北部的洪涝灾害公告。当新界北部地区预期即将或正在发生强降雨和洪涝灾害时，便会发布特殊公告。该公告通过电视广播播放，根据需要加以更新，直到强降雨结束为止。

所有这些警报均是为了提醒公众采取预防措施并且帮助工程技术人员、承包人和其他可能在自然灾害中遭受损失的人员。此外，警报还可以警示相关政府部门和组织采取适当措施，比如开放临时避难所、展开搜寻救援作业、关闭学校以及开展救济工作。

对于某些遭受洪涝灾害威胁的村庄，可安装本地洪涝灾害警报系统，当洪水水位达到预定警戒水位时向村民发布警报。警报通过洪涝灾害警报器或自动电话呼叫发布给村庄代表。此外，在紧急情况下还可提供洪涝灾害避难所，为大部分受洪涝灾害影响的居民提供充分的安全保护网。

2011 年，香港暴雨连连，6 月已发出 6 个黄色暴雨警告，全月降雨量达 436mm，并出现逾 50 宗大树倒塌。尽管大雨不断，但香港各地区并未出现特别严重的水浸情况，绝大部分市民投诉均可在消防人员与警察到场后即时得到解决，体现出整套应急机制运作顺畅。

2.3　典型案例

发达国家和地区在排水系统中已经有了明确的"内涝"（waterlogging disaster or local

flooding）的概念。目前已经形成三套工程体系的格局，即：城市排水工程（小排水系统）、城市内涝防治工程（大排水系统）和城市防洪工程。

发达国家和地区强调源头控制和过程调蓄等工程技术的多功能性，主要功能包括内涝防治、污染减排以及资源利用。源头控制技术常采用 LID 等可持续性雨水管理理念，包含生物滞留塘（bioretention）、透水路面（permeable pavements）、雨水回用（recycling）、绿色屋顶（green roofs）等技术；过程调蓄技术包括地上式雨水调蓄设施、地下式雨水调蓄设施以及大型雨水调蓄隧道和水库。

2.3.1　源头减排案例

1. 美国芝加哥绿色技术中心

LID 设计理念以及众多其他类似的创新性雨水管理理念已经在美国的芝加哥、纽约、波特兰、匹兹堡、费城、西雅图等城市得到了应用。以芝加哥为例，该市采用了双管齐下的策略，一方面投入大量财力完成 TARP 计划，通过建设集中式雨水调蓄设施削减污染，消除城市内涝灾害；另一方面也大力提倡绿色基础设施理念，在室内广泛推行各项绿色技术和设计。据统计，截至 2010 年，该市已经完成 700 余项绿色屋顶项目，总面积达 65 万 m^2 以上。在雨水回用方面，该市制定了对雨水罐提供补贴的政策，鼓励居民以低价购买雨水罐用于贮存雨水。此外，由于 LID 和绿色建筑（或低碳建筑）的设计理念具有许多天然的相同点，因此二者常常在一些区域开发的项目中相互穿插，相得益彰。芝加哥绿色技术中心（Chicago Center for Green Technology）的建设就是一个典型的例子。该中心占地面积约 $7km^2$，其中建筑面积约 $3000m^2$。绿色屋顶、生物滞留塘、透水路面和雨水花园等技术在该项目中都得到了应用，此外，小区还安装了四个容积各为 3000gal（约折合 12t）的雨水罐用来收集雨水和灌溉绿地。根据计算，以 7.5cm 的降雨量为例，以上措施可以将整个小区的径流量截流 50%，从而大大减轻了下游雨水管道的负担。以上雨水管理措施，再加上该项目采用的多项其他节能技术，如太阳能电池、水源热泵等，使得该中心获得了美国绿色建筑协会的最高奖——LEED 白金奖。

2. 德国汉堡市 Trabrennbahn Farmsen 社区

汉堡市位于德国北部，是德国第二大城市和最大的港口。由于临近北海，汉堡市属于温带海洋性气候，终年湿润温和，年平均降雨量约为 770mm。汉堡市内水系发达，河道众多。Trabrennbahn Farmsen 社区位于汉堡市东北部，其所在地原来为一座赛马场，历史上曾颇负盛名，但是，随着赛马这项运动在德国逐渐衰落，该赛马场也渐渐被冷落，并于 1976 年被完全废弃。20 世纪 90 年代初，汉堡市政府决定将这一区域开发为住宅区。Trabrennbahn Farmsen 社区的规划和设计始于 1993 年，于 1997 年和 2000 年分两期建成。

图 2-8 为社区实景鸟瞰图。该社区共占地 $15hm^2$，有 35 座低层住宅楼，1158 个公寓单元。为了尽量保持该地区原有风貌，小区内的所有楼房都沿着原来跑马场的跑道两侧而建，大体上形成了一内一外两个椭圆形的建筑圈。两个建筑圈之间的空地设有走廊，这些走廊不仅是连接各个居民楼的纽带，也兼作儿童嬉戏之地。与这些走廊平行，小区内建有多条排水明渠。在每栋楼房附近都建有 2m 宽的生物渗透沟（bioswale），这些生物渗透沟和明渠是小区排水系统的重要组成部分。小区的中心地带，即原来被跑道围起来的地区，则被辟为景观用地。这里建有两个人工湖，还有一条小径斜斜地穿过小区。中心地带没有

任何永久性建筑物，也不允许机动车辆进入。

图 2-8　Trabrennbahn Farmsen 社区实景鸟瞰图

　　每当下雨时，居民楼顶和道路表面形成的雨水径流首先被汇集到楼房附近的各个生物渗透沟里，然后溢流至与小区走廊平行的明渠中。出于安全考虑，明渠的水深都比较浅。当明渠的水深超过预设水位时，雨水则溢流至小区中央的两个人工湖里。根据设计，这一系统可以抵御 30 年一遇的洪水。小区没有铺设市政雨水管道，当降雨超过设计能力时，人工湖中的水将溢流至小区外围的天然河道中。Trabrennbahn Farmsen 社区获得 1997 年年度建筑奖（Building of the Year）和 1998 年德国城市开发奖（German Prize for Urban Development）。Trabrennbahn Farmsen 社区的成功设计表明，城市规划和雨水管理可以有机结合，融为一体，相辅相成，从而创造一个高度符合可持续发展理念的现代社区。

3. 德国埃姆舍河流域治理

　　埃姆舍河位于德国西部，起初只是莱茵河的一条不太起眼的小支流，总长度约 84km，总流域面积为 865km^2。然而，自从 20 世纪初这里发现了储量丰富的煤炭资源以来，大量的煤炭、钢铁和化工企业以及新兴城市群在埃姆舍河两岸拔地而起，该地区也一跃成为德国著名的重工业区——鲁尔区的核心地带，人口密度发生了爆炸性的增长，其鼎盛时期曾是德国人口最稠密的地区。人口的增长和工业的发展给当地的环境带来了沉重的负担，而埃姆舍河也逐渐蜕变为一条开放式的排水管道，其主要功能为输送未经处理的工业和生活污水以及受到严重污染的雨水至下游的污水处理厂。由于河水中含有大量煤矿废水，因此，埃姆舍河甚至被称作"黑河"。此外，由于城市化的发展，该地区的地表不透水面积快速增加，洪涝灾害也日渐频繁。自 20 世纪 70 年代以来，鲁尔区作为一个传统重工业区开始渐渐衰落，失业率升高，人口下降（埃姆舍河流域目前总人口约 230 万人），但环境状况并没有太大改善。在 20 世纪 90 年代初期，这一地区的众多公共管理机构决定从改善当地的自然生态环境，特别是水环境入手，彻底改造埃姆舍河，将该河打造成为集生态、景观、防洪为一体的全新都市水系，并以此为契机，逐步实现地区转型和振兴。这些公共管理机构包括埃姆舍河沿岸 12 个城市的市政府以及埃姆舍河协会（Emschergenossenschaft，简称 EG）。

埃姆舍河流域的综合改造计划内容极其庞杂，总计划投资约 45 亿欧元以上，预计项目历时达 30 年以上。这些计划既包含兴建传统的城市排水系统的主要元素如污水处理厂和污水管道，也包括推广分散式雨水管理措施，实施源头控制。目前，该地区已经建成两座污水处理厂，此外，还有 50km 长的污水干管和多个雨水截流池正在建设之中，这些措施将消灭污水直排埃姆舍河的现象。2005 年 10 月 31 日，埃姆舍河沿岸各城市共同签署了一项协议，协议规定在未来 15 年内，将 15％的雨水排放系统与市政雨水管道分离，这就是著名的 15/15 计划。15/15 计划是埃姆舍河流域推行分散式雨水管理系统的一项纲领性文件，对埃姆舍河的彻底改造具有重大意义。

2.3.2 排水管渠案例

1. 新加坡 Opera Estate 滞留塘（调蓄池）

Opera Estate 位于新加坡东海岸，流域面积 235hm²，由于该集水区的管渠不够大，并且由于场地限制，导致 4.5hm² 为洪涝灾害易发区，每年发生内涝 4 次～6 次，7 条马路和 370 栋房屋容易受涝，淹没深度约 300mm。因此，在学校的地下修建调蓄池贮存雨水，并将部分行洪河道加盖后变成慢车道，再辅以应急泵排水等措施，解决了该集水区的内涝问题。

2. 新加坡地下快速路和低洼道路内涝防治

在地下快速路的出入口设置类似于驼峰状（humps）的路面，驼峰处高于周边道路 1m，从而避免超过排水能力的雨水径流进入隧道。同时，在隧道内设置地下调蓄池和应急排水泵站，以减少隧道内涝。

新加坡有许多道路处于低洼处，常常发生积水事件。PUB 通过填土抬高低洼道路，并在道路两侧建设高标准的排水管沟渠，大大减少了道路积水问题。

2.3.3 排涝除险案例

1. 中国香港元朗排水绕道（截洪渠）工程

中国香港元朗排水绕道（截洪渠）工程是为解决香港元朗内涝问题，在元朗居住区外围修建一条人工拦洪渠，将上游约 18km² 集水面积的雨水（径流）拦截，排放至锦田河，以提高全香港防洪水平。元朗排水绕道是一条在元朗市南全新建造的主排水道，长约 3.8km，以截取该区 40％的雨洪，不经元朗而直接引入锦田河下游，再排入后海湾。

元朗属低洼地带，过去主要依靠有三四十年历史的元朗市旧明渠排水。然而，随着人口增长和城市化，加上昔日有蓄洪作用的洪泛平原和鱼塘消失，令旧明渠不胜负荷，以致元朗经常出现严重内涝。因此，香港渠务署于 2006 年完成"元朗排水绕道"工程，大大改善了该区洪水涝灾。该工程在设计上创新，在渠道河底和河岸斜坡种植不同品种的草本植物，别具观赏价值；同时，将排水绕道工程下游的一片荒地开辟成为人工湿地，面积达 70000m²，湿地内种植了许多水生植物，为野生鸟类、两栖动物和昆虫提供了合适的居所，更吸引了不少稀有的动植物。

2. 中国香港荔枝角雨水排放隧道

中国香港荔枝角、长沙湾及深水等地区的雨水排放系统大多是在数十年前修建的。随着地区城市化和发展，在暴雨情况下径流日渐增加，现有系统已不足以应付排洪的需求。

为了缓解内涝（水浸）问题，香港渠务署在西九龙地区进行了一系列改善措施。荔枝角雨水排放隧道是其中一项工程，利用截流方法提供一个长远防洪的方案。

造价约 17 亿元的荔枝角雨水排放隧道工程自 2008 年 11 月展开，于 2012 年 10 月完工启用。隧道位于九龙半岛西北部，全长 3.7km。主隧道长 1.2km，贯通荔枝角市区地底；分支隧道长 2.5km，沿半山兴建。雨水经六个进水口流入分支隧道，再经主隧道从昂船洲旁的排水口流出海港。这种直接疏导雨水的崭新截流方式将大大提升荔枝角、长沙湾和深水等地区的防洪水平至可抵御 50 年一遇的大雨。

3. 新加坡分流管渠应用案例

Bukit Timah 集水区 1 号分流管渠将约 700hm^2 的集水区上游暴雨径流分流至一个新的排水管渠，2 号分流管渠将集水区中部的暴雨径流分流至 Kallang 河。通过分流措施，Bukit Timah 集水区内涝灾害得到缓解。

4. 新加坡防洪挡板应用案例

新加坡在易淹道路两侧、地下设施入口（地下车库等）等处设置防洪挡板，当暴雨发生时，可有效阻止暴雨径流进入建筑物或者地下设施。

2.3.4　雨水利用案例

1. 德国柏林波茨坦广场

波茨坦广场（Potsdamer Platz）建于 20 世纪初，一直是柏林的中心地段。两德统一之前，柏林墙两侧是军事禁区，因长期遭到毁坏而荒废。两德统一后，奔驰公司与索尼公司联手投入巨资，重建一个新的波茨坦广场，以此带动了整个柏林的重建。新波茨坦广场由波茨坦广场大厦和索尼中心等大型建筑群组成，占地约 100hm^2。欧洲许多知名的跨国公司总部都设在索尼中心，而波茨坦广场大厦则几乎由著名的律师行所包揽。波茨坦广场的雨水收集回用系统与广场的建设同步进行，设计单位为德国戴水道公司，建成时间为 1998 年，并于 2011 年获德国 DGNB 绿色建筑认证体系可持续城市区域设计银奖。

场地内设立两套独立的雨水收集回用系统，屋面雨水经收集、调蓄、净化后回用，地面雨水排入市政雨水管网，在末端进行截流、调蓄、处理（在柏林，雨水基本得到调蓄处理，只有在夏季雨量特别大时发生 2 次左右的溢流）。同时设置景观水体，对雨水进行调蓄，在提升环境品质的同时，缓解该地区的热岛效应。

屋面雨水收集回用系统即收集所有屋面的雨水，经调蓄、净化后用于冲厕或景观水体补水。雨水收集回用系统由绿色屋顶、五座地下式雨水调蓄设施、一座景观水体（由中央湖、南湖和北湖组成，地表不连通，但循环净化系统是一套）、两座净化设施和监控系统组成，设计调蓄容积约为 5000m^3。

景观水体在地表分为中央湖、南湖和北湖，其中位于东北角的净化设施服务于中央湖和北湖，位于大楼下的净化设施在服务于屋面雨水收集回用系统的同时服务于南湖。考虑到不同水体的径流来源，东北角的净化设施还设置了不同的对应措施，如北湖的径流由于来自经常举办大型活动的广场，因此，需要先进行砂滤。而来自中央湖的水，根据进水水质选择是否需要进行净化。最后，来自不同景观水体的水汇合后再分别泵送至景观水体，并经过土壤滤床的过滤后回到水体。

同时，为了避免产生死水区，循环净化系统采用了多点出流、多点入流的方式，其中北湖是中段出水、北侧进水；中央湖是北侧和中央出水、南侧三点进水；南湖通过多级跌水与中央湖连通，而当区域内屋面雨水超过回用需求时，多余的雨水也是通过南湖进入景观水体系统。

景观水体的水质控制指标主要是透明度和 TP，TP 的设计目标是小于 0.035mg/L，设计的主要难点是柏林自来水的 TP 要求是 0.03mg/L，而屋面雨水的 TP 是 0.06mg/L，另外还有垃圾、鸟粪和大气降尘等污染源。景观水体的设计循环周期为一周，净化工艺采用土壤滤床、水生植物等自然生态净化和微滤格网过滤器、砂滤等人工强化设施。在两座处理设施处均设置了水质在线监控系统，可根据水质调整净化工艺和净化周期。

项目的水环境设计使得波茨坦广场成为柏林著名的游览场所之一，薄纱般浅浅的流动台阶在微风拂动下，形成波光粼粼的韵律表面，为人们提供了更多的亲水、戏水乐趣。

2. 日本东京都墨田区亲水街区

日本东京都墨田区是日本雨水管理的典范，1995 年和 2005 年的雨水东京国际会议均在墨田区召开。

墨田区管辖范围内原来有许多人工挖的小河渠，这些小河渠都汇流进隅田川、荒川和东京湾。在墨田区城市化进程中，大部分的河流也曾被马路"侵占"，为此常常发生内涝问题。

1982 年，当东京决定建造"相扑竞技馆"时，墨田区便开始考虑雨水管理和内涝防治等问题，并于 1989 年编写成《墨田区绿洲理念》建议书。之后，部分河道重新开挖，雨水重新汇入河流，而内涝问题得到缓解。小河还与各个街道的地下雨水罐连接，雨季，贮存槽里溢流出来的雨水可以像瀑布似的流进小河里；旱季，小河里的水又可以流回到雨水贮存槽。此外，在河渠旁修建人行步道，让人们重新享受亲水的乐趣，许多地方成了"亲水街区"或"生态街区"。在墨田区的带动下，全东京兴建了 1000 余处雨水利用设施。

墨田区大街上随处可见名为"天水尊"的雨水桶和名为"路地尊"的地下雨水罐。"天水尊"里的雨水平时用于浇灌花草、洗车、擦窗户，"路地尊"里的雨水既可以利用压水机抽出来，也可以与其他的水利设施连接，作为水循环的一部分，储备水源。除了各家各户的这些设施，在只有 13.75km² 的墨田区中，还有 185 处大型雨水利用设施，单是大型蓄水槽的容量在 2008 年 4 月 1 日就达到了 12527m³，相当于 45 个 25m 长游泳池（约 275m³）的贮水量。

3. 日本东京新国技馆

日本东京新国技馆是 1982 年日本相扑协会修建的供相扑运动比赛和培训的体育场馆，位于东京墨田区。在建设过程中，接受墨田区政府环境保护部门村濑诚先生的建议，在建筑物下面设计、修建了 1000m³ 的贮雨库和雨水收集利用系统。

这套雨水收集利用系统安装有自动去除初期雨水的设施；在雨水设施的进口处，安装有能够快速除去尘土的微颗粒过滤器装置；对于建筑物下面的巨大贮雨库内的水，定期进行循环消毒，保持良好的水质，保证用水安全。

新国技馆是日本东京最早建设雨水收集利用系统的大型建筑物之一，曾引起社会各界的广泛关注。建成至今，起到了控制雨洪出流、改善地区排水状况、减轻道路积水的作用；用雨水代替冲厕用水，一年可节省 80% 的自来水。运行效果非常好。

2.4　发达国家和地区排水系统技术与标准体系的借鉴

2.4.1　我国内地与发达国家和地区排水系统现状对比

在排水系统与城市防洪的关系方面，我国从流域层面已经制定了建设城市防洪工程体系的技术标准和规划设计规范，从城市层面也已经制定了建设城市排水工程体系的技术标准和规划设计规范。然而，我国过去一直将城市排水标准等同于城市内涝防治标准，在应对超过雨水管网排水能力的暴雨径流方面，既没有制定相关的技术标准和规划设计规范，也缺乏相应的工程设施。

在规划设计的理念方面，将城市排水、内涝防治和防洪割裂规划设计是我国内地与发达国家和地区城市排水系统的本质区别。具体而言，我国划分为城市排水和城市防洪两个工程领域，而发达国家和地区将城市排水、城市内涝防治和城市防洪作为一个系统来考虑。在计算方法和手段方面，我国规范推荐采用推理公式法计算城市排水系统的设计流量，而发达国家和地区推荐采用基于流量过程线的模型技术规划设计城市排水系统。城市排水、内涝防治和防洪割裂规划设计加上推理公式法本身的计算误差等多种因素，使得在规划设计理念和方法方面我国难以真正考虑城市排水系统的连续性方程和能量方程，从而无法考虑超过城市排水管网排水能力的水量的出路，而这部分水量就直接导致城市内涝。在规划设计层面及管理层面，若我国将城市排水系统定义为是包含城市排水、内涝防治和防洪的"大排水系统"，那么将在这个层面彻底解决超过城市排水管网排水能力水量的出路问题。

由于城市化和城市开发，美国、英国、澳大利亚、荷兰、日本和中国香港等国家和地区都曾遭受过内涝问题。历经数年，通过有效的雨水管理策略，它们已经基本克服了这些问题。以上这些国家和地区广泛分布在四个大陆板块：南半球、北美、欧洲发达国家和亚洲。其中香港是我国城市化程度最高的城市之一，并且已经成功解决了由于快速城市化导致的内涝问题。下面从源头、管网和内涝三个方面对比我国内地与发达国家和地区排水系统的现状，如表 2-6～表 2-8 所示。

我国内地暴雨径流源头控制标准体系与发达国家和地区对比（2013 年之前）　　表 2-6

国家（地区）	描述
中国内地	虽然出台了《建筑与小区雨水利用工程技术规范》GB 50400—2006，北京也正在积极出台《城市雨水系统规划设计暴雨径流计算标准》《建筑、小区及市政雨水利用工程设计规范》等地方标准，但仍缺乏全国性的针对暴雨径流的源头控制标准体系
美国	最佳管理措施（Best Management Practices, BMPs）
英国	可持续城市排水系统（Sustainable Urban Drainage System, SUDS）
澳大利亚	水敏感城市设计（Water Sensitive Urban Design, WSUD）
新西兰	低影响城市设计和发展体系（Low Impact Urban Design and Development, LIUDD）
德国	分散式雨水管理系统（Decentralized Rainwater/Stormwater Management, DRSM）

我国内地雨水管网设计标准与发达国家和地区对比（2013 年之前）　　表 2-7

国家（地区）	设计暴雨重现期
中国内地	一般地区 1 年～3 年、重要地区 3 年～5 年、特别重要地区 10 年
中国香港	高度利用的农业用地 2 年～5 年；农村排水，包括开拓地项目的内部排水系统 10 年；城市排水支线系统 50 年
美国	居住区 2 年～15 年，一般取 10 年；商业和高价值区域 10 年～100 年
欧盟	农村地区 1 年、居民区 2 年、城市中心/工业区/商业区 5 年、地下铁路/地下通道 10 年
英国	30 年
日本	3 年～10 年
澳大利亚	高密度开发的办公、商业和工业区 20 年～50 年；其他地区以及住宅区 10 年；较低密度的居民区和开放区域 5 年
新加坡	一般管渠、次要排水设施 5 年；机场、隧道等重要基础设施和区域 50 年

我国内地内河设计标准与发达国家和地区对比（2013 年之前）　　表 2-8

国家（地区）	设计内涝重现期
中国内地	20 年（内河防洪标准）
中国香港	城市主干管 200 年、郊区主排水渠 50 年
美国	100 年或大于 100 年
欧盟	农村地区 10 年、居民区 20 年、城市中心/工业区/商业区 30 年、地下铁路/地下通道 50 年
英国	30 年～100 年
澳大利亚	100 年或大于 100 年
新加坡	小河道 5 年；新加坡河等主干河流 50 年～100 年；机场、隧道等重要基础设施和区域 50 年

1. 城市排水系统设计标准

我国城市排水系统设计标准现状是 1 年或小于 1 年，与发达国家和地区相比偏小。

2. 城市防洪标准

我国内地的城市防洪标准一般为 20 年到大于 200 年，与城市人口有关。与国外相比，我国内地的城市防洪标准也偏低。

3. 城市内涝防治系统设计标准

之前，我国一直没有研究制定城市内涝防治工程标准，所以工程界一直认为城市排水工程标准就是城市内涝防治工程标准。但是我国现有的城市排水工程标准太低，实践证明将城市排水工程标准作为城市内涝防治工程标准不能满足社会的要求，社会反响强烈，而且没有工程措施只靠应急不能保证城市基本运行的安全。

发达国家和地区的城市内涝防治系统由道路排水、街道排水、街道边沟排水、滞留池、内河等组成。对于城市内涝防治系统的设计标准，澳大利亚为 100 年或大于 100 年，美国为 100 年或大于 100 年，英国为 30 年～100 年，中国香港城市主干管为 200 年、郊区主排水渠为 50 年。若将我国内河的防洪标准看成是内涝防治标准的一部分，我国内地内河的防洪标准一般为 20 年，相对发达国家和地区仍然偏低。

2.4.2　发达国家和地区排水系统技术与标准体系经验

纵观美国、德国、英国等发达国家和地区在排水系统管理方面多年来的实践，许多经验和教训都值得我国及其他发展中国家借鉴。

（1）排水系统的发展应当与城市的发展同步，或者是略微超前于城市的发展。

一座城市的排水系统主要包括城市生活污水、工业废水和雨水排放三个子系统。如果其中任何一个子系统滞后于城市发展的步伐，那么城市的正常运行必然会受到严重影响。排水系统是城市基础设施的一个重要部分，其规划和设计应当与城市的整体规划同步。遗憾的是，在过去相当长一段时间内，我国对雨水排水系统的重视远远不够，而这段时间恰好是我国快速城市化的阶段。在城市化过程中，不透水面积如建筑物和路面等大量增加，使得雨水无法像以前一样渗入到地下，而是几乎完全形成雨水径流进入地下管道，从而造成排水管网拥堵，形成内涝。长期忽略雨水排水系统的结果就是城市外表光鲜，高楼大厦林立，然而一旦降雨则内涝频发，给人民的生命财产造成巨大的损失。不透水面积的大量增加是造成城市内涝最根本的原因。针对以上问题，发达国家和地区的应对方式主要是严格控制不透水面积；如果无法控制不透水面积的增加，则通过法律手段强制规定对失去的透水面积进行补偿。补偿措施包括新建雨水截流设施，延缓径流进入管道系统的时间，减弱洪峰；或者是采取可持续性雨水管理方式如 LID 等，加强源头控制和全程控制，减少径流量。

我国之前不但普遍缺乏控制不透水面积的意识，有些人的观念甚至恰恰相反，认为不透水面积越多越现代化。排水系统的规划、建设和管理属于影响千家万户的公共工程，其成功与否不仅仅取决于政府和广大工程技术人员的努力，更取决于生活在城市中的千千万万居民的理解和支持。从德国的经验可以看到，尽管德国在很长一段时间内并没有一个较为完整的针对排水系统规划和设计的法律法规体系（与美国的《清洁饮用水法》相当的欧盟《水框架指令》直到 2000 年才颁布），也没有由政府发布的强制性的排水系统设计标准和规范（少数规范除外），但由于德国民众的理解、支持和积极参与，以及工程技术人员和行业协会的积极倡导和推动，德国排水设施的建设和理念，特别是其在可持续性分散式排水系统的实践方面，一直走在世界前列。

从大禹治水起，中华民族积累了长期的丰富的与水打交道的经验，形成了天人合一的哲学观念，深谙水火无情的道理和"堵"与"疏"的辩证思维。因此，我们需要重拾这些优良的传统，克服急功近利的思想，尊重自然界的客观规律，只有这样才能从根本上解决问题。

（2）排水系统应当树立水质和水量并重的原则。

在我国，防洪（水量控制）和污染防治（水质控制）长期以来分别属于两个截然不同的领域，前者属于水利科学领域，而后者则属于环境保护领域，两者在社会的运行管理过程中没有太多的交集。然而事实表明，这两者的关系是密不可分的。当暴雨来临的时候，无论是来自合流制系统的雨污混合溢流，还是来自分流制系统中降雨初期的地面雨水径流，都会对受纳水体造成严重污染。我国针对暴雨的管理基本上仍然停留在防洪防涝这个层面，而在水污染防治方面，我国的工作重点仍然集中在解决工业污染源和生活污水问题等方面，而对雨水造成的污染的重视程度还远远不够。在最近几年频繁爆发的城市内涝事件之后，公众的注意力也只是集中在洪水本身，而对与洪水伴生的污染问题则关注甚少。实际上，同发达国家和地区相比，我国的雨水中污染物质的浓度可能更高，这是由我国城市人口众多、排水设施不完善、总体环境质量较差的基本状况决定的。根据对华东地区某市的调查，该市暴雨期间排入江中的雨污混合溢流 COD 浓度达到 350mg/L 以上。有些城市尽管兴建了一些雨水截流设施，但由于设计截流倍数本身较低，再加上城市化进程影响，实际截流倍数比设计指标更低，很难起到大幅度削减污染的作用。即使是在一些点源污染控制比较好的城市地区，其市区内的河流水质也远远低于景观水的要求，因此，系统性解决雨水对环境的污染已经到了刻不容缓的地步。

一些发达国家和地区很早就意识到了这一问题，并通过立法手段，对雨水的排放进行了规范化的管理。美国可以作为这方面的典型例子。通过几十年的实践，美国强制性的全美污染排放控制许可证（NPDES）制度已经深入人心，而相应的技术手段也已经非常成熟。在新建的项目中，根据项目建成以后的水文状况兴建雨水截流和初级处理设施已经成为标准步骤。不仅如此，针对施工过程中可能产生的雨水污染也有着详尽的标准和规范。对于已有的合流制排水系统，许多城市和地区都进行了 CSO 改造，如芝加哥、密尔沃基、华盛顿特区、波特兰等地都投入数十亿美元兴建地下隧道或水库来截流暴雨期间的溢流污水，在降雨过后再将这部分污水送入污水处理厂进行处理。

（3）完善的法律法规和标准规范体系是排水系统建设的重要条件。

法律法规在一个成熟的法治社会中的重要作用不言而喻。作为一个联邦制国家，美国在城市防洪方面主要由地方政府主导，为此，几乎各个城市都编制了针对本地实际情况的暴雨设计规范手册，这些手册不但总结了本地水文地质情况，提出了设计标准和规范，而且往往还给出详尽的设计细节，因此很容易被广大业主、工程设计人员和施工人员接受和使用。在水污染防治方面，美国于 1972 年颁布了《清洁饮用水法》，该法是管理排水系统的最重要的基础文件，是现行所有与排水有关的法律法规的基石，具有非常重要的意义。在此基础上，美国环境保护署制定了全美污染排放控制许可证（NPDES）制度，这一审批制度由美国环境保护署授权给州一级的环境保护主管部门执行，对削减排水系统的污染排放起到了决定性的作用。同美国相比，欧盟直到 2000 年才颁布了基本与美国的《清洁饮用水法》相当的《水框架指令》，因此，欧盟各国的排水管理水平参差不齐，差异很大。

发达国家和地区的排水工程开展较早，积累了很多成功的室外排水设计、运行和施工经验，并且在城镇排水工程技术规范方面，形成了体系完整，理论性、指导性和实用性较强的规范。以欧盟为例，其室外排水规范体系分为排水管渠和污水处理两部分，涵盖了室外排水系统的所有环节，每个环节介绍了设计、施工、修复、运行维护和管理等所有方面，为整个室外排水工程技术规范体系构建了总体框架。与室外排水设施相关的建设目的、性能要求、设计和运行原则、具体设计、施工和运行维护等都在规范中做了规定，而针对规划调研、设计施工和运行维护三大方面尚有其他很多更为具体的规范标准对其进行支撑。目前我国的城镇排水规范体系距这样的目标尚有较大的差距，存在体系不健全、个别规范过于庞杂、部分规范缺失等问题；而随着雨水综合调控、排水管渠非开挖修复等技术的逐步成熟，目前我国相关规范的内容滞后，已不足以支撑对这些技术的应用指导，不仅限制了技术的发展，也难以发挥规范对行业的引领作用。

（4）技术和知识储备是建设可靠的排水系统的前提条件。

规划和设计一套可靠的城市排水系统需要多方面的技术和知识储备，这些储备主要包括以下几方面的内容：①当地的水文和地质监测数据和资料。除了多年积累的原始监测数据外，各地有关部门应当将这些数据归纳整理成合适的形式（如图表和曲线等），供工程设计人员参考。这方面的典型例子包括美国各地雨水设计手册中普遍包含的当地单位洪水过程线、I-D-F 曲线、土壤渗透系数等。②水力计算分析模型和软件。这些工具可以被用来分析较大面积地区地表径流、地表水体的流量变化等。美国常用的模型有 Curve Number 法和 TR-55 模型、HEC 系列模型、SWMM 模型等。这些模型和工具大多由联邦政府机构开发，包括工程师在内的公众可以免费使用。③排水设施的详细设计方法和规范，如雨水调蓄、截流或渗透设施的尺寸确定方法和常用形式，适合当地气候和地理条件的雨水花园植物种类，典型的施工合同文本等。以上数据、资料和工具是设计和建设先进而可靠的排水系统的前提条件，因而必须由国家或地方政府通过先期投入进行整理和开发。

（5）从高起点出发，大力推广可持续性雨水管理系统。

多个发达国家和地区的经验表明，可持续性雨水管理系统的理念（如 LID 等）具有很多优点。可持续性雨水管理系统重视蒸发、土壤渗透和自净等天然过程在水循环中的作用，强调从源头开始，在全过程实施流量控制，从而有效削减降雨期间的流量峰值，减轻排水管道的压力，降低城市内涝发生的频率和强度。雨水回用是可持续性雨水管理系统的一项重要内容，对我国这样一个严重缺水的国家有重要意义。目前，绿色屋顶、雨水花园、生物渗透等技术和工艺在一些发达国家和地区已经比较成熟，我国也应加强这方面的研究，针对我国的雨水水质，争取早日开发出适合我国国情的雨水回用方式。此外，通过土壤渗透等方式，可持续性雨水管理系统还有助于补充地下水，对于缓解我国部分地区由于地下水位下降而造成的地表沉降问题有很大帮助。在合流制系统占主流的城市区域，为了消除暴雨期间雨污混合溢流造成的污染，传统的排水设计理念往往要求在管道末端修建大容量的雨水调蓄设施，而这些设施往往超出当地的经济承受能力，使之成为不可能完成的任务。一些国家的经验表明，在这些区域实施可持续性雨水管理系统改造具有显著的优势，可以大大降低调蓄设施的容积。在一些项目上，通过实施可持续性雨水管理系统，传统的雨水排水管道甚至可以变得可有可无。可持续性雨水管理系统的理念与绿色建筑、绿色基础设施和节能减排的观念具有很多相通的地方。在美国和德国的一些建筑设计实例中，绿色屋顶、雨水花园和"天然空调"等成为建筑物节能设计中的重要组成部分，成为这些建筑获得 LEED 认证的重要因素。

由此可见，可持续性雨水管理系统的理念符合自然界的基本规律，符合节能和环保的基本理念，符合我国"天人合一，道法自然"的传统观念。这一理念已经在实践中得到了广泛的应用，被确认为是一种有效的、经济的、可持续性的设计理念。基于以上因素，在制定排水系统规划的过程中，我国应该因地制宜，在这一领域积极开发适合我国实际情况的产品、技术和工艺。广大的工程技术人员和各级主管部门的工作人员也应该逐步更新观念，在制定和编修排水规划乃至城市规划的过程中，实事求是地衡量和评价这一理念在具体工程中的适用性，尽可能创造条件贯彻这一理念，并通过示范工程等形式进行大力推广。

（6）排水系统对城市发展具有深远的影响。

建设和维护城市排水系统往往需要大量的一次性投资和长期坚持不懈的关注。作为公共工程，其巨大的资金需求往往令人望而兴叹。另外，同其他基础设施如公路、楼房等相比，排水系统给人的印象往往是仅仅具有社会效益，却难以带来直接的经济效益。然而，城市的管理者应当充分认识到，对于一座现代化的城市来讲，今天的排水系统早已远远超出了传统的"下水道"的范畴，它具有了生态、经济、社会、文化等多方面的重要意义。

在很多城市和地区，排水系统甚至担负起了承载改造整座城市形象的重任，成为城市发展的核心和关键所在。在美国的芝加哥市，通过实施规模宏大的 TARP 计划，合流制污水溢流问题被基本消灭，整座城市彻底告别了以往污水横流的形象，城市的生态环境也得到了极大改善，昔日的溢流污水受纳水体成功转型成为休闲娱乐和旅游景点，成为城市新的名片。在德国，为了使污染严重的传统重工业区鲁尔区彻底转型，一项雄心勃勃的埃姆舍河流域改造计划正在紧张地实施之中，而该计划的核心部分便是将昔日藏污纳垢的"黑河"改造成为集生态、景观和防洪为一体的全新水体。类似埃姆舍河流域改造计划的例子还有很多，如美国圣安东尼奥市的"河滨漫步"（River Walk）工程，奥斯汀市的 Waller Creek 改造计划，俄克拉荷马旧城改造计划等。在这些耗资巨大的计划中，排水系统的改造无一例外地占据整个计划的核心地位，"无水不活"是这些工程的真实写照。因此，那种认为建设排水系统不合算的想法不仅仅是不负责任的，更是非常短视的。城市的发展不仅需要可靠的排水系统，在很多情况下，排水系统便是城市本身。

2.4.3　我国城镇排水系统标准体系构建原则

（1）适度超前

快速城市化进程导致的不透水面积的大量增加是造成城市内涝的根本原因。针对此问题，发达国家和地区采取严格措施从源头控制不透水面积的增加，并采用法律手段对失去的透水面积进行补偿。控制措施包括新建雨水截流设施、采取可持续性雨水管理方式（如LID）、加强源头控制和过程控制等。适度超前的规划、设计和建设排水系统已成为国际惯例。我国在排水设施的建设和理念方面，特别是在可持续性排水系统的实践方面、法律制度层面，都与发达国家和地区有较大差距。

（2）涵盖全面

我国城镇排水系统标准体系的建设应全面涵盖排水系统的源头控制、排水管网建设、末端控制，应通过城市竖向规划、雨水资源利用、提高排水管渠设计标准等，实现我国排水系统应对城市内涝灾害的能力。

我国城镇排水系统标准体系的建设应全面对接和完善城市内涝防治标准和城市防洪标准。限于我国内地城市经济实力，难以按照我国香港地区将城市防洪和城市内涝防治功能合为一体的高标准排水系统；限于现状偏低的排水标准，难以按照英国、美国等国家建设比较高标准的城市排水系统和城市防洪工程，辅助建设部分城市内涝防治工程设施的方式；比较合理的是，参照澳大利亚将城市排水、内涝防治和防洪三套工程体系统一规划、分步实施的方式，一方面提高现有排水系统的标准，同时制定新的内涝防治标准，并将其与城市排水标准和防洪标准相互衔接。

（3）突出重点

我国城镇排水系统标准体系应重点对暴雨设计重现期、设计暴雨强度公式、排水泵站等问题做出明确规定；此外，制定新的内涝防治标准，并将其与城市排水标准和防洪标准相互衔接；明确提出我国排水系统的技术路线，落实到标准的制修订。

（4）量质并重

针对暴雨的管理基本仍然停留在总量控制的层面，对雨水径流污染的重视程度不足。目前的一些雨水截流设施由于实际截流倍数较低等原因，未能有效发挥削减径流污染的作用。即使是在一些点源污染控制比较好的城市地区，其市区内的河流水质也远远低于景观水的要求，因此，系统性解决雨水对环境的污染已经到了刻不容缓的地步。与此对照，发达国家和地区的管理更为有效和完善。例如，美国强制实施污染排放控制许可证（NP-DES）制度。在新建的项目中，兴建雨水截流和初级处理设施已经成为标准化步骤。对于已有的合流制排水系统，许多城市和地区都进行了溢流污染控制设施的改造，大力修建地下隧道或水库来截流暴雨期间的溢流污水。

第 3 章 《室外排水设计规范》GB 50014—2006（2016 年版）实施指南

3.1 修编背景

改革开放以来，我国基础设施建设投入的不断增加，使得我国城镇排水设施的普及和建设也取得了长足的发展，为改善城市环境、提高人民生活水平、促进经济社会发展做出了巨大贡献。但是，随着我国城市化进程快速推进以及政府和人民对城市的环境质量提出更高的要求，我国排水系统设计中暴露出许多不足之处。

（1）没有建立统一的城市排涝标准和规范，当时的《防洪标准》GB 50201—1994、《城市防洪工程设计规范》CJJ 50—1992 和《农田排水工程技术规范》SL/T4—1999 与城市内涝防治涉及学科不同、研究范围不同、采用标准依据不同，不能套用上述规范标准来指导城市内涝防治；此外，《城市排水工程规划规范》GB 50318—2000 和《室外排水设计规范》GB 50014—2006 仅仅针对市政排水管网设施，没有考虑到城市内涝综合防治的要求。

（2）雨水排水系统的设计标准偏低。设计暴雨重现期是雨水排水系统设计的关键参数，与国外大城市相比，我国城市雨水管道的设计暴雨重现期普遍偏低，欧盟规定的设计重现期为 1 年～10 年，美国规定一般地区为 2 年～15 年，特殊地区为 10 年～100 年。而根据我国《室外排水设计规范》GB 50014—2006 的规定，重现期一般采用 0.5 年～3 年，重要干道、重要地区一般采用 3 年～5 年，在执行过程中还往往取下限，甚至更低。同时雨水排水对径流污染控制的要求非常低，无法达到保护水环境质量的目的。

（3）现有雨水排水系统的计算方法落后。我国目前仍沿用传统的推理公式法计算雨水的流量用于指导排水管道的设计，该方法只适用于汇流面积较小的区域，计算结果与实际存在一定的偏差；且各城市的暴雨强度公式更新滞后，已不能适应极端天气频发和城镇化发展的需要。发达国家已经开发了雨水管理的数学模型，形成了新的设计标准与运行管理标准。我国仅有少数几家单位进行了研究，但由于科技投入不足，基础数据欠缺，计算方法的开发进展缓慢。

为此，根据住房和城乡建设部分别以建标〔2010〕43 号、建标〔2013〕46 号、建标〔2015〕274 号三次下达的编制任务，由上海市政工程设计研究总院（集团）有限公司会同有关单位对《室外排水设计规范》GB 50014—2006 进行局部修订。现行的《室外排水设计规范》GB 50014—2006（2016 年版）于 2016 年 6 月 28 日开始实施。

3.2 修编思路

根据当时的形势发展需要，三次修编的侧重点各不相同。2011 年版修编时，国际先进雨水管理理念刚刚进入我国，结合当时的经济水平和发展形势，《室外排水设计规范》GB 50014—2006（2011 年版）中首次提高了排水设计标准：

（1）把雨水管渠设计重现期标准从 0.5 年～3 年提高到 1 年～5 年；

（2）规定降雨历时的折减系数可以取 1；

（3）综合径流系数高于 0.7 的地区要求采用渗透、调蓄措施；

（4）有条件的地区可采用数学模型法计算雨水设计流量；

（5）提出以更高的设计重现期（3 年～5 年）校核排除地面积水的能力；

（6）首次引入了国外先进雨水管理理念中的低影响开发理念，并提出了控制面源污染、削减排水管道峰值流量、雨水利用等不同目标下雨水调蓄池的设计标准和雨水利用的设计标准。

2014 年版修订时，编制组已经完成了对国内外排水系统对比研究的工作，也总结归纳出了系统解决内涝问题的方法，因此 2014 年版开创了城镇内涝防治的崭新篇章，提出了涵盖"源头控制设施、排水管渠、排涝除险设施"的内涝防治体系，把城镇内涝防治的任务和要求从单纯依靠市政排水管网，转变为灰绿结合、系统治理、水质（控制面源污染）和水量（防治内涝灾害）并举的观念，而且强调城镇内涝防治工程性和非工程性措施，即应急、预警等管理措施相结合的观念。其次，在充分调研了美国、英国、德国、日本、新加坡等发达国家的内涝防治体系之后，在 2011 年版的基础上，再次提高了排水管渠的设计标准和使用数学模型法计算雨水量的要求，而且首次在我国按城市规模提出城镇内涝防治重现期和地面积水设计标准。

2016 年版修编时正值海绵城市试点工作初期，急需相关专业标准的支撑，由于 2014 年版在修订时提出的内涝防治体系与海绵城市建设理念一致，因此 2016 年版基本没有技术内容的调整，只是更加突出海绵城市建设。

3.3 主要内容

3.3.1 《室外排水设计规范》GB 50014—2006（2011 年版）

《室外排水设计规范》GB 50014—2006（2011 年版）局部修订的主要技术内容是：补充规定除降雨量少的干旱地区外，新建地区应采用分流制；补充规定现有合流制排水地区有条件应进行改造；补充规定应按照低影响开发（LID）理念进行雨水综合管理；补充规定采用数学模型法计算雨水设计流量；补充规定综合径流系数较高的地区应采用渗透、调蓄措施；补充规定塑料管使用条件；补充规定雨水调蓄池的设置和计算。

此外，本次局部修订首次增加了雨水调蓄池和雨水渗透设施的相关内容。

1.0.4 排水体制（分流制或合流制）的选择，应根据城镇的总体规划，结合当地的地形特点、水文条件、水体状况、气候特征、原有排水设施、污水处理程度和处理后出水利用等综合考虑后确定。同一城镇的不同地区可采用不同的排水体制。除降雨量少的干旱地区外，新建地区的排水系统应采用分流制。现有合流制排水系统，有条件的应按照城镇排水规划的要求，实施雨污分流改造；暂时不具备雨污分流条件的，应采取截流、调蓄和处理相结合的措施。（划横线部分为新增内容，以下同）

由于分流制实现了雨水的独立收集，具有投资低、环境效益高等特点，所以规定除降雨量少的地区外，新建城区应采用分流制，在条文说明中建议降雨量少一般指年均降雨量300mm 以下的地区。由于历史原因，我国城镇的旧城区一般已经采用了合流制，所以规定同一城区可采用不同的排水体制，同时规定现有合流制排水系统应按照规划的要求实现雨污分流改造，不仅可以控制初期雨水污染，而且能有效减少由于雨水量过大造成的溢流；暂时不具备雨污分流条件的地区，应采取截流、调蓄和处理相结合的措施减少合流污水污染。

1.0.4A 雨水综合管理应按照低影响开发（LID）理念采用源头削减、过程控制、末端处理的方法进行，控制面源污染、防治内涝灾害、提高雨水利用程度。

《室外排水设计规范》GB 50014—2006（2011 年版）的总则中首次规定了应采用低影响开发理念进行雨水综合管理。面源污染是指通过降雨和地表径流冲刷，将大气和地表中的污染物带入受纳水体，使受纳水体遭受污染的现象。城镇化进程的不断推进及高强度开发，势必造成城镇下垫面不透水层的增加，导致降雨后径流量增大。地表积累的大量污染物，如油类、盐分、氮、磷、有毒物质和生活垃圾等，受降雨过程中雨水及其形成的地表径流冲刷，通过排水管渠或直接进入地表水环境，造成地表水污染。

低影响开发理念强调城镇开发应减少对环境的冲击，其核心是基于源头控制和延缓冲击负荷的理念，构建与自然相适应的城镇排水系统，合理利用景观空间和采取相应措施对雨水径流进行控制，削减城镇洪峰流量，减少城镇面源污染。

在我国的城镇建设规划中，应积极采用低影响开发理念，将其纳入城市规划和城镇排水标准体系，建立城市尺度的竖向规划体系和城市水体蓄洪的平面规划体系，通过采用渗透、蓄集、收集回用等措施，减少进入排水管道的径流量或延缓雨水集水时间，从而削减排水系统的峰值量，不仅能有效控制面源污染，还可达到防治内涝灾害、提高雨水利用程度的目的。

3.2.1 采用推理公式计算雨水设计流量，应按下式计算。有条件的地区，雨水设计流量也可采用数学模型法计算。

$$Q_s = q\Psi F \tag{3.2.1}$$

式中：Q_s——雨水设计流量（L/s）；

q——设计暴雨强度 [L/(s·hm²)]；

Ψ——径流系数；

F——汇水面积（hm²）。

注：当有允许排入雨水管道的生产废水排入雨水管道时，应将其水量计算在内。

我国目前仍采用恒定均匀流推理公式计算雨水量。恒定均匀流推理公式基于以下 3 个假设：在计算雨量过程中径流系数是常数；汇流面积不变；在汇水时间内降雨强度不变。而实际上这三者都是变化的，而且推理公式适用于较小规模排水系统的计算，随着技术的进步、管渠直径的放大、水泵能力的提高，排水系统汇水面积逐步扩大，需要修正推理公式的精确度。

数学模型法是一种基于流量过程线的设计方法，指设计流量的取值系根据设计暴雨条件下，经地表径流计算或管网汇流计算所得的流量过程线求得，同时根据最大洪峰流量计算求得管径。发达国家已采用数学模型模拟降雨过程，把排水管渠作为一个系统考虑，并用数学模型对管网进行管理，使其精确度大为提高。为此，本次修订提出，有条件的地区雨水设计流量的计算也可采用数学模型法。

3.2.2 应严格执行规划控制的综合径流系数，综合径流系数高于 0.7 的地区应采用渗透、调蓄措施。径流系数，可按本规范表 3.2.2-1 的规定取值，汇水面积的平均径流系数应按地面种类加权平均计算；综合径流系数，可按表 3.2.2-2 的规定取值。

本条的修订强化了低影响开发的规划理念，强调在城市规划阶段就应充分考虑雨水的管理和利用，应尽量采用渗透、调蓄等措施减少雨水进入分流制雨水管道和合流制管道。本条规定了应严格执行规划控制的综合径流系数，可减少合流制排水系统溢流次数和溢流量，有效控制城镇面源污染。此外，通过雨水调蓄和渗透设施、下凹式绿地、透水路面等多种低影响开发措施，有效对雨水径流量进行调节，不仅可有效防治内涝灾害，还可提高雨水利用程度，缓解我国城镇水资源日益短缺的矛盾。

3.2.3 设计暴雨强度，应按下式计算：

$$q = \frac{167A_1(1+ClgP)}{(t+b)^n} \qquad (3.2.3)$$

式中：　q——设计暴雨强度 $[L/(s \cdot hm^2)]$；

　　　　t——降雨历时（min）；

　　　　P——设计重现期（年）；

A_1、C、b、n——参数，根据统计方法进行计算确定。

在具有十年以上的自动雨量记录的地区，设计暴雨强度公式，宜采用年多个样法，有条件的地区可采用年最大值法。若采用年最大值法，应进行重现期修正，可按本规范附录 A 的有关规定编制。

本次修订根据我国实际情况对设计暴雨强度公式取样方法和校核做了补充规定。水文统计学的取样方法有年最大值法和非年最大值法 2 类，国际上的发展趋势是采用年最大值法。日本在具有 20 年以上雨量记录的地区采用年最大值法，在不足 20 年雨量记录的地区采用非年最大值法，年多个样法是非年最大值法中的一种。由于以前我国自记雨量资料不多，因此多采用年多个样法。现在我国许多地区已具有 40 年以上的自记雨量资料，具备采用年最大值法的条件。在使用年最大值法计算过程中，会出现大雨年的次大值虽大于小雨年的最大值而不入选的情况，该方法算得的暴雨强度小于年多个样法的计算值，因此采用年最大值法时需作重现期修正。

有条件的地区指既有 20 年以上的自记雨量资料，又有能力进行分析统计的地区。根据当地自记雨量资料推求暴雨强度公式时，应分析年多个样法重现期和年最大值法重现期的对应关系，经充分论证后可采用年最大值法确定暴雨强度公式。

3.2.4 雨水管渠设计重现期，应根据汇水地区性质、地形特点和气候特征等因素确定。同一排水系统可采用同一重现期或不同重现期。重现期应采用1 年～3 年，重要干道、重要地区或短期积水即能引起较严重后果的地区，应采用 3 年～5 年，并应与道路设计协调，经济条件较好或有特殊要求的地区宜采用规定的上限。特别重要地区可采用 10 年或以上。

由于全球气候变化，特大暴雨发生频率越来越高，引发洪涝灾害频繁，为有效防止城镇地面积水、保障城镇安全运行，需要对我国城镇排水系统设计标准进行重新修订。美国、日本等国家在防止城镇内涝的设施上投入较大，城镇雨水管渠设计重现期一般采用

5 年~10 年。

本次修订雨水管渠设计重现期选用范围是根据我国各地目前实际采用的数据,借鉴发达国家的先进经验,经归纳综合规定。鉴于我国幅员辽阔,各地气候状况、地形条件、重要程度和排水设施各异,同时为防止或减少城镇积水现象,保证城镇的安全运行,将一般地区的重现期调整为 1 年~3 年;重要地区为 3 年~5 年,同时规定经济条件较好或有特殊要求的地区宜采用规定的上限,特别重要的地区可采用 10 年或以上。

以某新建城区排水系统为例,对采用不同设计重现期标准进行技术经济比较。该新建区域服务面积为 151.19hm², 综合径流系数为 0.7。不同设计重现期总管部分的工程量与造价见表 3-1。

不同设计重现期总管部分的工程量与造价   表 3-1

总管	重现期:1 年 综合径流系数:0.7		重现期:3 年 综合径流系数:0.7		重现期:5 年 综合径流系数:0.7	
流量	数值	比率	数值	比率 (与 1 年对比)	数值	比率 (与 3 年对比)
设计流量(L/s)	10805.9	100%	15203.3	141%	17981.3	166%
总管管径(mm)	2700	100%	3000	111%	3500	130%
总管埋深(m)	6.9	100%	7.7	116%	8.3	120%
工程单价(元/m)	22995	100%	30446	132%	35412	154%

由表 3-1 可知,排水管道设计重现期由现有 1 年提升至 3 年,主管部分造价约增加 32%,提升至 5 年,造价约增加 54%。

3.2.4A 应采取必要的措施防止洪水对城镇排水系统的影响。

为保障城镇居民生活和工厂企业运行正常,在城镇防洪体系中应采取措施防止洪水对城镇排水系统的影响而造成内涝。措施有设置泄洪通道、城镇设置圩垸等。

3.2.4B 应校核城镇排水系统排除地面积水的能力,根据城镇特点、积水影响程度和内河水位调控等因素经技术经济比较后确定。一般根据重现期校核排除地面积水的能力,重现期应采用 3 年~5 年,重要干道、重要地区或短期积水即能引起较严重后果的地区应采用 5 年~10 年,经济条件较好或有特殊要求的地区宜采用规定的上限,目前不具备条件的地区可分期达到标准。特别重要地区可采用 50 年或以上。

本条对城镇排水系统校核排除地面积水能力进行了补充规定。美国采用区域开发洪涝分析,当一个地区排水系统设计重现期采用 10 年时,按照 100 年一遇房屋不能进水的要求进行校核。上海市道路积水的标准是:道路积水深度超过 15cm,积水时间超过 1h,积水范围超过 50m。因此需采用重现期对排水系统的排除积水能力进行校核,通过水力计算,按该排水系统内城镇道路积水深度不超过 15cm 进行校核,如校核结果不符合要求,则应调整系统设计,包括放大管径、增设渗透措施、建设调蓄管段或调蓄池等,保证城镇排水系统排除地面积水的能力,保证城镇的安全运行。

3.2.5 雨水管渠的降雨历时,应按下式计算:

$$t = t_1 + mt_2 \tag{3.2.5}$$

式中:t——降雨历时(min);

t_1——地面集水时间(min),视距离长短、地形坡度和地面铺盖情况而定,一般采用 5min～15min；

m——折减系数，管道折减系数 $m=2$，明渠折减系数 $m=1.2$，在陡坡地区，暗管折减系数 $m=1.2～2$，**经济条件较好、安全性要求较高地区的排水管渠 m 可取 1；**

t_2——管渠内雨水流行时间（min）。

设计中通常把汇水面积最远点雨水流到设计断面时所需的时间称作集水时间，在推理公式法中，根据极限强度理论，暴雨强度公式中的降雨历时等于该集水时间。

对管道的某一设计断面来说，集水时间 t 由两部分组成：从汇水面积最远点流到第 1 个雨水口的地面集水时间 t_1 和从雨水口流到设计断面的管内雨水流行时间 t_2。降雨历时计算公式中的折减系数值，是根据我国对雨水空隙容量的理论研究成果提出的数据。根据国内外资料，地面集水时间采用的数据，大多不经计算，按经验确定。在地面平坦、地面覆盖接近、降雨强度相差不大的情况下，地面集水距离是决定集水时间长短的主要因素；地面集水距离的合理范围是 50m～150m，采用的集水时间为 5min～15min。国外采用的地面集水时间见表 3-2。2010 年进入主汛期以来，我国许多地区发生了严重内涝，给人民生活和生产造成了极不利的影响。为防止或减少类似事件，有必要提高城镇排水系统设计标准，而降雨历时计算公式中的折减系数降低了设计标准，当时因考虑经济条件而设折减系数，发达国家一般不采用折减系数。为提高城镇排水的安全保证性，本次修订提出经济条件较好、安全性要求高的地区和没有折减的排水管渠 m 可取 1。

国外采用的地面集水时间　　　　　　　　　　　　　　　　　　　　表 3-2

资料来源	工程情况	t_1(min)
日本指南	人口密度大的地区	5
	人口密度小的地区	10
	平均	7
	干线	5
	支线	7～10
美国土木工程师协会	全部铺装，下水道完备的密集地区	5
	地面坡度较小的发展区	10～15
	平坦的住宅区	20～30

在雨水流量设计中，集水时间对计算数值有很大的影响，以上海市为例，计算不同暴雨设计重现期下集水时间 t 和平均降雨强度 q 的关系。计算结果如图 3-1 所示。

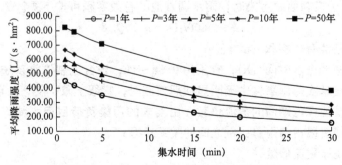

图 3-1　集水时间和平均降雨强度的关系

从图 3-1 可知，集水时间从 15min 缩短到 5min，相当于将设计重现期由 5 年一遇降低到 1 年一遇。因此在设计中，特别是对于下立交等集水时间较短的区域，准确计算集流时间，是保障区域安全的关键。反之，在源头采用低影响开发等技术措施，延缓出流时间，将有利于提高系统的排水能力。

4.14.1 需要控制面源污染、削减排水管道峰值流量防治地面积水、提高雨水利用程度时，宜设置雨水调蓄池。

《室外排水设计规范》GB 50014—2006（2011 年版）中新增加了"4.14 雨水调蓄池"部分，首次对雨水调蓄池的设置和计算进行了规定。

在排水系统中设置雨水调蓄池，主要基于三种考虑，即控制面源污染、防治内涝灾害和提高雨水利用程度。

目前我国部分地区合流制排水系统溢流污染物或分流制排水系统排放的初期雨水已成为内河的主要污染源，在排水系统雨水排放口附近设置雨水调蓄池，可将污染物浓度较高的溢流污染或初期雨水暂时贮存其中，待降雨结束后，再将贮存的雨污水通过污水管道输送至污水处理厂，达到控制面源污染、保护水体水质的目的。

随着城镇化的发展，雨水径流量增大，将雨水径流的高峰流量暂时贮存在雨水调蓄池中，待流量下降后，再从雨水调蓄池中将水排出，以削减洪峰流量，降低下游雨水干管的管径，提高区域的排水标准和防涝能力，减少内涝灾害。

雨水利用工程中，为满足雨水利用的要求而设置雨水调蓄池贮存雨水，贮存的雨水经净化后可综合利用。

4.14.2 雨水调蓄池的设置应尽量利用现有设施。

雨水调蓄池的设置应充分利用现有河道、池塘、人工湖、景观水池等设施，可降低建设费用，取得良好的社会效益。

4.14.3 雨水调蓄池的位置，应根据调蓄目的、排水体制、管网布置、溢流管下游水位高程和周围环境等综合考虑后确定。

根据雨水调蓄池在排水系统中的位置，可分为末端调蓄池和中间调蓄池。末端调蓄池位于排水系统的末端，主要用于城镇面源污染控制，如上海市合流污水治理一期工程成都北路调蓄池。中间调蓄池位于一个排水系统的起端或中间位置，可用于削减洪峰流量和提高雨水利用程度。当用于削减洪峰流量时，调蓄池一般设置于系统干管之前，以减少排水系统达标改造工程量；当用于雨水利用贮存时，调蓄池应靠近用水量较大的地方，以减少雨水利用管渠的工程量。

4.14.4 用于控制面源污染时，雨水调蓄池的有效容积可按下式计算：

$$V = 3600t_i(n - n_0) Q_{dr}\beta \tag{4.14.4}$$

式中：V——调蓄池有效容积（m^3）；

   t_i——调蓄池进水时间（h），宜采用 0.5h～1h，当合流制排水系统雨天溢流污水水质在单次降雨事件中无明显初期效应时，宜取上限；反之，可取下限；

   n——调蓄池运行期间的截流倍数，由要求的污染负荷目标削减率、当地截流倍数和截流量占降雨量比例之间的关系求得；

   n_0——系统原截流倍数；

   Q_{dr}——截流井以前的旱流污水量（m^3/s）；

β——安全系数，可取 1.1～1.5。

雨水调蓄池用于控制面源污染时，其有效容积应根据气候特征、排水体制、汇水面积、服务人口和受纳水体的水质要求、水体的流量、稀释自净能力等确定。本方法为截流倍数计算法。可将当地旱流污水量转化为当量降雨强度，从而使系统截流倍数和降雨强度相对应，溢流量即为大于该降雨强度的降雨量。根据当地降雨特性参数的统计分析，拟合当地截流倍数和截流量占降雨量比例之间的关系。

上海市合流污水治理一期工程成都北路调蓄池，拟合的关系式为：$y=-0.014(\ln n)^3+0.04(\ln n)^2+0.211(\ln n)+0.342(n\neq0)$，式中 n 为截流倍数，y 为截流量占降雨量的比例。若原截流倍数的截流量占降雨量的 50%，要求再削减 50% 的污染物，即截流量需占降雨量的 75%，将 $y=75\%$ 代入上式，可求得截流倍数。截流倍数计算法是一种简化计算方法，该方法建立在降雨事件为均匀降雨的基础上，且假设调蓄池的运行时间不小于发生溢流的降雨历时，以及调蓄池的放空时间小于两场降雨的间隔，而实际情况下，很难满足上述 2 种假设。因此，以截流倍数计算法得到的调蓄池容积偏小，计算得到的调蓄池容积在实际运行过程中发挥的效益小于设定的调蓄效益，在设计中应乘以安全系数 β。

德国、日本、美国、澳大利亚等国家均将雨水调蓄池作为合流制排水系统溢流污染控制的主要措施。德国设计规范《合流污水箱涵暴雨削减装置指针》ATV A128 中以合流制排水系统排入水体负荷不大于分流制排水系统为目标，根据降雨量、地面径流污染负荷、旱流污水浓度等参数确定雨水调蓄池容积。日本合流制排水系统溢流污染控制目标和德国相同，区域单位面积截流雨水量设为 1mm/h，区域单位面积调蓄量设为 2mm～4mm。

4.14.5 用于削减排水管道洪峰流量时，雨水调蓄池的有效容积可按下式计算：

$$V=\left[-\left(\frac{0.65}{n^{1.2}}+\frac{b}{t}\frac{0.5}{n+0.2}+1.10\right)\lg(\alpha+0.3)+\frac{0.215}{n^{0.15}}\right]\cdot Q\cdot t \qquad (4.14.5)$$

式中：V——调蓄池有效容积（m^3）；

α——脱过系数，取值为调蓄池下游设计流量和上游设计流量之比；

Q——调蓄池上游设计流量（m^3/min）；

b、n——暴雨强度公式参数；

t——降雨历时（min），根据公式（3.2.5）计算。其中，$m=1$。

雨水调蓄池用于削减峰值流量时，有效容积应根据排水标准和下游雨水管道负荷确定。本方法为脱过流量法，适用于高峰流量入池调蓄，低流量时脱过。公式（4.14.5）可用于 $q=A/(t+b)^n$、$q=A/t^n$、$q=A/(t+b)$ 3 种降雨强度公式。

"蓄排"结合的排水模式，是通过在排水系统中设置雨水调蓄设施，削减管网系统的峰值流量，从而提高已建排水系统的设计标准，并避免大面积翻排管道，这种模式在日本、德国等地已得到广泛应用。雨水调蓄设施的作用如图 3-2 所示。

通过增设雨水调蓄设施，结合改建部分管道的方法对已建成排水系统进行改造，应对调蓄池的位置和数量进行优化。用于控制溢流污染的调蓄池，一般设置在系统末端。如同时需要提高系统的排水标准，调蓄池的位置应按系统的具体状况确定。通过末端泵站外排的雨水系统中，自系统的起始端起，调蓄池越是靠后，池子的容积越大，原有的下游管段的排水安全性越好。但这样系统改造的费用大，为提高排水标准可免于翻排的管段短，得到的不是最优结果。调蓄池的位置太靠前，其后面管段直接汇水的面积仍较大，管段的本段流量占总流量的比例大。这样即使增设了调蓄池，下游管道排水能力提高的程度有限，仍然达不到期望值。因此，在一根干管上只设置一座调蓄池时，池子应设在干管上各大口径接入支管的后方，以保证池子后面的管道无需翻排。调节池后面存在少量小管径接入管可认为影响不大：一方面这些支管的进水量有限；另一方面小口径支管的集水时间要短得多，与上游管段的洪峰流量不会重叠。

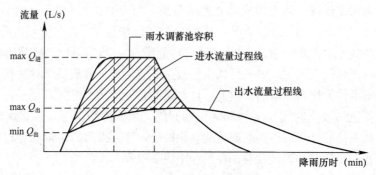

图 3-2 雨水调蓄设施工作曲线

以上海市四平排水系统为例，考察利用雨水调蓄池改造排水系统，将设计重现期由 1 年提高到 3 年的可行性与效益。

上海市四平排水系统为合流制排水系统，服务面积约 205.4hm²。该地区呈扇形，北面窄，南面宽，四平路位于扇形中央。有三根呈扇形分布的干管自北向南延伸，最后并入泵站。上海市四平排水系统平面图如图 3-3 所示。

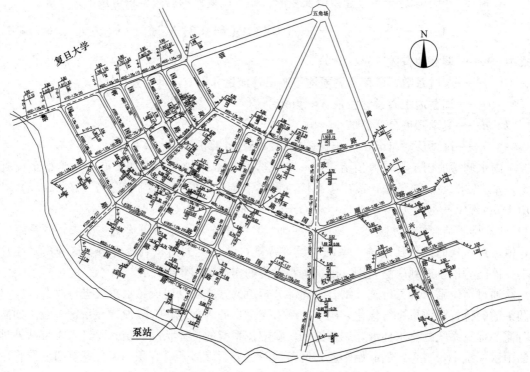

图 3-3 上海市四平排水系统平面图

计划分别在三根干管上建造线外调蓄池，贮存超过 1 年重现期的雨水径流。调蓄池的脱过流量 q_{max}，最大可按原设计重现期时下游管段的设计流量考虑。因调蓄池下游仍有支管接入，而改造方案设想下游干管尽可能保留、不再翻排，因此脱过流量根据具体情况酌情折减，以保证下游管段在有支管接入时，实际排水能力能达到 3 年一遇。调蓄池对提高上游管段的输水能力没有明显帮助。各调蓄池的设置位置见图 3-4。

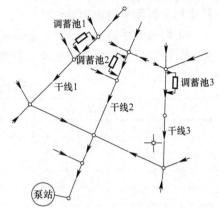

图 3-4 上海市四平排水系统改造方案示意图

根据上海市降雨强度公式与调蓄池上游管段的汇水面积，计算得到 3 年重现期条件下各管段的 Q_{max}，以及各管段 1 年重现期下的流量。调蓄池的容积计算如下。对于调蓄池 1：

其入口处 3 年重现期的流量 $Q_{max} = 2.32 \text{m}^3/\text{s}$，对应点 1 年重现期的流量 $Q_0 = 1.47 \text{m}^3/\text{s}$，取脱过流量 $q_{max} = 0.85 Q_0 = 0.85 \times 1.47 = 1.25 \text{m}^3/\text{s}$。

按经验公式得：

$$a = \frac{q_{max}}{Q_{max}} = 0.54$$

$$\alpha = \left\{ -\left[\frac{0.65}{n^{1.2}} + \frac{b}{\tau} \times \frac{0.50}{n+0.20} + 1.10 \right] \times \lg(a+0.30) + \frac{0.215}{n^{0.15}} \right\} \tag{3-1}$$

按模式径流过程线法，积水时间 τ 不考虑沟道调蓄容量，不计延缓系数。由此折算出调蓄池 1 相应集水时间 $\tau = 24.48 \text{min}$。将 $n = 0.65$、$b = 5.54$、$a = 0.54$ 及上述 τ 值代入公式（3-1），求得容积系数 $\alpha = 0.4$。

$$V_1 = \alpha \cdot Q_{max} \cdot \tau = 0.4 \times 2.32 \times (24.48 \times 60) = 1363 \text{m}^3$$

调蓄池 2 容积为：

$$V_2 = \alpha \cdot Q_{max} \cdot \tau = 0.35 \times 3.30 \times (27.70 \times 60) = 1920 \text{m}^3$$

调蓄池 3 容积为：

$$V_3 = \alpha \cdot Q_{max} \cdot \tau = 0.31 \times 3.37 \times (22.62 \times 60) = 1420 \text{m}^3$$

同样取安全系数 k_1 值为 1.1，调蓄池 1、2、3 的计算步骤与结果见表 3-3。

上海市四平排水系统调蓄池计算（$P = 3$ 年）　　　　表 3-3

调蓄池编号	进水流量 Q_{max}（m^3/s）	脱过流量 q_{max}（m^3/s）	脱过流量比 a	集水时间 τ（min）	计算容积（m^3）
1	2.32	0.85×1.47	0.54	24.48	1500
2	3.30	0.85×2.30	0.59	27.70	2100
3	3.37	0.85×2.44	0.62	22.62	1560
总计					5160

通过对各调蓄池下游干管本段流量叠加后水量的校核，说明上述计算参数选择合理，满足将系统下游管段提高到 3 年重现期的要求。

对上海市四平排水系统不同设计重现期的管道工程量进行估算，设计重现期由 1 年提高到 3 年，管道管径多数提高一档，少部分提高两档。按此标准，无调蓄池时下游干管基本上全部需要翻排重建。使用调蓄池后，3 座调蓄池之后的干管，共计 ϕ1500 管道 770m、ϕ2000 管道 520m、ϕ2200 管道 515m、ϕ2700 管道 325m 无需翻建。此外，无调蓄池时，随排水标准提高泵站也需要改建。

上海市四平排水系统设计重现期提高到 3 年，通过调蓄池可以免于翻排的干管长度与相应管段通过翻排提高排水能力的费用估算结果见表 3-1 和表 3-4。

现有系统干管翻排的估算工程量　　　　表 3-4

新排管段管径（mm）	长度（m）
1800	770
2200	520
2400	515
3000（顶管）	325
小计	

径流系数为 0.6 时，不同设计重现期总管部分的工程量与造价见表 3-5。

径流系数为 0.6 时，不同设计重现期总管部分的工程量与造价　　　　表 3-5

总管	重现期：1 年 综合径流系数：0.6		重现期：3 年 综合径流系数：0.6		重现期：5 年 综合径流系数：0.6	
流量	数值	比率	数值	比率	数值	比率
设计流量（L/s）	9238.2	100%	13237.4	143%	15229.8	164%
总管管径（mm）	2400	100%	2700	113%	3000	125%
总管埋深（m）	6.7	100%	7.4	112%	7.8	117%
工程单价（元/m）	18685	100%	24887	133%	28215	151%

经对比可知：在不增加源头控制措施，即综合径流系数为 0.7 时，管道设计重现期为 1 年、3 年、5 年时，该区域排水主管单位工程造价分别为 22995 元、30446 元、35412 元；当增加源头控制措施使径流系数降至 0.6 时，该新建区域排水系统设计重现期为 1 年、3 年、5 年时，排水主管单位工程造价分别为 18685 元、24887 元、28215 元。针对该新建地区，通过技术方案对比分析可得出如下结论：

（1）综合径流系数为 0.7 时，排水管道设计重现期由现有 1 年提升至 3 年，主管部分造价约增加 32%，提升至 5 年，造价约增加 54%；综合径流系数为 0.6 时，排水管道设计重现期由现有 1 年提升至 3 年，主管部分造价约增加 33%，提升至 5 年，造价约增加51%。

（2）该系统通过源头控制措施将综合径流系数由 0.7 降至 0.6 时，管道系统降低投资约为 18%。

该系统雨水调蓄池设置方案见表 3-6，雨水调蓄池单价约为 3000 元/m³，在新建系统中，排水标准如为 3 年一遇，通过设置中间调蓄池，调蓄池下游总管管径能从 2700mm～3000mm 减小为 1 年一遇标准时的 2200mm～2700mm，在管道方面可减少的投资约为 650 万元；但需要增加的调蓄池建设费用约为 1760 万元。因此，仅就投资成本而言，在新建系统中采用设置调蓄池替代大管径干管并不经济。但如调蓄池采用通过池形式，将有利于该地区的初期雨水污染控制。而对于已建系统的提标改造，使用调蓄池可避免翻排主要干管，在经济效益和环境效益方面均有较大优势。

该新建排水系统调蓄池设置方案　　　　　　　　　　表 3-6

排水标准	径流系数	调蓄池数量	调蓄池容积（m³）	总管管径（mm）
P=1 年		0	—	2200～2700
P=3 年	0.7	2	$V_1=1860/V_2=4000$	2200～2700
		0	—	2700～3000
P=5 年		2	$V_1=2700/V_2=6600$	2200～2700
		0	—	2700～3500

4.14.6　用于提高雨水利用程度时，雨水调蓄池的有效容积应根据降雨特征、用水需求和经济效益等确定。

雨水调蓄池的容积可通过数学模型，根据流量过程线计算。为了简化计算，用于雨水收集贮存的调蓄池，也可根据当地气候资料，按一定设计重现期降雨量（如 24h 最大降雨量）计算。合理确定雨水调蓄池容积是一个十分重要且复杂的问题，除了调蓄目的外，还需要根据投资效益等综合考虑。

4.14.7　雨水调蓄池的放空时间，可按下式计算：

$$t_0 = \frac{V}{3600Q'\eta}$$

（4.14.7）

式中：t_0——放空时间（h）；

　　V——调蓄池有效容积（m³）；

　　Q'——下游排水管道或设施的受纳能力（m³/s）；

　　η——排放效率，一般可取 0.3～0.9。

雨水调蓄池的放空方式包括重力放空和水泵压力放空 2 种。有条件时，应采用重力放空。对于地下封闭式雨水调蓄池，可采用重力放空和水泵压力放空相结合的方式，以降低能耗。

设计中应合理确定放空水泵启动的设计水位，避免在重力放空的后半段放空流速过小，影响雨水调蓄池的放空时间。

雨水调蓄池的放空时间，直接影响其使用效率，是雨水调蓄池设计中必须考虑的一个重要参数。雨水调蓄池的放空时间与放空方式密切相关，同时取决于下游管道的排水能力和雨水利用设施的流量。考虑降低能耗、排水安全等方面的因素，公式（4.14.7）引入排放效率 η，η 可取 0.3～0.9。算出雨水调蓄池放空时间后，应对其使用效率进行复核，如不能满足要求，应重新考虑放空方式，缩短放空时间。

4.14.8　雨水调蓄池应设置清洗、排气和除臭等附属设施和检修通道。

雨水调蓄池使用一定时间后，特别是当雨水调蓄池用于面源污染控制或削减排水管道峰值流量时，易沉淀积泥。因此雨水调蓄池应设置清洗设施。清洗方式可分为人工清洗和水力清洗，人工清洗危险性大且费力，一般采用水力清洗系统，人工清洗为辅助手段。对于矩形池，可采用水力冲洗翻斗或水力自清洗装置；对于圆形池，可通过入水口和底部构造设计，形成进水自冲洗，或采用径向水力清洗装置。

对于全地下调蓄池来说，为防止有害气体在调蓄池内积聚，应提供有效的通风排气装置。经验表明，每小时 4 次～6 次的空气交换量可以实现良好的通风排气效果。若需采用除臭设备时，设备选型应考虑调蓄池间歇运行，长时间空置的情况，除臭设备的运行应能和调蓄池工况相匹配。

所有顶部封闭的大型地下调蓄池都需要设置维修人员和设备进出的检修孔，并在调蓄池内部设置单独的检查通道。检查通道一般设在调蓄池最高水位以上。

4.15.1 城镇基础设施建设应综合考虑雨水径流量的削减。人行道、停车场和广场等宜采用渗透性铺面；绿地标高宜低于周边路面标高，形成下凹式绿地。

《室外排水设计规范》GB 50014—2006（2011 年版）中新增加了"4.15 雨水渗透设施"部分，首次对低影响开发蓄渗技术进行了规定。

多孔渗透性铺面有整体浇注多孔沥青或混凝土，也有组件式混凝土砌块。有关资料表明，组件式混凝土砌块铺面的效果较长久，堵塞时只需简单清理并将铺面砌块中间的沙土换掉，处理效率就可恢复。整体浇注多孔沥青或混凝土在开始使用时效果较好，1 年～2 年后会堵塞，且难以修复。

绿地标高宜低于周围地面适当深度，形成下凹式绿地，可削减绿地本身的径流，同时周围地面的径流能流入绿地下渗。下凹式绿地结构设计的关键是调整好绿地与周边道路和雨水口的高程关系，即路面标高高于绿地标高，雨水口设在绿地中或绿地和道路交界处，雨水口标高高于绿地标高而低于路面标高。如果道路坡度合适时可以直接利用路面作为溢流坎，使非绿地铺装表面产生的径流雨水汇入下凹式绿地入渗，待绿地蓄满水后再流入雨水口。

4.15.2 在场地条件许可的情况下，可设置植草沟、渗透池等设施接纳地面径流。

雨水渗透设施特别是地面下的入渗增加了深层土壤的含水量，使土壤的受力性能改变，可能会影响道路、建筑物或构筑物的基础。因此，建设雨水渗透设施时，需对场地的土壤条件进行调查研究，以便正确设置雨水渗透设施，避免影响城镇基础设施、建筑物和构筑物的正常使用。

植草沟是指植被覆盖的开放式排水系统，一般呈梯形或浅碟形布置，深度较浅。植被一般指草皮。该系统能够收集一定的径流量，具有输送功能。雨水径流进入植草沟后首先下渗而不是直接排入下游管道或受纳水体，是一种生态型的雨水收集、输送和净化系统。渗透池可设置于广场、绿化物地下，或利用天然洼地，通过管渠接纳服务范围内的地面径流，使雨水滞留并渗入地下，超过渗透池滞留能力的雨水通过溢流管排入市政雨水管道，可削减服务范围内的径流量和径流峰值。

3.3.2 《室外排水设计规范》GB 50014—2006（2014 年版）

《室外排水设计规范》GB 50014—2006（2014 年版）局部修订的主要技术内容是：补充规定排水工程设计应与相关专项规划协调；补充与内涝防治相关的术语；补充规定提高综合生活污水量总变化系数；补充规定推理公式法计算雨水设计流量的适用范围和采用数学模型法的要求；补充规定以径流量作为地区改建的控制指标，并增加核实地面种类组成和比例的规定；补充规定在有条件的地区采用年最大值法代替年多个样法计算暴雨强度公式，调整雨水管渠设计重现期和合流制系统截流倍数标准，增加内涝防治设计重现期的规定；取消原规范降雨历时计算公式中的折减系数 m；补充规定雨水口的设置和流量计算；补充规定检查井应设置防坠落装置；补充规定立体交叉道路地面径流量计算的要求；补充规定用于径流污染控制的雨水调蓄池的容积计算公式和雨水调蓄池出水处理的要求；增加雨水利用设施和内涝防治工程设施的规定；补充规定排水系统检测和控制等。

此外，本次局部修订首次增加了内涝防治的相关内容。

1.0.3A　排水工程设计应依据城镇排水与污水处理规划，并与城市防洪、河道水系、道路交通、园林绿地、环境保护、环境卫生等专项规划和设计相协调。排水设施的设计应根据城镇规划蓝线和水面率的要求，充分利用自然蓄排水设施，并应根据用地性质规定不同地区的高程布置，满足不同地区的排水要求。

排水工程设施，包括内涝防治设施、雨水调蓄和利用设施，是维持城镇正常运行和资源利用的重要基础设施。在降雨频繁、河网密集或易受内涝灾害的地区，排水工程设施尤为重要。排水工程应与城市防洪、道路交通、园林绿地、环境保护和环境卫生等专项规划和设计密切联系，并应与城市平面和竖向规划相互协调。

河道、湖泊、湿地、沟塘等城市自然蓄排水设施是城市内涝防治、排水的重要载体，在城镇平面规划中有明确的规划蓝线和水面率要求，应满足规划中的相关控制指标，根据城市自然蓄排水设施数量、规划蓝线保护和水面率的控制指标要求，合理确定排水设施的建设方案。排水工程设计中应考虑对河湖水系等城市现状受纳水体的保护和利用。

排水设施的设计，应充分考虑城镇竖向规划中的相关指标要求，根据不同地区的排水优先等级确定排水设施与周边地区的高程差；从竖向规划角度考虑内涝防治要求，根据竖向规划要求确定高程差，而不能仅仅根据单项工程的经济性要求进行设计和建设。

1.0.4B　城镇内涝防治应采取工程性和非工程性相结合的综合控制措施。

城镇内涝防治措施包括工程性措施和非工程性措施。通过源头控制、排水管网完善、城镇涝水行泄通道建设和优化运行管理等综合措施防治城镇内涝。工程性措施，包括建设雨水渗透设施、调蓄设施、利用设施和雨水行泄通道，还包括对市政排水管网和泵站进行改造、对城市内河进行整治等。非工程性措施包括建立内涝防治设施的运行监控体系、预警应急机制以及相应法律法规等。

2.1.20C　内涝防治设计重现期 recurrence interval for local flooding design

用于进行城镇内涝防治系统设计的暴雨重现期，使地面、道路等地区的积水深度不超过一定的标准。内涝防治设计重现期大于雨水管渠设计重现期。

3.2.1　采用推理公式法计算雨水设计流量，应按下式计算。当汇水面积超过 2km² 时，宜考虑降雨在时空分布的不均匀性和管网汇流过程，采用数学模型法计算雨水设计流量。

$$Q_s = q\Psi F \tag{3.2.1}$$

式中：Q_s——雨水设计流量（L/s）；

　　　　q——设计暴雨强度 [L/(s·hm²)]；

　　　　Ψ——径流系数；

　　　　F——汇水面积（hm²）。

注：当有允许排入雨水管道的生产废水排入雨水管道时，应将其水量计算在内。

《室外排水设计规范》GB 50014—2006（2011 年版）局部修订提出"有条件的地区，雨水设计流量也可采用数学模型法计算。"本次修订借鉴发达国家的经验，采用数学模型模拟降雨过程，把排水管渠作为一个系统考虑，并用数学模型对管网进行管理。美国一些城市规定的推理公式适用范围分别为：奥斯汀 4km²，芝加哥 0.8km²，纽约 1.6km²，丹

排水与内涝防治系列标准实施指南

佛 6.4km² 且汇流时间小于 10min；欧盟的排水设计规范要求当排水系统面积大于 2km² 或汇流时间大于 15min 时，应采用非恒定流模拟进行城市雨水管网水力计算。在总结国内外资料的基础上，本次修订提出当汇水面积超过 2km² 时，雨水设计流量宜采用数学模型进行确定。

排水工程设计常用的数学模型一般由降雨模型、产流模型、汇流模型、管网水动力模型等一系列模型组成，涵盖了排水系统的多个环节。数学模型可以考虑同一降雨事件中降雨强度在不同时间和空间的分布情况，因而可以更加准确地反映地表径流的产生过程和径流流量，也便于与后续的管网水动力学模型衔接。

数学模型中用到的设计暴雨资料包括设计暴雨量和设计暴雨过程，即雨型。设计暴雨量可按城市暴雨强度公式计算，设计暴雨过程可按以下三种方法确定：

（1）设计暴雨统计模型。结合编制城市暴雨强度公式的采样过程，收集降雨过程资料和雨峰位置，根据常用重现期部分的降雨资料，采用统计分析方法确定设计降雨过程。

（2）芝加哥降雨模型。根据自记雨量资料统计分析城市暴雨强度公式，同时采集雨峰位置系数，雨峰位置系数取值为降雨雨峰位置除以降雨总历时。

（3）当地水利部门推荐的降雨模型。采用当地水利部门推荐的设计降雨雨型资料，必要时需做适当修正，并摈弃超过 24h 的长历时降雨。

排水工程设计常用的产、汇流计算方法包括扣损法、径流系数法和单位线法（Unit Hydrograph）等。扣损法是参考径流形成的物理过程，扣除集水区蒸发、植被截流、低洼地面积蓄和土壤下渗等损失之后所形成径流过程的计算方法。降雨强度和下渗在地面径流的产生过程中具有决定性的作用，而低洼地面积蓄量和蒸发量一般较小，因此在城市暴雨计算中常常被忽略。Horton 模型或 Green-Ampt 模型常被用来描述土壤下渗能力随时间变化的过程。当缺乏详细的土壤下渗系数等资料，或模拟城镇建筑较密集的地区时，可以将汇水面积划分成多个片区，采用径流系数法，即公式(3.2.1)计算每个片区产生的径流，然后运用数学模型模拟地面漫流和雨水在管道的流动，以每个管段的最大峰值流量作为设计雨水量。单位线是指单位时段内均匀分布的单位净雨量在流域出口断面形成的地面径流过程线，利用单位线推求汇流过程线的方法称为单位线法。单位线可根据出流断面的实测流量通过倍比、叠加等数学方法生成，也可以通过解析公式如线性水库模型来获得。目前，单位线法在我国排水工程设计中应用较少。

采用数学模型进行排水系统设计时，除应按本规范执行外，还应满足当地的地方设计标准，应对模型的适用条件和假定参数做详细分析和评估。当建立管道系统的数学模型时，应对系统的平面布置、管径和标高等参数进行核实，并运用实测资料对模型进行校正。

3.2.2A 当地区整体改建时，对于相同的设计重现期，改建后的径流量不得超过原有径流量。

本条为强制性条文。本次修订提出以径流量作为地区开发改建控制指标的规定。地区开发应充分体现低影响开发理念，除应执行规划控制的综合径流系数指标外，还应执行径流量控制指标。规定整体改建地区应采取措施确保改建后的径流量不超过原有径流量。可采取的综合措施包括建设下凹式绿地，设置植草沟、渗透池等，人行道、停车场、广场和小区道路等可采用渗透性路面，促进雨水下渗，既达到雨水资源综合利用的目的，又不增加径流量。

60

3.2.3 设计暴雨强度，应按下式计算：

$$q = \frac{167A_1(1+C\lg P)}{(t+b)^n} \qquad\qquad (3.2.3)$$

式中： q——设计暴雨强度 $[L/(s \cdot hm^2)]$；

         t——降雨历时（min）；

         P——设计重现期（年）；

A_1、C、b、n——参数，根据统计方法进行计算确定。

具有 20 年以上自动雨量记录的地区，排水系统设计暴雨强度公式应采用年最大值法，并按本规范附录 A 的有关规定编制。

本次修订明确了"具有 20 年以上自动雨量记录的地区，排水系统设计暴雨强度公式应采用年最大值法，并按本规范附录 A 的有关规定编制。"目前，全国各省市已开展了暴雨强度公式修编工作。以上海市为例，原暴雨强度公式为：

$$q = \frac{5544(P^{0.3}-0.42)}{(t+10+7.0\lg P)^{0.82+0.07\lg P}} \qquad\qquad (3-2)$$

根据规范要求，采用上海市徐家汇（龙华）站 64 年连续降雨资料，按照年最大值法、皮尔逊Ⅲ型曲线拟合得到上海市短历时暴雨强度公式如下：

$$q = \frac{1600(1+0.846\lg P)}{(t+7.0)^{0.656}} \qquad\qquad (3-3)$$

对比上海市新的设计暴雨强度公式和旧公式，得到在相同设计重现期（$P=5$ 年）不同降雨历时情况下，新公式和旧公式的差异，如图 3-5 所示。在降雨历时 10min～40min 范围内，新公式的计算结果略小于旧公式，降幅在 0.64%～3.58%；当降雨历时在 45min 以上时，新公式的计算结果大于旧公式，增幅随着降雨历时的延长而增加，60min 时的增幅为 3.35%。

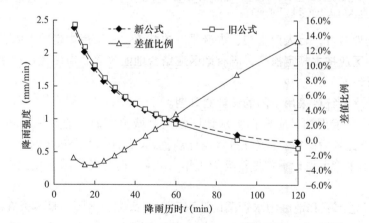

图 3-5   不同降雨历时下新公式与旧公式计算结果对比（$P=5$ 年）

此外，对比相同降雨历时（$t=60$min）不同设计重现期情况下，新公式和旧公式的差异，结果如图 3-6 所示。新公式的计算结果在设计重现期 30 年一遇之前均大于旧公式，增幅最大是在 $P=3$ 年时，增幅为 3.61%；当设计重现期大于 50 年一遇后，新公式的计算结果小于旧公式，到 $P=100$ 年时，新公式计算结果比旧公式小 2.69%。

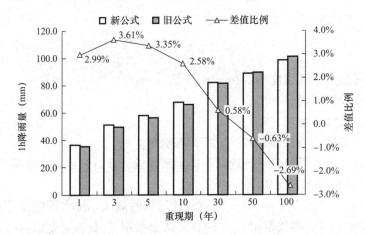

图 3-6　不同设计重现期下新公式与旧公式计算结果对比（$t=60\text{min}$）

3.2.4 雨水管渠设计重现期，应根据汇水地区性质、**城镇类型**、地形特点和气候特征等因素，**经技术经济比较后按表 3.2.4** 的规定取值，并应符合下列规定：

雨水管渠设计重现期（年）　　　　　　　　　　　　　　　　表 3.2.4

城镇类型 ＼ 城区类型	中心城区	非中心城区	中心城区的重要地区	中心城区地下通道和下沉式广场等
特大城市	3～5	2～3	5～10	30～50
大城市	2～5	2～3	5～10	20～30
中等城市和小城市	2～3	2～3	3～5	10～20

注：1. 按表中所列重现期设计暴雨强度公式时，均采用年最大值法；
　　2. 雨水管渠应按重力流、满管流计算；
　　3. 特大城市指市区人口在 500 万以上的城市；大城市指市区人口在 100 万～500 万的城市；中等城市和小城市指市区人口在 100 万以下的城市。

1 经济条件较好，且人口密集、内涝易发的城镇，宜采用规定的上限；

2 新建地区应按本规定执行，既有地区应结合地区改建、道路建设等更新排水系统，并按本规定执行；

3 同一排水系统可采用不同的设计重现期。

雨水管渠设计重现期，应根据汇水地区性质、城镇类型、地形特点和气候特征等因素，经技术经济比较后确定。《室外排水设计规范》GB 50014—2006（2011 年版）中虽然将一般地区的雨水管渠设计重现期调整为 1 年～3 年，但与发达国家相比较，我国设计标准仍偏低。

表 3-7 为发达国家和地区雨水管渠设计重现期的情况。美国、日本等在城镇内涝防治设施上投入较大，城镇雨水管渠设计重现期一般采用 5 年～10 年。美国各州还将排水干管系统的设计重现期规定为 100 年，排水系统的其他设施分别具有不同的设计重现期。日本也将设计重现期不断提高，《日本下水道设计指南》（2009 年版）中规定，排水系统设计重现期在 10 年内应提高到 10 年～15 年。所以本次修订提出按照地区性质和城镇类型，并结合地形特点和气候特征等因素，经技术经济比较后，适当提高我国雨水管渠的设计重现期，并与发达国家标准基本一致。

发达国家和地区雨水管渠设计重现期的情况 表 3-7

国家（地区）	设计暴雨重现期
中国香港	高度利用的农业用地2年～5年；农村排水，包括开拓地项目的内部排水系统10年；城市排水支线系统50年
美国	居住区2年～15年，一般10年；商业和高价值地区10年～100年
欧盟	农村地区1年；居民区2年；城市中心/工业区/商业区5年
英国	30年
日本	3年～10年，10年内应提高至10年～15年
澳大利亚	高密度开发的办公、商业和工业区20年～50年；其他地区以及住宅区10年；较低密度的居民区和开放地区5年
新加坡	一般管渠、次要排水设施、小河道5年；新加坡河等主干河流50年～100年；机场、隧道等重要基础设施和地区50年

表 3.2.4 中，城镇类型按人口数量划分为"特大城市"、"大城市"和"中等城市和小城市"。根据住房和城乡建设部编制的《中国城市建设统计年鉴（2010年）》，市区人口大于500万的特大城市有12个，市区人口在100万～500万的大城市有287个，市区人口在100万以下的中等城市和小城市有457个。城区类型则分为"中心城区"、"非中心城区"、"中心城区的重要地区"和"中心城区地下通道和下沉式广场等"。其中，中心城区的重要地区主要指行政中心、交通枢纽、学校、医院和商业聚集区等。

本次修订还根据我国目前城市发展现状，并参照国外相关标准，将"中心城区地下通道和下沉式广场等"单独列出。以德国、美国为例，德国给水废水和废弃物协会（ATV-DVWK）推荐的设计标准（ATV-A118）中规定：地下铁道/地下通道的设计重现期为5年～20年。我国上海市虹桥商务区的规划中，将下沉式广场的设计重现期规定为50年。由于中心城区地下通道和下沉式广场的汇水面积可以控制，且一般不能与城镇内涝防治系统相结合，因此采用的设计重现期应与内涝防治设计重现期相协调。

3.2.4B 内涝防治设计重现期，应根据城镇类型、积水影响程度和内河水位变化等因素，经技术经济比较后确定，按表 3.2.4B 的规定取值，并应符合下列规定：

1 经济条件较好，且人口密集、内涝易发的城市，宜采用规定的上限；

2 目前不具备条件的地区可分期达到标准；

3 当地面积水不满足表 3.2.4B 的要求时，应采取渗透、调蓄、设置雨洪行泄通道和内河整治等措施；

4 对超过内涝设计重现期的暴雨，应采取综合控制措施。

内涝防治设计重现期 表 3.2.4B

城镇类型	重现期（年）	地面积水设计标准
特大城市	50～100	1. 居民住宅和工商业建筑物的底层不进水；
大城市	30～50	2. 道路中一条车道的积水深度不超过15cm
中等城市和小城市	20～30	

注：1. 按表中所列重现期设计暴雨强度公式时，均采用年最大值法；

2. 特大城市指市区人口在500万以上的城市；大城市指市区人口在100万～500万的城市；中等城市和小城市指市区人口在100万以下的城市。

城镇内涝防治的主要目的是将降雨期间的地面积水控制在可接受的范围。鉴于我国还没有专门针对内涝防治的设计标准，本次修订增加了内涝防治设计重现期和积水深度标准，新增加的内涝设计重现期见本规范表 3.2.4B，用以规范和指导内涝防治设施的设计。

根据内涝防治设计重现期校核地面积水排除能力时，应根据当地历史数据合理确定用于校核的降雨历时及该时段内的降雨量分布情况，有条件的地区宜采用数学模型计算。如校核结果不符合要求，应调整设计，包括放大管径、增设渗透设施、建设调蓄段或调蓄池等。执行表 3.2.4B 时，雨水管渠按压力流计算，即雨水管渠应处于超载状态。

表 3.2.4B "地面积水设计标准"中的道路积水深度是指该车道路面标高最低处的积水深度。当路面积水深度超过 15cm 时，车道可能因机动车熄火而完全中断，因此表中规定每条道路至少应有一条车道的积水深度不超过 15cm。发达国家和我国部分城市已有类似的规定，如美国丹佛市规定：当降雨强度不超过 10 年一遇时，非主干道路（collector）中央的积水深度不应超过 15cm，主干道路和高速公路的中央不应有积水；当降雨强度为 100 年一遇时，非主干道路中央的积水深度不应超过 30cm，主干道路和高速公路中央不应有积水。上海市关于市政道路积水的标准是：路边积水深度大于 15cm（即与道路侧石齐平），或道路中心积水时间大于 1h，积水范围超过 50m²。

发达国家和地区的城市内涝防治系统包含雨水管渠、坡地、道路、河道和调蓄设施等所有雨水径流可能流经的地区。美国和澳大利亚的内涝防治设计重现期为 100 年或大于 100 年，英国为 30 年～100 年，中国香港城市主干管为 200 年、郊区主排水渠为 50 年。

图 3-7 引自《日本下水道设计指南》（2001 年版）中日本横滨市鹤见川地区的"不同设计重现期标准的综合应对措施"。图 3-7 反映了该地区从单一的城市排水管道排水系统到包含雨水管渠、内河和流域调蓄等综合应对措施在内的内涝防治系统的发展历程。当采用雨水调蓄设施中的排水管道调蓄应对措施时，该地区的设计重现期可达 10 年一遇，可排除 50mm/h 的降雨；当采用雨水调蓄设施和利用内河调蓄应对措施时，设计重现期可进一步提高到 40 年一遇；在此基础上再利用流域调蓄时，可应对 150 年一遇的降雨。

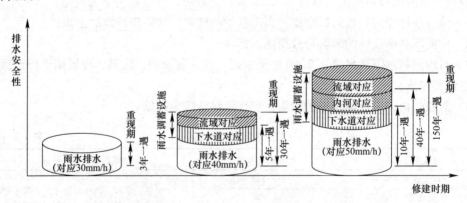

图 3-7　不同设计重现期标准的综合应对措施（鹤见川地区）

欧盟室外排水系统排放标准（BS EN 752：2008）见表 3-8 和表 3-9。该标准中，"设计暴雨重现期"（Design Storm Frequency）与我国雨水管渠设计重现期相对应；"设计洪水重现期"（Design Flooding Frequency）与我国的内涝防治设计重现期概念相近。

欧盟推荐设计暴雨重现期（Design Storm Frequency） 表 3-8

地点	设计暴雨重现期	
	重现期（年）	超过 1 年一遇的概率
农村地区	1	100%
居民区	2	50%
城市中心/工业区/商业区	5	20%
地下铁路/地下通道	10	10%

欧盟推荐设计洪水重现期（Design Flooding Frequency） 表 3-9

地点	设计洪水重现期	
	重现期（年）	超过 1 年一遇的概率
农村地区	10	10%
居民区	20	5%
城市中心/工业区/商业区	30	3%
地下铁路/地下通道	50	2%

根据我国内涝防治整体现状，各地区应采取渗透、调蓄、设置行泄通道和内河整治等措施，积极应对可能出现的超过雨水管渠设计重现期的暴雨，保障城镇安全运行。

城镇内涝防治设计重现期和水利排涝标准应有所区别。水利排涝标准中一般采用 5 年～10 年，且根据作物耐淹水深和耐淹历时等条件，允许一定的受淹时间和受淹水深，而城镇不允许长时间积水，否则将影响城镇正常运行。

3.2.5 雨水管渠的降雨历时，应按下式计算：

$$t = t_1 + t_2 \tag{3.2.5}$$

式中：t——降雨历时（min）；

t_1——地面集水时间（min），应根据汇水距离、地形坡度和地面种类通过计算确定，一般采用 5min～15min；

t_2——管渠内雨水流行时间（min）。

本次修订取消了《室外排水设计规范》GB 50014—2006（2011 年版）降雨历时计算公式中的折减系数 m。折减系数 m 是根据苏联的相关研究成果提出的数据。近年来，我国许多地区发生严重内涝，给人民生活和生产造成了极不利影响。为防止或减少类似事件，有必要提高城镇排水管渠设计标准，而采用降雨历时计算公式中的折减系数降低了设计标准。发达国家一般不采用折减系数。为有效应对日益频发的城镇暴雨内涝灾害，提高我国城镇排水安全性，本次修订取消折减系数 m。

3.3.3 截流倍数 n_0 应根据旱流污水的水质、水量、排放水体的环境容量、水文、气候、经济和排水区域大小等因素经计算确定，宜采用 2～5。同一排水系统中可采用不同截流倍数。

截流倍数的设置直接影响环境效益和经济效益，其取值应综合考虑受纳水体的水质要求、受纳水体的自净能力、城市类型、人口密度和降雨量等因素。当合流制排水系统具有排水能力较大的合流管渠时，可采用较小的截流倍数，或设置一定容量的调蓄设施。根据国外资料，英国截流倍数为 5，德国为 4，美国一般为 1.5～5。我国的截流倍数与发达国家相比偏低，有的城市截流倍数仅为 0.5。本次修订为有效降低初期雨水污染，将截流倍

数 n_0 提高为 2~5。

4.4.7A 排水系统检查井应安装防坠落装置。

为避免在检查井盖损坏或缺失时发生行人坠落检查井的事故，规定污水、雨水和合流污水检查井应安装防坠落装置。防坠落装置应牢固可靠，具有一定的承重能力（≥100kg），并具备较大的过水能力，避免暴雨期间雨水从井底涌出时被冲走。目前国内已使用的检查井防坠落装置包括防坠落网、防坠落井箅等。

4.7.1 雨水口的形式、数量和布置，应按汇水面积所产生的流量、雨水口的泄水能力和道路形式确定。立箅式雨水口的宽度和平箅式雨水口的开孔长度和开孔方向应根据设计流量、道路纵坡和横坡等参数确定。雨水口宜设置污物截流设施，合流制系统中的雨水口应采取防止臭气外溢的措施。

雨水口的形式主要有立箅式和平箅式两类。平箅式雨水口水流通畅，但暴雨时易被树枝等杂物堵塞，影响收水能力。立箅式雨水口不易堵塞，但有的城镇因逐年维修道路，路面加高，使立箅断面减小，影响收水能力。各地可根据具体情况和经验确定适宜的雨水口形式。

雨水口布置应根据地形和汇水面积确定，同时本次修订补充规定立箅式雨水口的宽度和平箅式雨水口的开孔长度应根据设计流量、道路纵坡和横坡等参数确定，以避免有的地区不经计算，完全按道路长度均匀布置，雨水口尺寸也按经验选择，造成投资浪费或排水不畅。

规定雨水口宜设污物截流设施，目的是减少由地表径流产生的非溶解性污染物进入受纳水体。合流制系统中的雨水口，为避免出现由污水产生的臭气外溢的现象，应采取设置水封或投加药剂等措施，防止臭气外溢。

根据国家建筑标准设计图集《雨水口》16S518，雨水口泄水能力如表 3-10 所示。

雨水口泄水能力　　　　　　　　　　　　　　表 3-10

雨水口形式		泄水能力（L/s）
平箅式雨水口 偏沟式雨水口	单箅	20
	双箅	35
	多箅	15（每箅）
联合式雨水口	单箅	30
	双箅	50
	多箅	20（每箅）
立箅式雨水口	单箅	15
	双箅	25
	多箅	10（每箅）

雨水口易被路面垃圾和灰尘所堵塞，单个平箅式雨水口在设计中应考虑 50% 被堵塞，单个立箅式雨水口考虑 10% 被堵塞。我国《给水排水设计手册》中认为大雨时易被堵塞的雨水口，其泄水能力应按乘以 0.5~0.7 的系数计算。

平箅式雨水口的截流效率可按下式计算：

$$E = R_f E_0 + R_s (1 - E_0) \qquad (3-4)$$

式中：R_f——正面截流效率，$R_f = 1 - 0.295(v - v_0)$，其中 v 为边沟流速（m³/s），v_0 为越

流起始流速（m^3/s），我国平算式雨水口的 R_f 一般为 1；

E_0——雨水口正面流和边沟流的比例，$E_0 = 1-(1-W/T)^{3/8}$，其中 W 为雨水口宽度，一般为 0.38m，T 为允许扩展，取 3.5m，则 E_0 为 0.26；

R_s——侧面截流效率，$R_s = \dfrac{1}{\left(1+\dfrac{0.0828v^{1.8}}{S_x L^{2.3}}\right)}$，其中 L 为雨水口长度，单算雨水口

L 一般为 0.68m，边沟流速 v 为 0.9m/s，则 R_s 为 0.1。

由式(3-4)可知，我国平算式雨水口的截流效率 E 一般为 0.334，即 33.4%，主要原因是平算式雨水口的宽度偏小导致在应对内涝（即允许扩展数值较大）时 E_0 值小，因此建议可适当增加雨水口的宽度，满足其应对内涝防治的需求。

立算式雨水口，对于直线形路拱的边沟，截流 100% 边沟流量的侧石开孔雨水口的开孔长度 L_T 可由下式计算：

$$L_T = 0.817Q^{0.42}S_L^{0.3}(nS_x)^{-0.6} \tag{3-5}$$

式中：L_T——边石开孔的长度（m）；

Q——设计流量（m^3/s）；

S_L——边沟纵向坡度；

n——粗糙系数；

S_x——道路横向坡度，一般为 1%～2%。

截流效率 $E = 1-(1-L/L_T)^{1.8}$。

4.7.1A　雨水口和雨水连接管流量应为雨水管渠设计重现期计算流量的 1.5 倍～3 倍。

雨水口易被路面垃圾和杂物堵塞，平算式雨水口在设计中应考虑 50% 被堵塞，立算式雨水口应考虑 10% 被堵塞。在暴雨期间排除道路积水的过程中，雨水管道一般处于承压状态，其所能排除的水量要大于重力流情况下的设计流量，因此本次修订规定雨水口和雨水连接管流量按照雨水管渠设计重现期所计算流量的 1.5 倍～3 倍计，通过提高路面进入地下排水系统的径流量，缓解道路积水。

4.7.2A　道路横坡坡度不应小于 1.5%，平算式雨水口的算面标高应比周围路面标高低 3cm～5cm，立算式雨水口进水处路面标高应比周围路面标高低 5cm。当设置于下凹式绿地中时，雨水口的算面标高应根据雨水调蓄设计要求确定，且应高于周围绿地平面标高。

为就近排除道路积水，规定道路横坡坡度不应小于 1.5%，平算式雨水口的算面标高应比附近路面标高低 3cm～5cm，立算式雨水口进水处路面标高应比周围路面标高低 5cm，有助于雨水口对径流的截流。在下凹式绿地中，雨水口的算面标高应高于周边绿地，以增强下凹式绿地对雨水的渗透和调蓄作用。

4.10.2　立体交叉道路排水系统的设计，应符合下列规定：

1　雨水管渠设计重现期不应小于 10 年，位于中心城区的重要地区，设计重现期应为 20 年～30 年，同一立体交叉道路的不同部位可采用不同的重现期；

2　地面集水时间应根据道路坡长、坡度和路面粗糙度等计算确定，宜为 2min～10min；

3　径流系数宜为 0.8～1.0；

4　下穿式立体交叉道路的地面径流，具备自流条件的，可采用自流排除，不具备自流条件的，应设泵站排除；

5 当采用泵站排除地面径流时，应校核泵站及配电设备的安全高度，采取措施防止泵站受淹；

6 下穿式立体交叉道路引道两端应采取措施，控制汇水面积，减少坡底聚水量。立体交叉道路宜采用高水高排、低水低排，**且互不连通的系统；**

7 宜采取设置调蓄池等综合措施达到规定的设计重现期。

立体交叉道路的下穿部分往往是所处汇水区域最低洼的部分，雨水径流汇流至此后再无其他出路，只能通过泵站强排至附近河湖等水体或雨水管道中，如果排水不及时，必然会引起严重积水。国外相关标准中均对立体交叉道路排水系统设计重现期有较高要求，美国联邦高速公路管理局规定，高速公路"低洼点"（包括下立交）的设计标准为最低 50 年一遇。《室外排水设计规范》GB 50014—2006（2011 年版）对立体交叉道路的排水设计重现期的规定偏低，因此，本次修订参照发达国家和我国部分城市的经验，将立体交叉道路的排水系统设计重现期规定为不小于 10 年，位于中心城区的重要地区，设计重现期为 20 年～30 年。对同一立交道路的不同部位可采用不同重现期。

本次修订提出集水时间宜为 2min～10min。因为立体交叉道路坡度大（一般是 2%～5%），坡长较短（100m～300m），集水时间常常小于 5min。鉴于道路设计千差万别，坡度、坡长均各不相同，应通过计算确定集水时间。当道路形状较为规则，边界条件较为明确时，可采用公式(4.2.2)（曼宁公式）计算；当道路形状不规则或边界条件不明确时，可按照坡面汇流参照下式计算：

$$t_1 = 1.445 \left(\frac{n \cdot L}{\sqrt{i}} \right)^{0.467} \tag{3-6}$$

合理确定立体交叉道路排水系统的汇水面积、高水高排、低水低排，并采取有效地防止高水进入低水系统的拦截措施，是排除立体交叉道路（尤其是下穿式立体交叉道路）积水的关键问题。例如某立交地道排水，由于对高水拦截无效，造成高于设计径流量的径流水进入地道，超过泵站排水能力，造成积水。

下穿式立体交叉道路的排水泵站为保证在设计重现期内的降雨期间水泵能正常启动和运转，应对排水泵站及配电设备的安全高度进行计算校核。当不具备将泵站整体地面标高抬高的条件时，应提高配电设备设置高度。

为满足规定的设计重现期要求，应采取调蓄等措施应对。超过设计重现期的暴雨将产生内涝，应采取包括非工程性措施在内的综合应对措施。

4.14.4 用于合流制排水系统的径流污染控制时，雨水调蓄池的有效容积，可按下式计算：

$$V = 3600 t_i (n - n_0) Q_{dr} \beta \tag{4.14.4}$$

式中：V——调蓄池有效容积（m^3）；

t_i——调蓄池进水时间（h），宜采用 0.5h～1h，当合流制排水系统雨天溢流污水水质在单次降雨事件中无明显初期效应时，宜取上限；反之，可取下限；

n——调蓄池建成运行后的截流倍数，由要求的污染负荷目标削减率、当地截流倍数和截流量占降雨量比例之间的关系求得；

n_0——系统原截流倍数；

Q_{dr}——截流井以前的旱流污水量（m^3/s）；

β——安全系数，可取 1.1～1.5。

雨水调蓄池用于控制径流污染时，有效容积应根据气候特征、排水体制、汇水面积、服务人口和受纳水体的水质要求、水体的流量、稀释自净能力等确定。本条规定的方法为截流倍数计算法。可将当地旱流污水量转化为当量降雨强度，从而使系统截流倍数和降雨强度相对应，溢流量即为大于该降雨强度的降雨量。根据当地降雨特性参数的统计分析，拟合当地截流倍数和截流量占降雨量比例之间的关系。

截流倍数计算法是一种简化计算方法，该方法建立在降雨事件为均匀降雨的基础上，且假设调蓄池的运行时间不小于发生溢流的降雨历时，以及调蓄池的放空时间小于两场降雨的间隔，而实际情况下，很难满足上述 2 种假设。因此，以截流倍数计算法得到的调蓄池容积偏小，计算得到的调蓄池容积在实际运行过程中发挥的效益小于设定的调蓄效益，在设计中应乘以安全系数 β。

德国、日本、美国、澳大利亚等国家均将雨水调蓄池作为合流制排水系统溢流污染控制的主要措施。德国设计规范《合流污水箱涵暴雨削减装置指针》ATV A128 中以合流制排水系统排入水体负荷不大于分流制排水系统为目标，根据降雨量、地面径流污染负荷、旱流污水浓度等参数确定雨水调蓄池容积。

4.14.4A　用于分流制排水系统径流污染控制时，雨水调蓄池的有效容积，可按下式计算：

$$V = 10DF\psi\beta \tag{4.14.4A}$$

式中：V——调蓄池有效容积（m³）；

　　　D——调蓄量（mm），按降雨量计，可取 4mm～8mm；

　　　F——汇水面积（hm²）；

　　　ψ——径流系数；

　　　β——安全系数，可取 1.1～1.5。

雨水调蓄池有效容积的确定应综合考虑当地降雨特征、受纳水体的环境容量、降雨初期的雨水水质水量特征、排水系统服务面积和下游污水处理系统的受纳能力等因素。

国外有研究认为，1h 雨量达到 12.7mm 的降雨能冲刷掉 90% 以上的地表污染物；同济大学对上海芙蓉江、水城路等地区的雨水地面径流研究表明，在降雨量达到 10mm 时，径流水质已基本稳定；国内还有研究认为一般控制量在 6mm～8mm 可控制 60%～80% 的污染量。因此，结合我国实际情况，调蓄量可取 4mm～8mm。

4.14.9　用于控制径流污染的雨水调蓄池出水应接入污水管网，当下游污水处理系统不能满足雨水调蓄池放空要求时，应设置雨水调蓄池出水处理装置。

降雨停止后，用于控制径流污染调蓄池的出水，一般接入下游污水管道输送至污水处理厂处理后排放。当下游污水系统在旱季时就已达到满负荷运行或下游污水系统的容量不能满足调蓄池放空速度的要求时，应将调蓄池出水处理后排放。国内外常用的处理装置包括格栅、旋流分离器、混凝沉淀池等，处理排放标准应考虑受纳水体的环境容量后确定。

4.15.1　城镇基础设施建设应综合考虑雨水径流量的削减。人行道、停车场和广场等宜采用渗透性铺面，新建地区硬化地面中可渗透地面面积不宜低于 40%，有条件的既有地区应对现有硬化地面进行透水性改建；绿地标高宜低于周边地面标高 5cm～25cm，形成下凹式绿地。

多孔渗透性铺面有整体浇注多孔沥青或混凝土，也有组件式混凝土砌块。有关资料表明，组件式混凝土砌块铺面的效果较长久，堵塞时只需简单清理并将铺面砌块中间的沙土换掉，处理效率就可恢复。整体浇注多孔沥青或混凝土在开始使用时效果较好，1年～2年后会堵塞，且难以修复。

绿地标高宜低于周围地面适当深度，形成下凹式绿地，可削减绿地本身的径流，同时周围地面的径流能流入绿地下渗。下凹式绿地设计的关键是调整好绿地与周边道路和雨水口的高程关系，即路面标高高于绿地标高，雨水口设在绿地中或绿地和道路交界处，雨水口标高高于绿地标高而低于路面标高。如果道路坡度适合时可以直接利用路面作为溢流坎，使非绿地铺装表面产生的径流雨水汇入下凹式绿地入渗，待绿地蓄满水后再流入雨水口。

本次修订补充规定新建地区硬化地面的可渗透地面面积所占比例不宜低于40%，有条件的既有地区应对现有硬化地面进行透水性改建。

下凹式绿地标高应低于周边地面5cm～25cm。过浅则蓄水能力不够；过深则导致植被长时间浸泡水中，影响某些植被正常生长。底部设排水沟的大型集中式下凹绿地可不受此限制。

4.15.2 当场地条件许可时，可设置植草沟、渗透池等设施接纳地面径流；地区开发和改建时，宜保留天然可渗透性地面。

雨水渗透设施特别是地面下的入渗增加了深层土壤的含水量，使土壤力学性能改变，可能会影响道路、建筑物或构筑物的基础。因此，建设雨水渗透设施时，需对场地的土壤条件进行调查研究，以便正确设置雨水渗透设施，避免影响城镇基础设施、建筑物和构筑物的正常使用。

植草沟是指植被覆盖的开放式排水系统，一般呈梯形或浅碟形布置，深度较浅。植被一般指草皮。该系统能够收集一定的径流量，具有输送功能。雨水径流进入植草沟后首先下渗而不是直接排入下游管道或受纳水体，是一种生态型的雨水收集、输送和净化系统。渗透池可设置于广场、绿化物地下，或利用天然洼地，通过管渠接纳服务范围内的地面径流，使雨水滞留并渗入地下，超过渗透池滞留能力的雨水通过溢流管排入市政雨水管道，可削减服务范围内的径流量和径流峰值。

4.16.1 雨水综合利用应根据当地水资源情况和经济发展水平合理确定，并应符合下列规定：

1 水资源缺乏、水质性缺水、地下水位下降严重、内涝风险较大的城市和新建开发区等宜进行雨水综合利用；

2 雨水经收集、贮存、就地处理后可作为冲洗、灌溉、绿化和景观用水等，也可经过自然或人工渗透设施渗入地下，补充地下水资源；

3 雨水利用设施的设计、运行和管理应与城镇内涝防治相协调。

随着城镇化和经济的高速发展，我国水资源不足、内涝频发和城市生态安全等问题日益突出，雨水利用逐渐受到关注，因此，水资源缺乏、水质性缺水、地下水位下降严重、内涝风险较大的城市和新建开发区等应优先进行雨水利用。

雨水利用包括直接利用和间接利用。雨水直接利用是指雨水经收集、贮存、就地处理等过程后用于冲洗、灌溉、绿化和景观等；雨水间接利用是指通过雨水渗透设施把雨水转化为土壤水，其设施主要有地面渗透、埋地渗透管渠和渗透池等。雨水利用、污染控制和内涝防治是城镇雨水综合管理的组成部分，在源头雨水径流削减、过程蓄排控制等阶段的不少工程措施是具有多种功能的，如源头渗透、回用设施，既能控制雨水径流量和污染负荷，起到内涝防治和控制污染的作用，又能实现雨水利用。

4.16.2 雨水收集利用系统汇水面的选择，应符合下列规定：

1 应选择污染较轻的屋面、广场、人行道等作为汇水面；对屋面雨水进行收集时，宜优先收集绿化屋面和采用环保型材料屋面的雨水；

2 不应选择厕所、垃圾堆场、工业污染场地等作为汇水面；

3 不宜收集利用机动车道路的雨水径流；

4 当不同汇水面的雨水径流水质差异较大时，可分别收集和贮存。

选择污染较轻的汇水面的目的是减少雨水渗透和净化处理设施的难度和造价，因此应选择屋面、广场、人行道等作为汇水面，不应选择工业污染场地和垃圾堆场、厕所等区域作为汇水面，不宜选择有机污染和重金属污染较为严重的机动车道路的雨水径流。

4.16.3 对屋面、场地雨水进行收集利用时，应将降雨初期的雨水弃流。弃流的雨水可排入雨水管道，条件允许时，也可就近排入绿地。

由于降雨初期的雨水污染程度高，处理难度大，因此应弃流。弃流装置有多种设计形式，可采用分散式处理，如在单个落水管下安装分离设备；也可采用在调蓄池前设置专用弃流池的方式。一般情况下，弃流雨水可排入市政雨水管道，当弃流雨水污染物浓度不高，绿地土壤的渗透能力和植物品种在耐淹方面条件允许时，弃流雨水也可排入绿地。

4.16.4 雨水利用方式应根据收集量、利用量和卫生要求等综合分析后确定。雨水利用不应影响雨水调蓄设施应对城镇内涝的功能。

雨水利用方式应根据雨水的收集利用量和相关指标要求综合考虑，在确定雨水利用方式时，应首先考虑雨水调蓄设施应对城镇内涝的要求，不应干扰和妨碍其防治城镇内涝的基本功能。

4.16.5 雨水利用设施和装置的设计应考虑防腐蚀、防堵塞等。

雨水水质受大气和汇水面的影响，含有一定量的有机物、悬浮物、营养物质和重金属等。可按污水系统设计方法，采取防腐、防堵措施。

4.17.1 内涝防治设施应与城镇平面规划、竖向规划和防洪规划相协调，根据当地地形特点、水文条件、气候特征、雨水管渠系统、防洪设施现状和内涝防治要求等综合分析后确定。

目前国外发达国家普遍制定了较为完善的内涝灾害风险管理策略，在编制内涝风险评估的基础上，确定内涝防治设施的布置和规模。内涝风险评估采用数学模型，根据地形特点、水文条件、水体状况、城镇雨水管渠系统等因素，评估不同降雨强度下，城镇地面产生积水灾害的情况。

为保障城市在内涝防治设计重现期标准下不受灾，应根据内涝风险评估结果，在排水能力较弱或径流量较大的地方设置内涝防治设施。

内涝防治设施应根据城镇自然蓄排水设施数量、规划蓝线保护和水面率的控制指标要求，并结合城镇竖向规划中的相关指标要求进行合理布置。

4.17.2 内涝防治设施应包括源头控制设施、雨水管渠设施和综合防治设施。

源头控制设施包括雨水渗透、雨水收集利用等，在设施类型上与城镇雨水利用一致，但当用于内涝防治时，其设施规模应根据内涝防治标准确定。

综合防治设施包括调蓄池、城市水体（包括河、沟渠、湿地等）、绿地、广场、道路和大型管渠等。当降雨超过雨水管渠设计能力时，城镇河湖、景观水体、下凹式绿地和城市广场等公共设施可作为临时雨水调蓄设施；内河、沟渠、经过设计预留的道路、道路两侧局部区域和其他排水通道可作为雨水行泄通道；在地表排水或调蓄无法实施的情况下，可采用设置于地下的大型管渠、调蓄池和调蓄隧道等设施。

4.17.3　采用绿地和广场等公共设施作为雨水调蓄设施时，应合理设计雨水的进出口，并应设置警示牌。

当采用绿地和广场等作为雨水调蓄设施时，不应对设施原有功能造成损害；应专门设计雨水的进出口，防止雨水对绿地和广场造成严重冲刷侵蚀或雨水长时间滞留。

当采用绿地和广场等作为雨水调蓄设施时，应设置指示牌，标明该设施成为雨水调蓄设施的启动条件、可能被淹没的区域和目前的功能状态等，以确保人员安全撤离。

5.1.13　雨污分流不彻底、短时间难以改建的地区，雨水泵站可设置混接污水截流设施，并应采取措施排入污水处理系统。

目前我国许多地区都采用合流制和分流制并存的排水制度，还有一些地区雨污分流不彻底，短期内又难以完成改建。市政排水管网雨污水管道混接一方面降低了现有污水系统设施的收集处理率，另一方面又造成了对周围水体环境的污染。雨污混接方式主要有建筑物内部洗涤水接入雨水管、建筑物污废水出户管接入雨水管、化粪池出水管接入雨水管、市政污水管接入雨水管等。

以上海市为例，目前存在雨污混接的多个分流制排水系统中，旱流污水往往通过分流制排水系统的雨水泵站排入河道。为减少雨污混接对河道的污染，《上海市城镇雨水系统专业规划》提出在分流制排水系统的雨水泵站内增设截流设施，旱季将混接的旱流污水全部截流，纳入污水系统处理后排放，远期这些设施可用于截流分流制排水系统降雨初期的雨水。目前上海市中心城区已有多座设有旱流污水截流设施的雨水泵站投入使用。

8.2.5　排水管网关键节点应设置流量监测装置。

排水管网关键节点指排水泵站、主要污水和雨水排放口、管网中流量可能发生剧烈变化的位置等。

8.3.1　排水泵站宜按集水池的液位变化自动控制运行，宜建立遥测、遥讯和遥控系统。排水管网关键节点流量的监控宜采用自动控制系统。

排水泵站的运行管理应在保证运行安全的条件下实现自动控制。为便于生产调度管理，宜建立遥测、遥讯和遥控系统。

3.3.3　《室外排水设计规范》GB 50014—2006（2016 年版）

《室外排水设计规范》GB 50014—2006（2016 年版）局部修订的主要技术内容是：补充规定推进海绵城市建设；补充了超大城市的雨水管渠设计重现期和内涝防治设计重现期的标准等。

本次局部修订首次增加了海绵城市建设的内容。

1.0.1　为使我国的排水工程设计贯彻科学发展观，符合国家的法律法规，推进海绵

城市建设，达到防治水污染，改善和保护环境，提高人民健康水平和保障安全的要求，制定本规范。

说明制定本规范的宗旨目的。

3.2.4 雨水管渠设计重现期，应根据汇水地区性质、城镇类型、地形特点和气候特征等因素，经技术经济比较后按表 3.2.4 的规定取值，并应符合下列规定：

1 人口密集、内涝易发且经济条件较好的城镇，宜采用规定的上限；

2 新建地区应按本规定执行，原有地区应结合地区改建、道路建设等更新排水系统，并按本规定执行；

3 同一排水系统可采用不同的设计重现期。

雨水管渠设计重现期（年） 表 3.2.4

城区类型 城镇类型	中心城区	非中心城区	中心城区的 重要地区	中心城区地下通道 和下沉式广场等
超大城市和特大城市	3～5	2～3	5～10	30～50
大城市	2～5	2～3	5～10	20～30
中等城市和小城市	2～3	2～3	3～5	10～20

注：1. 按表中所列重现期设计暴雨强度公式时，均采用年最大值法；
　　2. 雨水管渠应按重力流、满管流计算；
　　3. 超大城市指城区常住人口在 1000 万以上的城市；特大城市指城区常住人口在 500 万以上 1000 万以下的城市；大城市指城区常住人口在 100 万以上 500 万以下的城市；中等城市指城区常住人口在 50 万以上 100 万以下的城市；小城市指城区常住人口在 50 万以下的城市（以上包括本数，以下不包括本数）。

本次修订中表 3.2.4 的城镇类型根据 2014 年 11 月 20 日国务院下发的《国务院关于调整城市规模划分标准的通知》（国发〔2014〕51 号）进行调整，增加超大城市。

3.2.4B 内涝防治设计重现期，应根据城镇类型、积水影响程度和内河水位变化等因素，经技术经济比较后按表 3.2.4B 的规定取值，并应符合下列规定：

1 人口密集、内涝易发且经济条件较好的城镇，宜采用规定的上限；

2 目前不具备条件的地区可分期达到标准；

3 当地面积水不满足表 3.2.4B 的要求时，应采取渗透、调蓄、设置雨洪行泄通道和内河整治等措施；

4 超过内涝设计重现期的暴雨，应采取应急措施。

内涝防治设计重现期 表 3.2.4B

城镇类型	重现期（年）	地面积水设计标准
超大城市	100	
特大城市	50～100	1. 居民住宅和工商业建筑物的底层不进水；
大城市	30～50	2. 道路中一条车道的积水深度不超过 15cm
中等城市和小城市	20～30	

注：1. 表中所列设计重现期适用于采用年最大值法确定的暴雨强度公式；
　　2. 超大城市指城区常住人口在 1000 万以上的城市；特大城市指城区常住人口在 500 万以上 1000 万以下的城市；大城市指城区常住人口在 100 万以上 500 万以下的城市；中等城市指城区常住人口在 50 万以上 100 万以下的城市；小城市指城区常住人口在 50 万以下的城市（以上包括本数，以下不包括本数）；
　　3. 本规范规定的地面积水设计标准没有包括具体的积水时间，各城市应根据地区重要性等因素，因地制宜确定设计地面积水时间。

本次修订根据 2014 年 11 月 20 日国务院下发的《国务院关于调整城市规模划分标准

的通知》（国发〔2014〕51 号）调整了表 3.2.4B 的城镇类型划分，增加了超大城市。

3.4 编制意义

与《室外排水设计规范》GB 50014—2006 相比较，2011 年版、2014 年版、2016 年版规范重点对排水管渠的内容局部修订，通过对排水体制、低影响开发、排水管渠重现期标准、内涝防治设计重现期、雨水调蓄和渗透设施等一系列重要内容的补充和修订，解决了排水设计标准偏低、无防治城镇内涝灾害措施、无雨水综合利用措施等问题。

《室外排水设计规范》GB 50014—2006 的局部修订充分体现了我国城镇排水系统在提高污染治理效率、防治城镇内涝灾害、保障城镇排水安全等方面所承担的重要作用，对推动我国城镇排水事业的健康发展、早日实现我国水环境污染治理的基本目标、构建人与自然相和谐的社会具有重要意义。

第4章 《城镇内涝防治技术规范》GB 51222—2017 实施指南

4.1 编制背景

近年来，全国各地极端天气频发，很多城市出现特大暴雨。大规模城市建设中缺乏应对暴雨的设施和措施，导致城市内涝发生。2012年北京"7·21暴雨"，全市受灾面积约1.6万km²，受灾人口达到190万人，严重危及人民群众的生命财产安全和城市的正常运行。2013年9月13日，上海市最大小时雨量超过100mm的站点有10个，其中小时雨量最大的浦东新区南干线站点测得124mm，造成80多条（段）道路短时积水20cm～50cm，部分老小区内道路积水10cm～30cm，也影响多条地铁线路正常运营。武汉市2016年6月30日至7月6日的连续强降雨达到565.7mm～719.1mm，其中7月6日的强降雨导致中心城区162处道路严重积水，车辆无法通行，引发全国广泛关注。

2013年3月，国务院办公厅发布了《国务院办公厅关于做好城市排水防涝设施建设工作的通知》（国办发〔2013〕23号），要求"合理确定建设标准"。随后，《室外排水设计规范》GB 50014—2006进行了局部修订，提高了雨水管渠设计重现期标准，并增加了内涝防治相关规定，但受规范定位和篇幅的限制，仍以雨水管渠设计的规定为主，因此有必要制定一部专门针对城镇内涝防治的系统性技术规范。2013年4月，住房和城乡建设部下达了国家标准《城镇内涝防治技术规范》的编制任务。编制组经过数十次修改完善，完成《城镇内涝防治技术规范》的制定工作。住房和城乡建设部2017年1月21日正式发布公告第1444号，《城镇内涝防治技术规范》于2017年7月1日起实施，编号为GB 51222—2017。

4.2 编制思路

1. 定位

《城镇内涝防治技术规范》GB 51222—2017适用于新建、改建和扩建的城镇内涝防治设施的建设和运行维护，规定了源头减排、排水管渠和排涝除险的三段式内涝防治体系，和现行国家标准《室外排水设计规范》GB 50014—2006（2016年版）均包含雨水管渠设计相关的内容，但侧重点有所不同，因此在设计时应按照两部规范执行。雨水调蓄是城镇内涝防治的一项重要手段，《城镇内涝防治技术规范》GB 51222—2017还应与《城镇雨水调蓄工程技术规范》GB 51174—2017等其他相关规范配合使用。

2. 城镇内涝防治系统的定义

《城镇内涝防治技术规范》GB 51222—2017规定的城镇内涝（urban flooding）是指城镇范围内的强降雨或连续性降雨（不包括进入城镇范围内的客水、因给水排水等管道爆管而产生的径流等）超过城镇雨水设施消纳能力，导致城镇地面产生积水的现象。城镇内涝防治是一项系统工程，涵盖从雨水径流的产生到末端排放的全过程控制，包括产流、汇流、调蓄、利用、排放、预警和应急措施等，而不仅仅包括传统的雨水管渠设施。城镇内涝防治系统应包括源头减排、排水管渠和排涝除险等工程性设施，以及应急管理等非工程性措施，并与防洪设施相衔接。应急管理是以保障人身和财产安全为目标的管理性措施，既可针对设计重现期之内的暴雨，也可针对设计重现期之外的暴雨。应急管理还需重点保护既有的河道和明渠等敞开式的雨水调蓄、行泄通道，以及保持雨水调蓄、行泄通道和河道漫滩的畅通，不得非法占用。

4.3 主要内容

4.3.1 主要技术要求

1.0.3 城镇总体规划应包含城镇内涝防治专项规划的内容，并应在城镇总体规划编制阶段为内涝防治设施预留地上、地下空间和通道。

雨水是不可压缩的，雨水径流的存储排放的实质是雨水径流的空间分配问题。内涝防治设施如源头渗透、调节贮存、管渠和排涝除险设施等需要占用地上、地下空间和通道，因此，需要在城镇总体规划阶段确定内涝防治规划方案。通过内涝风险分析，综合考虑城镇发展与内涝防治，保护河湖、水系、洼地和湿地等自然蓄排空间，保证一定的水面率，并通过调整绿地系统布局，保证一定的绿地率，为内涝防治设施预留足够的地上、地下空间和通道。

1.0.5 应按城镇内涝防治专项规划的相关要求，确定内涝防治设施的设计标准、雨水的排水分区和排水出路，因地制宜进行内涝防治设施的建设。对近期难以达到内涝防治设计重现期的地区，可结合地区的整体改造和城镇易涝点治理，分阶段达到该标准，并应考虑应急措施。

城镇内涝防治设施应依据城镇内涝防治有关专项规划进行建设。内涝防治设施不仅包括现有城镇排水设施，还包括雨水渗透、转输等源头减排设施和城镇水体、调蓄隧道、雨水行泄通道等排涝除险设施。各项内涝防治设施的建设应充分考虑当地的气候特征、水文条件、地形特点等，结合现有排水设施的运行状况，统筹规划，合理确定内涝防治系统的设计标准。

已建成区内涝防治系统建设是一项庞大的工程，面临地上建筑林立、地下管线错综复杂、基础设施用地紧缺等问题。有些地区排水管渠设施已基本建成，短期内不可能进行大规模的排水管渠翻建，对于不满足内涝防治设计重现期标准的地区，可结合地区的整体改造和城镇易涝点的治理，一次规划，分期达到标准；对于城市低洼地段、人口密集区域、立交桥等道路集中汇水区域、地铁和重要市政基础设施等易涝点和易涝区，应率先达到标准。

3.1.1 城镇内涝防治系统应包括源头减排、排水管渠和排涝除险等工程性设施，以及应急管理等非工程性措施，并与防洪设施相衔接。

城镇内涝防治是一项系统工程，涵盖从雨水径流的产生到末端排放的全过程控制，其中包括产流、汇流、调蓄、利用、排放、预警和应急措施等，而不仅仅包括传统的排水管渠设施。本规范规定的城镇内涝防治系统包括源头减排、排水管渠和排涝除险设施，分别与国际上常用的低影响开发、小排水系统（minor drainage system）和大排水系统（major drainage system）基本对应。

源头减排在有些国家也称为低影响开发或分散式雨水管理，主要通过生物滞留设施、植草沟、绿色屋顶、调蓄设施和透水路面等措施控制降雨期间的水量和水质，减轻排水管渠设施的压力。住房和城乡建设部颁布了《海绵城市建设技术指南——低影响开发雨水系统构建（试行）》，对径流控制提出了标准和方法。

排水管渠主要由排水管道和沟渠等组成，其设计应考虑公众日常生活的便利，并满足较为频繁的降雨事件的排水安全要求。

排涝除险，在《室外排水设计规范》GB 50014—2006 中称为"内涝综合防治设施"，主要用来排除内涝防治设计重现期下超出源头减排设施和排水管渠承载能力的雨水径流，这一系统包括：

（1）天然或者人工构筑的水体，包括河流、湖泊和池塘等。

（2）一些浅层排水管渠设施不能完全排除雨水的地区所设置的地下大型排水管渠。

（3）雨水通道，包括开敞的洪水通道、规划预留的雨水行泄通道，道路两侧区域和其他排水通道。

应急管理指管理性措施，以保障人身和财产安全为目标，既可针对设计重现期之内的暴雨，也可针对设计重现期之外的暴雨。

3.1.5　新建、改建和扩建工程的内涝防治设计文件，应符合下列规定：

1　应在项目可行性研究报告中编制内涝防治设计篇（章）；

2　项目可行性研究报告论证结论中，应提出初步设计阶段编制内涝防治设计报告的要求，对城镇内涝防治系统影响较大的工程应编制内涝防治设计报告，其他工程可编制内涝防治设计报告，并应符合本规范附录 A 的有关规定。

内涝防治设计文件是有关部门对建设项目进行评估和审批的重要技术依据。内涝防治设计篇（章）的内容应至少包括：分析项目所在地在典型降雨情况下建设前后的雨水径流出流过程，比较两者的差异（峰值和总量），论证项目对现状城镇内涝防治系统的影响，并据此提出具体内涝防治工程措施，预测措施实施后的内涝防治系统状况，提出内涝防治设施规模和用地需求，估算内涝防治设施投资。应将项目对内涝防治系统的影响论证结论纳入项目可行性研究报告的结论，并明确是否需要在项目初步设计阶段编制内涝防治设计报告。

内涝防治设计报告应为独立文件，应委托有资质的单位编写，可采纳和吸收项目可行性研究、设计等阶段产生的成果，但不应由工程设计各阶段的报告、图纸和计算书代替。建设项目的施工图等文件应按内涝防治设计报告中提出的措施和设计执行。

内涝防治设计报告应包括文本和图纸两部分。

文本应包括下列内容：

（1）项目背景：包括项目所在地地理位置、区域边界、地形地貌和地质水文特征等；

（2）流域情况：包括流域的主要情况、河流湖泊、雨水行泄通道和历史受淹情况等；

（3）设计标准：包括适用的国家设计标准、地方标准、主要基础数据和参数、计算方法、工具等；

（4）内涝防治现状：现状雨水排放格局和设计标准、现状雨水排放口位置，地表渗透系数、综合径流系数、不透水面积比例等现状下垫面条件，地面集水时间、不同设计重现期下的径流量计算等；

（5）内涝防治设施设计：项目建成后，内涝防治设施的建设对区域下垫面条件、集水时间、径流量的影响，内涝防治设施位置、类型、规模、设备、与上下游的衔接设计等；

（6）结论：《城镇内涝防治技术规范》GB 51222 的执行情况、其他适用的国家标准的执行情况、当地设计标准的执行情况、内涝防治设施的有效性、项目全部建成后的雨水排放格局等；

（7）参考资料：降雨资料、下垫面条件资料、地形地貌资料、规划资料、现场勘察资料、其他参考资料等；

（8）附录：设计雨量计算书、排水管渠水力计算书、内涝防治设施计算书、内涝防治设计重现期校核计算书、水污染控制计算书等。当计算书使用数学模型时，附录中应包含模型输入输出数据并说明模型主要参数的选择依据和确定方法。

现状总体排水系统平面图应包括下列内容：

（1）项目区域边界；

（2）主要河流、雨水行泄通道和汇水分区划分；

（3）现状与内涝防治有关的主要设施。

内涝防治设施图纸应包括下列内容：

（1）排水系统总平面图；

（2）雨水管道布置图，包括雨水口、检查井等附属设施；

（3）街道平面布置、横向剖面图、纵向坡度、雨水流动方向；

（4）雨水排放口设计图；

（5）建筑物平面位置、底层地面标高；

（6）内涝防治设施设计图，包括源头减排设施、排水管渠设施和排涝除险设施；

（7）当计算书使用数学模型时，还应提供以下图纸：内涝防治设计重现期条件下的现状内涝风险图和设施建设后的内涝风险图，超出内涝防治设计重现期的历史降雨事件的现状内涝风险图和设施建设后的内涝风险图。

3.2.2 当地区整体改建时，对于相同的设计重现期，改建后的径流量不得超过原有径流量。

本条为强制性条文。规定以径流量作为地区整体改建控制指标。地区整体改建应充分体现海绵城市建设理念，除应执行规划控制的综合径流系数指标外，还应执行径流量控制指标。与《室外排水设计规范》GB 50014 相应条款一致，并在条文说明中增加"本条所指的径流量为设计雨水径流量峰值，设计重现期包括雨水管渠设计重现期和内涝防治设计重现期"。

3.2.3 内涝防治设计重现期，应根据城镇类型、积水影响程度和内河水位变化等因素，经技术经济比较后按表 3.2.3 的规定取值，并应符合下列规定：

1 人口密集、内涝易发且经济条件较好的城镇，宜采用规定的上限；

2 目前不具备条件的地区可分期达到标准；

3 当地面积水不满足表 3.2.3 的要求时，应采取渗透、调蓄、设置行泄通道和内河整治等措施；

4 对超过内涝防治设计重现期的降雨，应采取应急措施。

内涝防治设计重现期 表 3.2.3

城镇类型	重现期（年）	地面积水设计标准
超大城市	100	1 居民住宅和工商业建筑物的底层不进水； 2 道路中一条车道的积水深度不超过 15cm
特大城市	50~100	
大城市	30~50	
中等城市和小城市	20~30	

注：1. 表中所列设计重现期适用于采用年最大值法确定的暴雨强度公式；
　　2. 超大城市指城区常住人口在 1000 万以上的城市；特大城市指城区常住人口在 500 万以上 1000 万以下的城市；大城市指城区常住人口在 100 万以上 500 万以下的城市；中等城市指城区常住人口在 50 万以上 100 万以下的城市；小城市指城区常住人口在 50 万以下的城市（以上包括本数，以下不包括本数）；
　　3. 本规范规定的地面积水设计标准没有包括具体的积水时间，各城市应根据地区重要性等因素，因地制宜确定设计地面积水时间。

　　根据城镇类型确定不同的内涝防治设计重现期和相应的积水深度标准，用以规范和指导内涝防治设施的设计。各地应根据当地的自然地理条件、经济基础和灾害承受能力等因素，经综合分析比较后确定合适的标准。

　　根据内涝防治设计重现期校核地面积水排除能力时，应根据当地历史数据合理确定用于校核的降雨历时及该时段内的降雨量分布情况，有条件的地区宜采用数学模型计算。如校核结果不符合要求，应调整设计，包括放大管径、增设渗透设施、建设调蓄段或调蓄池等。执行表 3.2.3 时，雨水管渠按压力流计算，即雨水管渠应处于超载状态。

　　表 3.2.3 "地面积水设计标准"中的道路积水深度是指靠近路拱处的车道上最深积水深度，如图 4-1 所示。当路面积水深度不超过 15cm 时，不会造成机动车熄火。本规定能保证城镇道路不论宽窄，在内涝防治设计重现期下都保证道路至少一车道的通行能力。发达国家和我国部分城

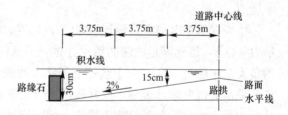

图 4-1　地面积水设计标准示意图

市已有类似的规定，如美国丹佛市规定：当降雨强度不超过 10 年一遇时，非主干道路（collector）中央的积水深度不应超过 15cm，主干道路和高速公路的中央不应有积水；当降雨强度为 100 年一遇时，非主干道路中央的积水深度不应超过 30cm，主干道路和高速公路中央不应有积水。上海市关于判定市政道路积水的标准有两个：一是积水深度超过道路立缘石（侧石），上海市规定立缘石高出路面边缘一般为 10cm~20cm；二是道路中心雨停后积水时间大于 1h。此外，上海市规定下穿式立体交叉道路在积水 20cm 时限行，在积水 25cm 时封闭；公共汽车超过规定的涉水深度（一般电车 23cm、超级电容车 18cm、并联式车辆 30cm、汽车 35cm）且积水区域长达 100m 以上时，车辆暂停行驶。本规范规定的地面积水设计标准没有包括具体的积水时间，各城市应根据地区重要性等因素，因地制宜确定设计地面积水时间。在规定的积水深度和积水时间内，不应视作内涝。

　　本规范附录规定了内涝防治设计校核的方法和步骤。本规范推荐采用数学模型法模拟内涝防治设计重现期条件下，设计范围内的产汇流情况，如果有条件建立二维模型，可以比较清晰地得到最不利情况下，不同下垫面的积水情况，包括积水深度和积水时间；如果

只有一维模型，可以根据最大溢流点的溢流量及其周边下垫面的标高，推算溢流点周边最不利情况下的积水深度，并得到积水时间。当只能采用手工计算时，本规范也规定了具体的步骤，可以较好地帮助规划设计人员掌握内涝防治设计的校核方法，具体如下：

采用推理公式法进行内涝防治设计校核时，宜提高现行国家标准《室外排水设计规范》GB 50014 中规定的径流系数。当设计重现期为 20 年～30 年时，宜将径流系数提高10%～15%；当设计重现期为 30 年～50 年时，宜将径流系数提高 20%～25%；当设计重现期为 50 年～100 年时，宜将径流系数提高 30%～50%；当计算出的径流系数大于 1 时，按 1 取值。

用手工计算方法校核内涝防治设计，应按下列步骤执行：

(1) 按本规范的规定选取内涝防治设计重现期，确定允许的道路积水深度和水面高程。

(2) 根据道路积水深度和水面高程，确定地面泄水通道过水断面的形状和参数，从上游至下游逐段计算道路表面的最大过水能力（Q_1）。

(3) 按推理公式法，从上游至下游逐段计算每个汇水区的地面集水时间、暴雨强度和设计流量（Q_T），并计算内涝防治设计标准下雨水管渠的过水能力（Q_0）。计算暴雨强度和设计流量时，降雨历时的选择应与雨水管渠设计时采用的降雨历时保持一致。

(4) 计算每个区段内雨水口的泄水能力之和（Q_2），并与内涝防治设计重现期条件下雨水管渠的过水能力（Q_0）比较，若前者大于或等于后者，则雨水口的设计符合内涝防治设计重现期要求，否则，应采取增加雨水口数量和调整雨水口形式等措施提高雨水口的泄水能力。

(5) 在每个区段，将设计流量（Q_T）减去内涝防治设计重现期条件下雨水管渠的过水能力（Q_0），得到满足内涝防治设计重现期条件下道路表面的设计流量（Q_3）。若道路表面的最大过水能力（Q_1）大于或等于道路表面的设计流量（Q_3），则该区段内涝防治系统的设计满足规范要求，否则，应修改雨水管渠的设计提高雨水管渠的过水能力（Q_0），或通过增加源头减排或调蓄设施等措施，削减设计流量（Q_T）。

3.3.2 地面集水时间应根据汇水距离、地形坡度、地面种类和暴雨强度等因素通过计算确定，并应符合下列规定：

1 当地面汇水距离不大于 90m 时，可按下式计算：

$$t_a = \frac{10.41(n_0 \cdot L)^{0.6}}{q^{0.4}S^{0.3}} \tag{3.3.2-1}$$

式中：t_a——地面集水时间（min）；

$\quad n_0$——粗糙系数；

$\quad L$——地面集水距离（m）；

$\quad q$——设计暴雨强度 [L/(s·hm²)]；

$\quad S$——地形坡度。

2 当地面汇水距离大于 90m 时，可按下式计算：

$$t_a = \frac{L}{60kS^{0.5}} \tag{3.3.2-2}$$

式中：k——地面截流系数，用混凝土、沥青或砖石铺装的地面取 6.19，未铺装地面取 4.91。

对于地面集水时间，我国目前大多不经过计算，凭经验取值。城镇中已开发地区的排水管渠较为密集，雨水在地表流动时间相对较短（大多短于 5min），因此地面集水时间是否经过计算对最终计算结果影响不大；而在未开发地区，雨水往往需要在地表流动较长时间才能形成明渠流或进入管道，因此有必要准确计算地面集水时间。美国自然资源保护服务局（Natural Resources Conservation Service，NRCS，即原来的土壤保持服务局 SCS）编写的 TR-55 手册根据地面漫流的特征，将其分为坡面层流（sheet flow）和浅层细沟流（shallow concentrated flow），分别进行计算。超过一定距离时，坡面层流转变为浅层细沟流，流速与暴雨强度无关，只与地面的粗糙程度和坡面状况有关。本规范在地面集水时间的计算中采用了美国 NRCS 和美国交通部的相关研究成果。

3.3.3　进行城镇内涝防治设施设计时，降雨历时应根据设施的服务面积确定，可采用 3h～24h。

进行内涝防治设计重现期校核时，由于需要计算渗透、调蓄等设施对雨水的滞蓄作用，因此宜采用较长历时降雨，且应考虑降雨历程，即雨型的影响。发达国家采用的降雨历时一般为 3h～24h，如美国德克萨斯州交通部颁布的水力设计手册（2011 年版）规定一般采用 24h。美国丹佛市的城市暴雨排水标准（2011 年版，第一卷）规定：服务面积小于 10 平方英里（约 25.9km²），最小降雨历时为 2h；服务面积 10 平方英里～20 平方英里（约 25.9km² ～ 51.8km²），最小降雨历时为 3h；服务面积大于 20 平方英里（约 51.8km²），最小降雨历时为 6h。美国休斯敦市雨水设计手册第九章雨水设计要求（2005 年版）规定：小于 200 英亩（约 0.8km²）时，最小降雨历时为 3h；大于或等于 200 英亩时，最小降雨历时为 6h。

我国大部分地区的暴雨强度公式是根据 2h 以内的降雨资料确定的，只有少数城市编制了较长历时的暴雨强度公式。国家标准《室外排水设计规范》GB 50014 规定应统计 3h 以内的降雨，但相应的暴雨强度公式制定工作还没有普及。此外，各地关于雨型的统计资料也比较匮乏，排水系统的设计一般假定在一定降雨历时范围内暴雨强度保持恒定，不考虑雨型。为了满足内涝防治设计的要求，并考虑到我国目前的实际情况，本规范规定降雨历时可选用 3h～24h。

3.3.4　进行城镇内涝防治系统设计时，应采用符合当地气候特点的设计雨型。当缺乏设计雨型资料时，可采用附近地区的资料，也可选取当地具有代表性的一场暴雨的降雨历程，采用同倍比放大法或同频率放大法确定设计雨型。当设计降雨历时小于 3h 时，可根据暴雨强度公式人工合成雨型。

目前我国大多数城市和地区尚未建立设计雨型，特别是缺乏对长历时降雨资料的总结。同倍比放大法和同频率放大法在我国的水利领域应用较广。我国大部分地区的暴雨强度公式是根据 2h 以内的降雨资料确定的，近几年，有不少城市根据《室外排水设计规范》GB 50014 的规定编制了 180min 芝加哥模式雨型作为城市雨水管渠的设计雨型，但采用同频率分析法编制 1440min 雨型的城市则较少，大多仍采用各城市水利系统规定的雨型。目前仅北京、江苏、厦门等地区据此建立并发布了 1440min 的暴雨强度公式或对应的设计雨型。

此外，当设计降雨历时较短（小于 3h）时，可参考当地的暴雨强度公式，通过下列方法之一人工合成雨型：

（1）芝加哥模式雨型计算方法为：

雨峰发生前（上升段）：

$$q_a = \frac{A_1\left[(1-n)t_b/r + b\right]}{(t_b/r + b)^{n+1}} \tag{4-1}$$

雨峰发生后（下降段）：

$$q_b = \frac{A_1\left[(1-n)t_a/(1-r) + b\right]}{\left[t_a/(1-r) + b\right]^{n+1}} \tag{4-2}$$

式中：q_a——某时刻上升段暴雨强度（mm/h）；

A_1、n、b——均为暴雨强度公式中的参数；

r——雨峰位置参数，可取 $0.3 \sim 0.4$；

t_a、t_b——分别为雨峰下降段和上升段的时间（min）；

q_b——某时刻下降段暴雨强度（mm/h）。

（2）三角形雨型计算方法为：

雨峰发生前（上升段）：

$$q_a = \frac{2q}{rt}t_a \tag{4-3}$$

雨峰发生后（下降段）：

$$q_b = 2q\left[1 - \frac{t_b - rt}{(1-r)t}\right] \tag{4-4}$$

式中：q——设计降雨历时 t 内的平均设计暴雨强度（mm/h）。

（3）交替区块法生成雨型计算方法为：将降雨历时 t 平均分为 n 个区段，每个区段长度为 T，根据暴雨强度公式分别计算 T，$2T$，$3T$，……，nT 时的暴雨强度 q_1，q_2，q_3，……，q_n 和累积降雨量 P_1，P_2，P_3，……，P_n，然后计算相邻时间区段累积降雨量之差。将获得的累积降雨量之差从大到小排序，最大值为整个降雨历时中心区段的降雨量，其余各值则依次交替列于最大值右侧和左侧的区段，从而形成一次完整的降雨历程。

芝加哥模式雨型和交替区块法生成雨型均根据暴雨强度公式建立，因此其应用受暴雨强度公式适用范围的影响。三角形雨型在 1980 年提出，计算方法简单，主要适用于小于 50km² 的区域。

4.3.2　主要技术措施

1. 源头减排设施

4.1.2　城镇内涝防治应按低影响开发理念，在雨水进入城镇排水管渠设施前，采取渗透和滞蓄等措施。

源头减排设施是城镇内涝防治系统的重要组成部分，可以控制雨水径流的总量和削减峰值流量，延缓其进入排水管渠的时间，起到缓解城镇内涝压力的作用。部分源头减排设施对控制径流污染或雨水资源利用也具有重要的作用。

按照其主要功能，本规范将源头减排设施划分为渗透、转输和调蓄三大类。以渗透功能为主的设施包括绿色屋顶、下凹式绿地、透水路面和生物滞留设施等。本规范确定的转输仅指在低影响开发理念指导下的转输，以转输功能为主的设施仅包括植草沟和渗透管渠等。以调蓄功能为主的设施包括雨水塘、雨水罐和调蓄池等。除主要功能外，每项源头减排设施也兼具其他功能，如下凹式绿地和生物滞留设施也具有调蓄和削减径流污染的功能，植草沟和渗透管渠也具有渗透功能等。

4.1.7　源头减排设施可用于径流总量控制、降雨初期的污染防治、雨水利用和雨水径流峰值削减，设计时应符合下列规定：

1　当源头减排设施用于径流总量控制时，应按当地相关规划确定的年径流总量控制率等目标计算设施规模，并宜采用数学模型进行连续模拟校核；当降雨小于规划确定的年径流总量控制要求时，源头减排设施的设置应能保证不直接向市政雨水管渠排放未经控制的雨水；

2　降雨初期的污染物削减要求，应根据汇水面积、降雨特征、地表状况和受纳水体环境容量等因素，经技术经济比较后确定；

3　雨水利用量应根据降雨特征、用水需求和经济效益等确定；

4　雨水径流峰值流量削减应满足本规范第 **3.2.2** 条的要求。

用于径流总量控制时，宜采用数学模型法对汇水区范围进行建模，并利用实际工程中典型设施或区域实际降雨下的监测数据对数学模型进行率定和验证后，再利用多年（宜为近 30 年，应至少近 10 年）连续降雨数据（时间步长宜小于 10min，不应大于 1h，）进行模拟，评估总量控制目标的可达性、优化设施布局等。

年径流总量控制率的"控制"，指的是"总量控制"，即包括径流污染物总量和径流体积。对于具有底部出流的生物滞留设施、延时调节塘等，雨水主要通过渗滤、排空时间控制（延时排放以增加污染物停留时间）实现污染物总量控制，雨水并未直接外排，而是经过控制（即污染物经过处理）并达到相关规定的效果后外排，由于径流污染是总量控制的重要内容，故而该情形也属于总量控制的范畴。

降雨初期的雨水水质和污染防治要求与当地的水文气象条件、地表受污染状况和受纳水体环境容量等密切相关，因此应综合考虑多种因素，经技术经济比较后确定。国家标准《室外排水设计规范》GB 50014 规定，用于分流制排水系统径流污染控制时，调蓄量可取 4mm~8mm。当缺乏数据时，应满足国家现行标准的相关规定。

雨水径流峰值流量削减应满足本规范第 3.2.2 条规定，即"当地区整体改建时，对于相同的设计重现期，改建后的径流量不得超过原有径流量"。

4.1.9　严禁在地表污染严重的地区设置具有渗透功能的源头减排设施。

本条为强制性条文。加油站、修车厂、危险废物和化学品的贮存和处置地点、污染严重的重工业场地等，严禁采用渗透设施，以免污染物质渗入地下，造成土壤和地下水污染。

4.1.10　具有渗透功能的源头减排设施，设施边界距离建筑物基础不应小于 **3m**，设施底部渗透面距离季节性最高地下水位或岩石层不应小于 **1m**；当不能满足要求时，应采取措施防止次生灾害的发生。

源头调蓄设施可设置开放式底部，有利于雨水渗入地下，减少调蓄设施的投资。当地下水位高于调蓄设施底部时，可能在调蓄设施底部形成积水，不仅减小调蓄池的有效容积，还可能导致地下水污染。因此，在设计前应对该地区的地下水位进行详细调查，特别是对于地下水埋藏较浅的地区以及当雨季高水位情况发生时，应采取措施防止地下水进入调蓄设施。

对于设施底部渗透面距离季节性最高地下水位或岩石层小于 1m 及设施边界距离建筑物基础小于 3m（水平距离）的区域，应采取必要的措施防止次生灾害的发生。

4.1.11　渗透设施的有效贮存容积，应按下列公式计算：

$$V_s = V_i - W_p \qquad (4.1.11\text{-}1)$$

$$W_p = KJA_s t_s \qquad (4.1.11\text{-}2)$$

式中：V_s——渗透设施的有效贮存容积（m^3）；

$\quad\quad V_i$——渗透设施进水量（m^3）；

$\quad\quad W_p$——渗透量（m^3）；

$\quad\quad K$——土壤渗透系数（m/s）；

$\quad\quad J$——水力坡降；

$\quad\quad A_s$——有效渗透面积（m^2）；

$\quad\quad t_s$——渗透时间（s）。

公式(4.1.11-1)和公式(4.1.11-2)适用于下凹式绿地和生物滞留设施等有一定滞蓄空间的渗透设施规模计算。公式(4.1.11-2)中有效渗透面积 A_s 计算时，水平渗透面按投影面积计算；竖直渗透面按有效水位高度的1/2计算；斜渗透面按有效水位高度的1/2所对应的斜面实际面积计算；地下渗透设施的顶面积不计。

滞蓄空间很小的渗透设施，一般不考虑其贮存容积，而重点关注其渗透性能。土壤渗透系数一般以实测资料为准，当缺乏实测资料时，可按表4-1取值。

典型土壤渗透系数 表4-1

地层	地层粒径		渗透系数 K(m/s)
	粒径（mm）	所占重量（%）	
黏土	—	—	近于0
粉质黏土	—	—	$1.16\times10^{-6}\sim2.89\times10^{-6}$
黄土	—	—	$2.89\times10^{-6}\sim5.79\times10^{-6}$
粉土质砂	—	—	$5.79\times10^{-6}\sim1.16\times10^{-5}$
粉砂	0.10～0.25	<75	$1.16\times10^{-5}\sim5.79\times10^{-5}$
细砂	0.10～0.25	>75	$5.79\times10^{-5}\sim1.16\times10^{-4}$
中砂	0.25～0.50	>50	$1.16\times10^{-4}\sim2.89\times10^{-4}$
粗砂	0.50～1.00	>50	$2.89\times10^{-4}\sim5.79\times10^{-4}$
极粗的砂	1.00～2.00	>50	$5.79\times10^{-4}\sim1.16\times10^{-3}$
砾石夹砂	—	—	$8.68\times10^{-4}\sim1.74\times10^{-3}$
带粗砂的砾石	—	—	$1.16\times10^{-3}\sim2.31\times10^{-3}$
漂砾石	—	—	$2.31\times10^{-3}\sim5.79\times10^{-3}$
圆砾大漂石	—	—	$5.79\times10^{-3}\sim1.16\times10^{-2}$

4.2.1 透水路面宜采用透水水泥混凝土路面、透水沥青路面或透水砖路面。透水水泥混凝土路面可用于新建城镇轻荷载道路、园林绿地中的轻荷载道路、广场和停车场等；透水沥青路面可用于各等级道路；透水砖路面可用于人行道、广场、停车场和步行街等。

透水路面可以用来替代传统的硬化路面，具有降低地面径流系数、贮存雨水、渗透回补地下水等功能，还具有改善路面抗滑性能、降低噪声的功能，可提高道路的安全性和驾乘舒适性。

4.2.5 透水路面的设计，应符合下列规定：

1 透水路面结构层应由透水面层、基层、垫层组成，功能层包括封层、找平层和反滤隔离层等；

2 寒冷与严寒地区透水路面应满足防冻厚度和材料抗冻性要求;

3 严寒地区、湿陷性黄土地区、盐渍土地区、膨胀土地区、滑坡灾害等地区的道路不得采用全透式路面;

4 表层排水式和半透式路面应设置边缘排水系统,透水结构层下部应设置封层。

4.2.16 不具备设置绿色屋顶条件的建筑,可采取延缓和减少雨水进入雨水斗、落雨管和地下排水管渠的措施。雨水斗的数量和布置,应根据单个雨水斗的过水能力和设计屋顶积水深度确定。

不具备设置绿色屋顶条件的建筑,可不设土壤和植被层,仅在屋顶安装一个或多个带有溢流堰(孔)的雨水斗,下部和落雨管连接。降雨时,屋面雨水经过带溢流堰(孔)的雨水斗,进入落雨管和地下排水管渠。通过溢流堰(孔)控制水流速度,可以延缓屋面雨水进入排水管渠的时间,也可起到削减流量峰值的作用。延缓和减少市政雨水管渠的措施还包括采取雨落管断接等方式,将屋面雨水断接并引入周边绿地内小型、分散的低影响开发设施,或通过植草沟、雨水管渠将雨水引入场地内的集中调蓄设施,这在国内外尤其是第一、二批海绵城市建设试点城市的建筑与小区中广泛使用。

4.2.17 绿色屋顶自上而下宜设置土壤层、过滤层、排水层、保护层、防水层和找平层,并应符合下列规定:

1 土壤层宜选择轻质、适宜植物生长的材料,其铺设厚度应根据种植植物的类型确定,当种植乔木时,其厚度应大于 600mm;当种植其他植物时,其厚度不宜大于 150mm;

2 过滤层应采用透水且能防止泥土流失的材料;

3 排水层宜采用卵石、碎石或具有贮水能力的合成材料,孔隙率宜大于 25%,厚度宜为 100mm~150mm;

4 保护层厚度应能防止被植物根系穿透;

5 防水层宜选择对屋顶变形或开裂适应性强的柔性材料;

6 找平层宜由水泥砂浆铺成,厚度宜为 20mm~30mm。

土壤层常用材料有种植土、泥炭等,土壤层的厚度和土壤特性对绿色屋顶的设计有重要影响。当土壤层孔隙率较大、渗透性能较好时,可不设专门的排水层。过滤层常用材料有长丝土工布和玻璃纤维毡等,长丝土工布的单位质量不应小于 $300g/m^2$。保护层宜选择铝合金、高密度或低密度聚乙烯土工膜、聚氯乙烯,也可选择水泥砂浆等材料,其厚度应能防止被植物根系穿透。防水层常用材料有合成橡胶、复合防水涂料、改性沥青或高分子卷材等。

4.2.19 用于源头减排的下凹式绿地设计,应符合下列规定:

1 应选用适合下凹式绿地运行条件,并满足景观设计要求的耐淹植物;

2 绿地土壤的入渗率应满足现行行业标准《绿化种植土壤》CJ/T 340 的相关规定;

3 绿地应低于周边地面和道路,其下凹深度应根据设计调蓄容量、绿地面积、植物耐淹性能和土壤渗透性能等因素确定,下凹深度宜为 50mm~250mm;

4 宜采用分散进水的方式,进水集中的位置应采取消能缓冲措施;

5 应设置具有沉泥功能的溢流设施;

6 在地下水位较高的地区,应在绿地低洼处设置出流口,通过出流管将雨水缓慢排放至下游排水管渠或其他受纳体。应根据快进缓出的原则确定出流管管径,绿地排空时间

宜为 **24h～48h**。

用于源头减排的下凹式绿地，在城镇内涝防治系统中的主要功能是净化雨水径流，适当延缓地面径流进入市政排水管渠的时间，削减峰值流量，减轻下游内涝防治设施的负担。此类绿地通常规模较小，当遇到较强降雨时，其接纳的雨水经溢流后有组织地排入附近的市政排水管渠。此类绿地既有别于较大规模的雨水干塘和调蓄池等源头调蓄设施，也有别于设置用于排涝除险的下凹式绿地。后者的规模一般较大，其主要功能是用于接纳超出市政排水管渠接纳能力的雨水径流。排涝除险的下凹式绿地的设计参见现行国家标准《城镇雨水调蓄工程技术规范》GB 51174 的相关规定。

用于源头减排的下凹式绿地设计应控制好绿地和周边地面、道路、雨水管渠的高程关系。周边路面和地面的高程应高于绿地高程，便于地表径流进入绿地。此外，绿地土壤的入渗率应满足现行行业标准《绿化种植土壤》CJ/T 340 的相关规定。

溢流设施包括溢流管和溢流井等，应具备沉泥功能，且应定期清淤，防止排水设施淤积和堵塞，保证设施排水能力；绿地溢流口的高程应高于附近市政排水管渠，便于绿地溢流管道通过检查井接入市政排水管渠。在地下水位较高的地区，除溢流设施外，还应在绿地低洼处设置出流口，使绿地内积水缓慢排出，既可以避免下凹式绿地长时间受淹，又可以减弱对下游排水管渠的冲击。

下凹式绿地的排空时间应根据绿地的功能（净化水质和削减径流峰值）和降雨周期等多方面因素确定。用于源头减排的绿地，为保证净化水质的要求，排空时间不宜小于24h。排空时间的上限主要是考虑南方地区降雨的间隔较短，为了提高调蓄设施的工作效率，排空时间宜小于 48h。

4.2.21 生物滞留设施的调蓄面积和深度应根据汇水范围和径流控制要求综合确定。

在进行生物滞留设施的调蓄量设计时，汇水面积不宜过大，否则影响雨水汇入和排出生物滞留设施，并会造成生物滞留设施底部太深，增加工程造价。当汇水面积较大时，应将其分为多个小的汇水区域，分别汇入多个生物滞留设施。

生物滞留设施可用于源头径流污染控制，也可用于径流峰值的控制，设计目标不同时，计算得到的调蓄量也不同，相应的生物滞留设施面积在服务汇水面积内的比例也不同。例如，英国建筑业研究与信息协会（Construction Industry Research and Information Association，CIRIA）发布的《可持续排水系统设计手册》（Sustainable Drainage System Manual）（2015 年版，第三卷）规定，生物滞留设施一般应用于较小的汇水区域，单个设施的最大服务面积建议小于 $0.8hm^2$，一般生物滞留设施的表面积约为汇水区域面积的2%～4%。加拿大多伦多市《低影响开发雨水管理规划和设计指南》（Low Impact Development Stormwater Management Planning and Design Guide，2010 版）规定，生物滞留设施的典型服务流域在 $100m^2 \sim 0.5hm^2$ 之间，单个设施的最大服务面积在 $0.8hm^2$ 左右，不透水面积与生物滞留设施面积的比例一般在 5∶1～15∶1 之间。

4.3.1 植草沟的设计，应符合下列规定：

1 植草沟应采用重力流排水；

2 应根据各汇水面的分布、性质和竖向条件，均匀分配径流量，合理确定汇水面积；

3 竖向设计应进行土方平衡计算；

4 进口设计应考虑分散消能措施；

5 植草沟的布置应和周围环境相协调。

植草沟适用于建筑和小区内道路、广场、停车场等周边以及城镇道路和绿地等区域，也可作为生物滞留设施、湿塘等低影响开发设施的预处理。植草沟还可与雨水管渠联合应用，在场地高程布置允许且不影响安全的情况下，植草沟可代替雨水管渠。植草沟的进口应能快速将径流流速分散，减少水流冲击，避免雨水径流对坡底形成冲刷。尤其是当大量雨水径流通过管道进入植草沟时，应在进口处设置由卵石、碎石或混凝土砌块等构成的分散消能设施。若排入植草沟的径流携带大量的悬浮颗粒，还可采取适当的预处理，避免沟内产生较厚沉积物。

4.3.5 当采用渗透管渠进行雨水转输和临时贮存时，应符合下列规定：

1 渗透管渠宜采用穿孔塑料、无砂混凝土等透水材料；

2 渗透管渠开孔率宜为 $1\%\sim3\%$，无砂混凝土管的孔隙率应大于 20%；

3 渗透管渠应设置预处理设施；

4 地面雨水进入渗透管渠处、渗透管渠交汇处、转弯处和直线管段每隔一定距离处应设置渗透检查井；

5 渗透管渠四周应填充砾石或其他多孔材料，砾石层外应包透水土工布，土工布搭接宽度不应小于 200mm。

雨水渗透管渠可设置在绿化带、停车场和人行道下，起到避免地面积水、减少市政排水管渠排水压力和补充地下水的作用。雨水渗透管渠的设置，除应满足本规范的规定外，还应满足现行国家标准《建筑与小区雨水控制及利用工程技术规范》GB 50400 的规定。渗透管渠应设置植草沟、沉淀池或沉砂池等预处理设施。当渗透管渠承担输送排水任务时，其敷设坡度应符合排水管渠的设计要求。渗透检查井的设置，应符合现行国家标准《室外排水设计规范》GB 50014 中关于雨水管渠检查井的相关规定。

4.4.1 新建、改建和扩建地区，应就地设置源头调蓄设施，并应优先利用自然洼地、沟、塘、渠和景观水体等敞开式雨水调蓄设施，或通过竖向设计营造雨水滞蓄空间。

新建、改建和扩建地区应根据场地条件，因地制宜地选择与建设目标相协调的源头调蓄设施。源头调蓄设施有多种形式，包括与区域内的天然或人工水体结合的调蓄设施、设置在地上的敞开式雨水调蓄池和地下的雨水调蓄设施。以渗透功能为主的源头减排设施，如透水路面、绿色屋顶、下凹式绿地和生物滞留设施等也具有调蓄功能。与地下式的雨水调蓄设施相比，敞开式雨水调蓄设施工程量小、便于日常巡视和维护管理，但因为其占用地上面积，在人口和建筑稠密的地方难以实施，同时还应注意安全问题。

2. 排水管渠设施

5.1.1 城镇内涝防治系统中排水管渠设施可由管渠系统和管渠调蓄设施组成。

本规范在现行国家标准《室外排水设计规范》GB 50014 的基础上，结合内涝防治要求，补充增加了排水管渠设施应对内涝防治时的规定。

城镇内涝防治系统中的排水管渠设施主要包括管渠系统和管渠调蓄设施。管渠系统包括分流制雨水管渠、合流制排水管渠、泵站以及雨水口、检查井等附属设施，本规范补充了雨水口和泵站的设计要求。此外，随着城市排涝除险要求的提高和雨水调蓄设施在我国的逐步推广和应用，本规范增加了对管渠调蓄设施的设计要求。

5.1.2 排水管渠设施除应满足雨水管渠设计重现期标准外，尚应和城镇内涝防治系统中的其他设施相协调，满足内涝防治的要求。

应按照当地内涝防治设计重现期的要求，对排水管渠设施在较强降雨情况下的排水能力进行校核。如果校核结果不能满足内涝防治设计重现期要求，则应对系统中的源头减排设施、排水管渠设施和排涝除险设施进行调整。排水管渠设施调整措施包括优化排水路径、扩大管径和建设管渠调蓄设施等。

5.1.3 排水管渠按内涝防治设计重现期进行校核时，应按压力流计算。

雨水排水管渠按重力流、满管流设计，当应对大重现期的较强降雨时，排水管渠可能处于超载状态，受纳水体水位抬升也会影响出水口排水能力，因此应根据管道上下游的水位差对管渠的排水能力进行校核。

图 4-2 为雨水管渠未超载和超载时的两种水流状态。管道未超载时，水力坡度和水面重合，且平行于管底。如果进入排水管道的流量增加，会使管道内水深增加，当水深增加形成满流后，如果流量继续增加，为了增加通水能力，只有依靠水力坡度的变化。当新的水力坡度大于管道的坡度时，便会形成管道超载，图 4-2（b）显示了管道超载后水力坡度的变化。

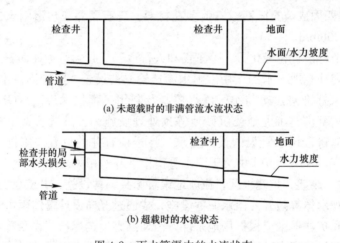

(a) 未超载时的非满管流水流状态

(b) 超载时的水流状态

图 4-2　雨水管渠中的水流状态

目前，我国的排水管渠设计多采用曼宁公式（Manning），假定流态为恒定均匀流，水力坡度等于管道坡度，不考虑管道超载。

进行内涝防治设计重现期校核时，管道系统一般处于超载状态，其通水能力应进行压力流校核。目前国际上以及国内工程实践和数学模拟中常常采用达西-魏斯巴赫公式（Darcy-Weisbach）、海澄 威廉公式（Hazen-Willianms）和曼宁公式（Manning）计算压力流。当用于水力坡度计算时，这三个公式可以整理成相似的形式，且公式参数可以相互转换（见美国《排水工程：收集与泵排》（Wastewater Engineering：Collection and Pumping of Wastewater，Metcalf and Eddy，1981））。

5.2.1 雨水口的设置应符合下列规定：

1 雨水口的高程、位置和数量应根据现有道路宽度和规划道路状况确定；

2 道路交叉口、人行横道上游、沿街单位出入口上游、靠地面径流的街坊或庭院的出水口等处均应设置雨水口，路段的雨水不得流入交叉口；

3 雨水口间距宜为 **25m～50m**，重要路段、地势低洼等区域距离可适当缩小；

4 当道路两侧建筑物或小区的标高低于路面时，应在路面雨水汇入处设置雨水拦截设施，并通过雨水连接管接入雨水管道。

道路低洼和易积水地段应根据需要适当增加雨水口。当道路两侧建筑物或小区的标高低于路面时，应在小区出入口等路面雨水汇入处设置横向截水沟、多算的平算式雨水口等雨水拦截设施，并通过雨水连接管接入雨水管渠。

5.2.5 管渠系统中排水泵站的设计规模，应与城镇内涝防治系统的其他组成部分相协调，在满足内涝防治设计重现期要求的前提下，经技术经济比较后确定。

用于城镇内涝防治的泵站设计规模和多种因素密切相关。泵站上游的调蓄设计容积越大，泵站所需的设计规模越小，反之亦然。因此，在满足内涝防治设计重现期要求的前提下，应经过技术经济分析比较后，选取合适的方案。

5.3.2 管渠调蓄设施的建设应和城镇水体、园林绿地、排水泵站等相关设施统筹规划，相互协调，并应优先利用现有设施。有条件的地区，调蓄设施应与泵站联合设计，兼顾径流总量控制、降雨初期的污染防治和雨水利用。

管渠调蓄设施的建设，应因地制宜，充分利用现有河道、池塘、人工湖、景观水体和园林绿地等设施，按多功能多用途的原则规划设计，降低整体建设费用，达到良好的社会效益。

3. 排涝除险设施

6.1.1 排涝除险设施宜包括城镇水体、调蓄设施和行泄通道等。

排涝除险设施主要用于解决超出源头减排设施和排水管渠设施能力的雨水控制问题，是城镇内涝防治系统的重要组成部分，排涝除险设施主要包括城镇水体、调蓄设施和行泄通道等。其中城镇水体包括河道、湖泊、池塘和湿地等天然或人工水体；调蓄设施包括下凹式绿地、下沉式广场、调蓄池和调蓄隧道等设施。排涝除险设施承担着在暴雨期间调蓄雨水径流、为超出源头减排设施和市政排水管渠设施承载能力的雨水径流提供行泄通道和最终出路等重要任务，是满足城镇内涝防治设计重现期标准的重要保障。排涝除险设施的建设，应遵循低影响开发的理念，充分利用自然蓄排水设施，发挥河道行洪能力和水库、洼地、湖泊调蓄雨水的功能，合理确定排水出路。

6.1.2 排涝除险设施应以城镇总体规划和城镇内涝防治专项规划为依据，并应根据地区降雨规律和暴雨内涝风险等因素，统筹规划，合理确定建设规模。

排涝除险设施的规划和建设涉及海绵城市建设、道路交通、城镇防洪、园林绿地等多领域，所以应在城镇总体规划的框架下，统筹规划排涝除险设施和其他内涝防治设施，合理确定其建设规模，保证排涝除险设施与源头减排设施、排水管渠设施共同达到当地内涝防治设计重现期标准。

6.1.3 排涝除险设施具有多种功能时，应明确各项功能并相互协调，并应在降雨和内涝发生时保护公众生命和财产安全，保障城镇安全运行。

排涝除险设施往往具有多功能和多用途。例如，道路的主要功能是交通运输，但在暴雨期间，某些道路可以是雨水汇集、行泄的天然通道，因此，道路的过水能力、道路在暴雨期间的受淹情况和暴雨对道路交通功能的影响是内涝防治设计中必须考虑的因素。城镇中的绿地和广场是居民休闲、娱乐和举行大型集会的场所，但如果设计成下凹式，这些设施可以在暴雨期间起到临时蓄水、削减峰值流量的作用，减轻排水管渠系统的负担，避免内涝发生。同一设施的不同功能往往会有冲突，例如道路的积水会影响运输功能，下凹式绿地和下沉式广场可能会影响美观性。因此，应综合考虑其各项功能，在确保公众生命和财产安全的前提下，明确在不同情况下各项功能的主次地位，做出有针对性的安排。

6.2.4 **城镇河道应按当地的内涝防治设计标准统一规划，并与防洪标准相协调。城镇内河应具备区域内雨水调蓄、输送和排放的功能。**

城镇天然河道包括城镇内河和过境河道，是城镇内涝防治系统的重要组成部分。城镇内河的主要功能是汇集、接纳和贮存城镇区域的雨水，并将其排放至城镇过境河流中；城镇过境河流承担接纳外排境内雨水和转输上游来水的双重功能。

河道是城镇内涝防治系统的重要环节，是雨水的重要出路和受纳体，因此具有至关重要的作用。传统上，我国的河道规划设计以城镇防洪排涝标准为主要依据，缺乏与市政排水系统的有效协调和衔接，多年来我国仅有城市排水和城市防洪两套标准，排水标准与防洪标准的对比如下：

（1）边界条件

防洪工程的边界条件是保证城市的过境河流和水系不泛滥成灾，即：防止外洪威胁城市的安全，从流域层面应保证河流行洪通道通畅，蓄滞洪区工作正常；从城市层面应保证城市安全，防止外部洪水泛滥进城。主要由地方政府的水利部门和水利部负责。

排水工程的边界条件是保证在小重现期暴雨（一般地区1年～3年）的条件下，城市区域不产生严重积水，不影响城市的正常运行。对于超过城市排水管网排水能力降雨产生的地表径流则进入城市内涝防治工程，所以城市排水管网排水的设计标准是城市内涝防治工程的上游边界条件。

内涝防治工程的边界条件是保证在大重现期暴雨（国外一般30年～100年）的条件下（与城市内涝防治工程设计标准有关），城市区域不产生内涝灾害，不影响城市的正常运行。城镇内涝防治工程的上游边界条件是城市排水工程，下游边界条件是城市防洪工程，建设排除或蓄存城市区域超过城市排水工程排水能力、小于内涝防治工程建设标准的暴雨径流的工程设施，保证城镇在发生城市内涝防治工程建设标准以下的暴雨事件时不发生内涝灾害。

（2）两者差异

城镇排水标准和防洪标准主要存在研究对象与设计重现期计算方法的差异。

1）研究对象的差异

城镇排水系统针对的是进入市政排水管网的污水和雨水；城镇防洪系统针对的则是由暴雨引发的区域外来水，即客水。

2）设计重现期计算方法的差异

排水系统中的设计暴雨重现期与防洪系统中的设计洪水重现期在计算方法上存在差异。目前，虽然城镇排水系统的设计暴雨重现期和防洪系统的设计洪水重现期均使用年最大值法，但进行选样时两个系统中的降雨历时的选取存在差异，市政排水关注的是地面积水的排除速度，各级排水管渠的管径主要取决于短历时暴雨强度；而河道防洪排涝更关注长历时（一般为24h～72h）的降雨总量，这种取样方法的不同导致了两个系统设计重现期的计算存在明显差别。

因此，本规范规定，应按城镇内涝防治设计标准，对城镇范围内的河道进行统一规划，确定其在城镇内涝防治中的定位。

6.2.5 应对河道的过流能力进行校核。当河道不能满足城镇内涝防治设计标准中的雨水调蓄、输送和排放要求时，应采取提高其过流能力的工程措施。

应根据城镇内涝防治设计标准，对河道的过流能力进行校核，内河应满足城镇内涝防治设计标准中的雨水调蓄、输送和排放要求，过境河道应具备洪水期排除设计标准条件下内涝防治设计水量的能力。当内涝防治系统运行时，应对河道的水位、水量进行校核，不能满足标准要求时，应采用河道拓宽、疏浚和取弯等各种工程措施，使其达到内涝防治设计标准。其中，河道取弯可以有效提高河道的调蓄容积，增加水流在河道中的停留时间，削减下游的洪水峰值流量。当上述工程措施受限时，还可采取设置人工沟渠等其他方式。

6.3.1 城镇绿地在城镇内涝防治系统中可用于源头调蓄和排涝除险调蓄。当用于排涝除险调蓄时，城镇绿地应接纳周边汇水区域在排水管渠设施超载情况下的溢流雨水。

城镇绿地是重要的内涝防治设施，因此应保证一定的绿地率。在城镇内涝防治系统中，城镇绿地按其功能可分为源头调蓄绿地和排涝除险调蓄绿地。

从承担的主要作用看，设置在源头的下凹式绿地主要用于削减或延缓进入雨水管渠的径流，雨水径流超过绿地本身承受能力时进入雨水管渠；用于排涝除险的绿地主要用来接纳周边汇水区域在排水管渠设施超载情况下的溢流雨水，充当"可受淹"设施。

用于排涝除险的城镇绿地高程应低于路面高程，地面积水可自动流入，通常不设溢流设施。目前我国许多城市中的大量绿地广场出于景观考虑，一般设置成高出地面，对解决城镇内涝问题作用甚微，应从海绵城市建设理念出发，逐步加以改造提升。

6.3.5 内涝易发、人口密集、地下管线复杂、现有排水系统改造难度较高的地区，可设置隧道调蓄工程。

隧道调蓄工程是指埋设在地下空间的大型排水隧道。隧道调蓄工程的建设应避免与传统的地下管道和地下交通设施发生冲突。

隧道调蓄工程已广泛应用于巴黎、伦敦、芝加哥、东京、新加坡、中国香港等大城市。其主要可以解决以下问题：一是可以提高区域的排水标准和内涝防治标准；二是在合流制地区可以进行污水集中输送，实现污水有效收集处理；三是可以大幅度削减初期雨水面源污染和合流制排水系统溢流污染，改善环境水体的水质。在降雨量大、暴雨频繁的中心城区，在现有浅层排水系统改造困难的情况下，建设隧道调蓄工程是一种有效手段。

6.4.1 应对城镇内涝风险进行评估，内涝风险大的地区宜结合其地理位置、地形特点等设置雨水行泄通道。

应对降雨超出源头减排设施和排水管渠设施控制能力和排水系统发生故障的风险进行评估。当经济损失较大时，需要考虑为超出源头减排设施和排水管渠设施控制能力的雨水设置临时行泄通道。应制定暴雨运行模式下的预案，在相应的暴雨预警条件和地面积水条件下采取适当的安全隔离措施。

澳大利亚和新西兰标准《管道和排水——雨水排放》（《Plumbing and drainage - Stormwater drainage》）AS NZS 3500.3-2003（2006 修订版）也规定了要考虑市政雨水排水系统失效条件下的雨水排除。

6.4.2 城镇易涝区域可选取部分道路作为排涝除险的行泄通道，并应符合下列规定：

1 应选取排水系统下游的道路，不应选取城镇交通主干道、人口密集区和可能造成严重后果的道路；

  2 应与周边用地竖向规划、道路交通和市政管线等情况相协调；

  3 行泄通道上的雨水应就近排入水体、管渠或调蓄设施，设计积水时间不应大于12h，并应根据实际需要缩短；

  4 达到设计最大积水深度时，周边居民住宅和工商业建筑物的底层不得进水；

  5 不应设置转弯；

  6 应设置行车方向标识、水位监控系统和警示标志；

  7 宜采用数学模型法校核道路作为行泄通道时的积水深度和积水时间。

  欧美部分国家一般设置路面漫流系统，路面漫流系统指在超出管渠设计重现期降雨发生时，道路排水管渠系统超负荷运行，路面出现大量雨水漫流，此时道路表面构成排水通道，汇集雨水通过地表漫流排入自然或人工渠道、调蓄设施。借鉴欧美经验，本规范排涝除险设施设计中引入雨水行泄通道的概念。

  城镇排水系统下游管渠担负的流量较大，下游地区发生内涝的风险大，宜在城镇排水系统下游选取合适路段作为行泄通道。道路行泄通道设计应综合考虑周边用地的高程、漫流情况下的人行和车行、周边敷设的市政管线的影响，避免行泄通道的设计导致其他系统的损失。

  行泄通道积水深度若超出行车安全最大深度时需封闭道路，保障城市安全，行泄通道不应选择城镇交通主干道，同时也不应选择在城镇重要区域。对于城镇易积水地区，根据以往统计情况，宜规划新建或改建行泄通道，以辅助排除易积水地区雨水，减小内涝风险。

  作为行泄通道的城镇道路及其附属设施应设置警示标志和积水深度标尺。警示标志的形式与交通标志一致，也可以采用电子显示屏等设备。积水深度标尺宜采用木制或塑料标尺，白底黑字。采用电子显示屏时，应保证强降雨条件下的电源供给。警示标志和积水深度标尺应设置在距离雨水行泄通道安全范围之外，保证处于安全位置的行人或司机能够清楚地阅读警示标志的内容和标尺上的刻度。警示标志内容应清晰、醒目。

  鉴于地表漫流系统的复杂性，作为行泄通道的道路排水系统宜采用数学模型法校核积水深度和积水时间。

4.3.3 运行维护

  7.1.1 城镇内涝防治系统的运行维护应统筹源头减排设施、排水管渠设施和排涝除险设施，并由市政排水、道路交通、园林绿地和城市防洪等多系统共同组成。

  城镇内涝防治系统的运行管理是一项综合性的系统工程，应考虑多系统的相互协调和影响。

  7.1.2 城镇内涝防治系统运行维护应建立运行管理制度、岗位操作制度、设施设备维护制度和事故应急预案。

  城镇内涝防治系统的运行管理应制定运行管理制度、岗位操作制度和设施设备维护制度，明确具体职责，对城镇内涝防治设施进行日常运行维护和管理调度，保证城镇内涝防治系统效能的发挥。事故应急预案包括内涝预警方法和应急措施等内容。

  7.1.3 城镇内涝防治系统运行管理制度，应包含汛期和非汛期运行、维护、管理和调度等内容。

城镇内涝防治系统运行维护管理按阶段可分为非汛期和汛期，汛期又分汛前、汛中、汛后。非汛期包括内涝防治设施的日常检测和养护等。汛期应根据汛前、汛中和汛后的特点采取不同措施，汛前人员安排和设施调试，汛中设施的运行和调度，汛后设施的养护和管理等，责任明确到人。

7.1.4 对于在降雨期间和非降雨期间承担不同功能的多功能内涝防治设施，应制定不同运行模式相互切换的管理制度。

多功能城镇内涝防治设施在降雨期间和非降雨期间承担不同的功能，如城镇水体在非降雨期间，可作为城镇景观水体或休闲娱乐设施，为确保设施正常安全运行，应制定不同运行模式相互切换的管理制度。

7.2.4 城镇内河水位应统一调度，并应符合下列规定：

1 暴雨前，应预先降低城镇内河水位；

2 暴雨后，一般地区应在 24h 内将内河水位排至设计水位以下，重要地区可根据需要将内河涝水排除时间缩短；有条件的地区可将在排除时间内最高水位控制在设计水位以下。

暴雨前预先降低内河水位是确保调蓄和阻滞洪水的功能的有效措施，可确保在一定间隔的降雨条件下预留一定的调蓄库容。

国家标准《城市防洪工程设计规范》GB/T 50805—2012 规定，河道应在 24h 内排空涝水。规定 24h 内排至设计水位以下是为了确保调蓄内涝和阻滞洪水的功能，对于降雨间歇较为密集、内涝风险较高区域，该时间可缩短。

7.3.1 城镇内涝防治应急管理体系应包括城镇内涝防治预警系统、应急系统和评价系统。

为了更好地发挥城镇内涝防治系统工程的效能，应建立城镇内涝防治预警系统，确定预警分级标准和预警等级；针对不同预警等级，结合现状特点，建立不同等级、不同区域、不同部门的应急系统；对内涝防治预警系统和应急系统进行实际效果评价分析，建立评价体系，以便对预警系统和应急系统做出合理调整。提高公众掌握预警信息解读、应急措施实施和突发状态下自救等能力。

4.4 编制意义

《城镇内涝防治技术规范》GB 51222—2017 是基于对发达国家和地区内涝防治系统技术标准的研究和借鉴，在分析我国现行城镇排水系统标准的不足之处和发展方向的基础上，通过对内涝防治系统的源头减排、排水管渠、排涝除险和应急管理等方面技术措施的研究和标准的制定，建立适应我国国情的城镇内涝防治技术规范，以期科学指导我国内涝防治系统的建设、运行和管理，全面推动我国排水事业的发展，减少减轻我国城镇暴雨内涝的发生，保障人民生命财产安全和城镇的安全运行。

第 5 章 《城镇雨水调蓄工程技术规范》 GB 51174—2017 实施指南

5.1 编制背景

"水是不可压缩的",因此,必须给水以空间,蓄以待渗、蓄以待净、蓄以待用、蓄以待排,雨水调蓄是综合解决城镇雨水问题的重要技术手段。近年来雨水调蓄已成为雨水领域新的研究热点,业内已有大量基础理论的研究和工程应用,如上海苏州河沿岸和昆明主城区为解决合流制排水系统的雨天溢流污染,分别建设了 6 座和 17 座合流制溢流调蓄池;北京在"7·21"后,建设了数十个、总容积达到 15 万 m³ 的调蓄池以解决下立交的排水防涝难题。而随着海绵城市建设的全面推进,全国各地更多的雨水调蓄设施正在规划、设计和建设过程中。然而,目前我国没有专门针对雨水调蓄的技术规范,在一定程度上制约了雨水调蓄设施的合理规划和建设。虽然《室外排水设计规范》GB 50014—2006 于 2014 年和 2016 年两次进行局部修订,增加了多项有关雨水调蓄的内容,但受规范定位和篇幅的限制,仍缺乏系统的规定。因此有必要制定一部专门针对城镇雨水调蓄工程的综合性技术规范。

为总结国内外雨水调蓄工程的实践经验,推动雨水综合管理技术的发展,规范我国城镇雨水调蓄工程的规划、设计、施工和运行,2013 年 4 月,住房和城乡建设部下达了国家标准《城镇雨水调蓄工程技术规范》的制定任务。编制组经过数十次修改完善,完成了《城镇雨水调蓄工程技术规范》的制定工作。住房和城乡建设部 2017 年 1 月 21 日正式发布公告第 1444 号,《城镇雨水调蓄工程技术规范》于 2017 年 7 月 1 日起实施,编号为 GB 51174—2017。

5.2 编制思路

1. 定位

本规范侧重于城镇雨水径流峰值削减和径流污染控制,规定了城镇雨水调蓄工程规划和设计的基本原则,雨水调蓄水量的计算方法,对水体调蓄工程、绿地和广场调蓄工程、调蓄池以及隧道调蓄工程等设施提出了具体的设计标准和运行管理要求。

本规范适用于新建、改建和扩建的城镇雨水调蓄工程的规划、设计、施工、验收和运行维护,与《城镇内涝防治技术规范》GB 51222—2017 构建的"源头减排、排水管渠、排涝除险"的三段式内涝防治系统相衔接,同时是对《室外排水设计规范》GB 50014—2006(2016 年版)中雨水调蓄内容的进一步深化和细化。

2. 调蓄的定义

本规范明确了雨水调蓄是雨水调节和贮蓄的统称。雨水调节是指在降雨期间暂时贮存一定量的雨水，通过延长排放时间，削减向下游排放的雨水流量，实现削减峰值流量的目的。雨水贮蓄是指对径流雨水进行贮存、滞留、沉淀、蓄渗或过滤以控制径流总量和峰值，实现径流污染控制和回收利用的目的。

在规范名称的翻译上，参照英国和美国的低影响开发的相关标准，将调蓄译为 detention and retention，如生物滞留设施（景观滞留池）（porous landscape detention）、延时调节池（extended detention basins）、湿塘（retention ponds）等，而在美国的调蓄池规范中，调蓄也被翻译为 storage，比如调蓄池（storage tanks）、隧道调蓄（deep tunnel storage）等。

3. 调蓄的分类

雨水调蓄设施按功能可分为径流污染控制调蓄、内涝防治调蓄、雨水利用调蓄等；按在排水系统中的位置可分为源头减排设施、管渠调蓄设施和排涝除险设施；按种类可分为水体调蓄、绿地广场调蓄、调蓄池和隧道调蓄工程等；按用途又可分为专用调蓄设施和兼用调蓄设施（多功能调蓄设施）。因此，在规范编制之初，编制组就规范的调蓄分类方法进行了激烈讨论，最后为引导城镇排水尽量回归自然水循环的模式，实现自然积存、自然渗透、自然净化的城市发展方式，规范按不同调蓄设施种类编排了主次顺序，水体调蓄为先、绿地广场调蓄次之、调蓄池和隧道调蓄工程等灰色设施在后，充分体现了规范总则中所要求的"城镇雨水调蓄工程应遵循低影响开发理念，结合城镇建设，充分利用现有自然蓄排水设施，合理规划和建设"，希望城市在发展过程中尽量保留天然的河湖坑塘并保证绿地率，在此基础上，绿灰结合地开展城市排水系统的建设，保障城市的水生态、水安全、水环境和水资源。

5.3 主要内容

5.3.1 调蓄系统设计

3.1.3 当调蓄设施用于削减峰值流量时，调蓄量的确定应符合下列规定：

1 应根据设计要求，通过比较雨水调蓄工程上下游的流量过程线，按下式计算：

$$V = \int_0^T [Q_i(t) - Q_0(t)] \mathrm{d}t \qquad (3.1.3-1)$$

式中：V——调蓄量或调蓄设施有效容积（m³）；

Q_i——调蓄设施上游设计流量（m³/s）；

Q_0——调蓄设施下游设计流量（m³/s）；

t——降雨历时（min）。

2 当缺乏上下游流量过程线资料时，可采用脱过系数法，按下式计算：

$$V = \left[-\left(\frac{0.65}{n^{1.2}} + \frac{b}{t} \cdot \frac{0.5}{n+0.2} + 1.10 \right) \cdot \log(\alpha + 0.3) + \frac{0.215}{n^{0.15}} \right] \cdot Q_i t \qquad (3.1.3-2)$$

式中：b——暴雨强度公式参数；

n——暴雨强度公式参数；

α——脱过系数，取值为调蓄设施下游和上游设计流量之比。

3 设计降雨历时，应符合下列规定：

1）宜采用 **3h～24h** 较长降雨历时进行试算复核，并应采用适合当地的设计雨型；

2）当缺乏当地雨型数据时，可采用附近地区的资料，也可采用当地具有代表性的一场暴雨的降雨历程。

公式(3.1.3-1)是基于水流的连续性方程，通过在不同设计暴雨重现期条件下，计算入流和出流过程线确定所需调蓄量的基本理论公式。其中入流过程线根据设计标准计算确定，设计标准可以是当地的内涝防治设计重现期、雨水管渠设计重现期或者径流量控制标准；出流过程线是按调蓄池下游系统受纳能力确定的。式中的降雨历时 t 指设计降雨过程的总持续时间，与计算暴雨强度时的集水时间有所区别。描述式中的入流和出流过程线 Q_i 和 Q_o 时，需以下基本资料：

（1）调蓄工程具有确定的上下游边界条件；

（2）足够的降雨资料，特别是较长历时的降雨资料；

（3）足够的下垫面条件数据，如径流系数、土壤渗透系数、不透水面积所占比例等，用于计算汇水区域内的产流和汇流过程；

（4）调蓄设施的形式和各部位尺寸，用于计算调蓄设施的出口流量随时间和设施内水深等因素的变化过程。

此外，Q_o 的取值不应超过区域开发前相同设计重现期下的雨水峰值流量和调蓄工程下游的受纳能力。

公式(3.1.3-1)所需的基础资料较多，且所得的调蓄设施有效容积需根据试算结果不断修正，以满足设计要求。当汇水区域面积较小时，可对调蓄设施的入流和出流过程进行适当简化。

美国联邦政府开发的 FAA 法是一种常见的简化方法，如下式所示：

$$V = (Q_i - Q_o)t \tag{5-1}$$

式中：Q_i——暴雨峰值流量，通过暴雨强度公式获得；

Q_o——调蓄设施平均出口流量（适用于串联式调蓄池）或下游排水系统设计流量（适用于并联式调蓄池）；

t——降雨历时。

鉴于上式中 Q_o 的定义不够明确，美国科罗拉多大学丹佛分校的 James C. Y. Guo（郭纯园）教授对 FAA 法进行了修正，如下式所示：

$$V = Q_i t - 0.5Q_a(t + t_c) \tag{5-2}$$

式中：Q_a——调蓄设施的最大允许出口流量（适用于串联式调蓄池）或下游排水系统设计流量（适用于并联式调蓄池）；

t_c——集水时间（有别于降雨历时 t）。

公式(3.1.3-2)采用的是脱过系数法，这是一种采用由径流成因所推理的流量过程线推求调蓄容积的方法。选取脱过系数时，调蓄设施上游的设计流量，应根据其上游服务面积的雨水设计流量确定；调蓄设施下游的设计流量，不应超过其下游排水设施的最大受纳能力；降雨历时不应大于编制暴雨强度公式时采纳的最大降雨历时。由于脱过系数法是在暴雨强度公式的基础上推理得到的，因此该方法的适用范围应与暴雨强度公式的适用范围相同。鉴于我国目前暴雨强度公式的降雨历时大多不超过 180min，因此，运用脱过系数法确定调蓄量时应注意其适用范围。

用于削减峰值流量雨水调蓄工程的设计过程中需进行内涝防治设计重现期的校核，应考虑工程对雨水的调蓄作用，因此宜采用较长历时降雨，且应考虑降雨历程，即雨型的影响。

发达国家采用的降雨历时一般为 3h～24h，如美国德克萨斯州交通局颁布的《水力设计手册》（2011 年版）规定一般采用 24h。美国丹佛市的《城市暴雨排水标准》（2011 年版，第一卷）规定：服务面积小于 10 平方英里（约 25.9km²），最小降雨历时为 2h；服务面积 10 平方英里～20 平方英里（约 25.9km²～51.8km²），最小降雨历时为 3h；服务面积大于 20 平方英里（约 51.8km²），最小降雨历时为 6h。美国休斯敦设计手册第九章雨水设计要求（2005 年版）规定：小于 200 英亩（约 0.8km²）时，最小降雨历时为 3h；大于 200 英亩时，最小降雨历时为 6h。因此，本规范规定用于削减峰值流量的雨水调蓄工程的调蓄量计算中，设计降雨历时宜选用 3h～24h，计算该范围内不同降雨历时时出入调蓄设施的雨水量之差，得到在每个降雨历时情况下所需的调蓄容积，最大值即为所需的调蓄设施容积。

当雨型的统计资料匮乏时，排水系统的设计一般假定在一定降雨历时范围内暴雨强度保持恒定，不考虑雨型。当地雨型资料缺乏时，可以采用附近城市或地区的雨型，或采用当地发生过的有代表性的典型暴雨过程。

典型暴雨过程应在暴雨特性一致的气候区内选择有代表性的雨量过程。所谓有代表性就是指暴雨特性能够反映设计地区情况，符合设计要求。主要遵循以下几个原则：

（1）历史上已经发生过的流域性特大暴雨，雨量时空分布资料充分和可靠。

（2）造成特大洪涝灾害的暴雨，水文气象条件较接近规划情况。

（3）暴雨类型和时空分布特征具有代表性。

（4）对规划调蓄工程不利的雨型。

选定了典型暴雨过程后，就可用同频率或同倍比设计暴雨量控制方法，对典型暴雨分段进行缩放。不同时段控制放大时，控制时段划分不宜过细（如江苏省各市控制时段主要采用 5min），对暴雨核心部分 24h 暴雨的时程分配，时段划分视流域大小和汇流计算所用的时段而定。

（1）同频率放大法

在放大典型过程线时，按雨峰和不同历时的雨量分别采用不同倍比，使放大后的过程线的雨峰和各种历时的雨量分别等于设计雨峰和设计雨量。也就是说，经放大后的过程线，其雨峰值和各种历时的降雨总量都等于同一设计频率，称为同频率放大法。

同频率放大法可保证指定设计时段规划区域和指定分区雨量等于设计频率，满足各种规划方案水文计算要求。缺点是对雨量时空分布分时段和分区域缩放会引起雨型时空分布的变形，且统计时段和分区数越多，雨型变形越大。

（2）同倍比放大法

用同一放大倍比 k 值放大典型暴雨过程线的雨量坐标，使放大后的暴雨量等于设计暴雨量，或使放大后的控制时段的暴雨量等于设计暴雨量，称为同倍比放大法。

同倍比放大法计算出的暴雨时间和空间分布的形状不会发生变化，仅降雨强度同倍比改变。缺点是仅一个时段的雨量满足设计频率，当区域设计暴雨的敏感历时未知或变化时，或者各项内涝防治工程具有不同的敏感历时时，同倍比放大法得出的设计暴雨结果无法满足要求。

3.1.4 当调蓄设施用于合流制排水系统径流污染控制时，调蓄量的确定可按下式计算：

$$V = 3600t_i(n_1 - n_0)Q_{dr}\beta \tag{3.1.4}$$

式中：t_i——调蓄设施进水时间（h），宜采用 0.5h～1.0h，当合流制排水系统雨天溢流污水水质在单次降雨事件中无明显初期效应时，宜取上限；反之，可取下限；

n_1——调蓄设施建成运行后的截流倍数，由要求的污染负荷目标削减率、下游排水系统运行负荷、系统原截流倍数和截流量占降雨量比例之间的关系等确定；

n_0——系统原截流倍数；

Q_{dr}——截流井以前的旱流污水量（m³/s）；

β——安全系数，一般取 1.1～1.5。

截流倍数计算法是一种基于合流制排水系统设计截流倍数的计算方法。由于雨水径流量和污水量并无直接的比例关系，因此，通过公式(3.1.4)得到的调蓄量不能直接反映合流制排水系统中溢流污水被截流的程度。一些发达国家常用的指标是合流污水截流率，即截流量占降雨量的百分比。上海等地曾通过统计总结了当地截流倍数和合流污水截流率之间的关系，并用于调蓄工程的设计。

截流倍数计算法是一种简化计算方法，该方法建立在降雨事件为均匀降雨的基础上，且假设调蓄工程的运行时间不小于发生溢流的降雨历时，以及调蓄工程的放空时间小于两场降雨的间隔，而实际情况很难满足上述两种假设。因此，以截流倍数计算法得到的调蓄量偏小，计算得到的调蓄量在实际运行过程中发挥的效益小于设定的调蓄效益，在设计中应乘以安全系数 β，根据上海等地的工程实践，可取 1.1～1.5。

3.1.5 当调蓄设施用于源头径流总量和污染控制以及分流制排水系统径流污染控制时，调蓄量的确定可按下式计算：

$$V = 10DF\psi\beta \tag{3.1.5}$$

式中：D——单位面积调蓄深度（mm），源头雨水调蓄工程可按年径流总量控制率对应的单位面积调蓄深度进行计算；分流制排水系统径流污染控制的雨水调蓄工程可取 4mm～8mm；

F——汇水面积（hm²）；

ψ——径流系数。

用于源头径流总量和污染控制的雨水调蓄工程，其调蓄量可按当地年径流总量控制率对应的单位面积调蓄深度计算后确定。住房和城乡建设部发布的《海绵城市建设技术指南——低影响开发雨水系统构建（试行）》中列举了部分城市不同年径流总量控制率对应的单位面积调蓄深度，在缺乏相关资料时，可作为参考。

用于分流制排水系统径流污染控制的雨水调蓄工程，其调蓄量的确定应综合考虑当地降雨特征、受纳水体的环境容量、降雨初期的雨水水质水量特征、排水系统服务面积和下游污水处理系统的受纳能力等因素。国外有研究认为，1h 雨量达到 12.7mm 的降雨能冲刷掉 90％以上的地表污染物；同济大学对上海芙蓉江、水城路等地区的雨水地面径流研究表明，在降雨量达到 10mm 时，径流水质已基本稳定；国内还有研究认为一般控制量在 6mm～8mm 可控制 60％～80％的污染量。因此，结合我国实际情况，调蓄量可取 4mm～8mm，地面污染程度较严重的区域宜取上限。

3.1.6 当调蓄设施用于雨水综合利用时，调蓄量应根据回收利用水量经综合比较后确定。

确定调蓄量时，应考虑地理位置限制、雨水水质水量、雨水综合利用效率和投资效益等多种因素，并进行综合比较后确定。

3.1.9 当排水系统在不同位置设置多个调蓄设施时，应分别确定每个调蓄设施的调蓄量，并应满足调蓄工程总体设计要求。

调蓄设施可设置在排水系统的不同位置，如进入排水管渠系统前、管渠系统中间和管渠系统末端等。排水工程是系统工程，排水管渠系统建设的目标会更综合，在实际设计中，调蓄设施往往需要兼顾峰值削减和污染控制，同时，它又会对年径流总量控制起到作用；而当系统中设置有多个调蓄设施时，还需考虑其综合效果和投资效益，确定各项设施的位置和规模，并采用数学模型对其调蓄效果进行综合评估，以满足调蓄工程的总体设计要求。

3.2.1 当雨水调蓄工程用于控制雨水径流污染和雨水综合利用时，应确定雨水调蓄工程设计水质。设计水质应根据实测数据并结合调查资料确定，缺乏资料时可按用地性质类似的邻近区域排水系统的水质确定；有条件的地区，应开展优先污染物监测。

用于控制雨水径流污染和雨水综合利用时，雨水调蓄工程水质受空气质量、前期降雨情况、下垫面类型和清洁程度、排水系统类型和管道沉积情况等因素影响，变化范围大，应以实测数据作为主要设计依据。

我国北京、天津和上海等地的研究表明，降雨初期的雨水径流中，化学需氧量（COD）和总悬浮物（TSS）等污染物浓度较高且变化较大，部分实测数据甚至可高达1000mg/L以上，但随着时间的推移，污染物浓度快速下降。上海市中心城区苏州河沿岸泵站调蓄池进水水质的统计数据如表 5-1 所示。

上海市中心城区苏州河沿岸泵站调蓄池进水水质　　　　　　　　　　表 5-1

水质指标	浓度（mg/L）
COD	200～940
TSS	150～1500
TN	20～73
TP	1.6～4.6

美国《污水处理工程》（第四版）中合流制排水系统溢流污水的典型水质如表 5-2 所示。

合流制排水系统溢流污水典型水质　　　　　　　　　　表 5-2

水质指标	浓度（mg/L）
BOD$_5$	60～220
COD	260～490
TSS	270～550
TN	4～17
TP	1.1～2.8
粪大肠杆菌（个/100mL）	10^5～10^6

美国环境保护署的研究报告（EPA 821-R-99-012，Preliminary Data Summary of Urban Storm Water Best Management Practices，1999，第 4-11 页）中分流制排水系统初期雨水的典型水质如表 5-3 所示。

分流制排水系统初期雨水典型水质   表 5-3

水质指标	浓度（mg/L）
COD	200～275
TSS	20～2890
TN	0.4～20.0
TP	0.02～4.30
粪大肠杆菌（个/100mL）	400～50000

由于化学污染物种类繁多，世界各国都筛选出了一些毒性强、难降解、残留时间长、在环境中分布广的污染物优先进行控制，称为优先污染物（Priority Pollutants），也叫优控污染物。我国优先污染物名单包括卤代烃、苯系物、氯代苯类、多氯联苯类、酚类、硝基苯类、苯胺类、多环芳烃、酞酸酯类、农药、丙烯腈、亚硝胺类、氰化物、重金属及其化合物等 14 个化学类别，68 种有毒化学物质，有条件时应对优先污染物进行监测。

4.1.2 雨水调蓄工程按用途可分为专用调蓄工程和兼用调蓄工程。调蓄工程的类型和形式应根据新建地区和既有地区的不同条件，结合场地空间、用地、竖向等选择和确定，并应与城镇景观、绿地、运动场、广场、排水泵站、地铁、道路、地下综合管廊等设施和内河内湖等天然调蓄空间统筹考虑，相互协调。

专用调蓄工程一般设置于地下，包括调蓄池和隧道调蓄工程等；兼用调蓄工程一般设置于地表，包括水体调蓄工程和绿地、广场调蓄工程等。

4.1.3 雨水调蓄工程的位置应根据调蓄目的、排水体制、管渠布置、溢流管下游水位高程和周围环境等因素确定，可采用多个工程相结合的方式达到调蓄目标，有条件的地区宜采用数学模型进行方案优化。

城镇内涝防治系统的工程性设施包括源头减排、排水管渠和排涝除险三个系统，分别与国际上常用的低影响开发设施、小排水系统（minor drainage system）和大排水系统（major drainage system）基本对应。雨水调蓄工程按上述系统类型也可分为源头调蓄工程、管渠调蓄工程和排涝除险调蓄工程。

源头调蓄工程可与源头渗透工程等联合用于削减峰值流量、控制地表径流污染和提高雨水综合利用程度，一般包括小区景观水体、雨水塘和源头调蓄池等；管渠调蓄工程主要用于削减峰值流量和控制雨水径流污染，一般包括调蓄池和隧道调蓄工程等；排涝除险调蓄工程主要用于内涝设计重现期下削减峰值流量，一般包括内河内湖、下凹式绿地、下沉式广场和隧道调蓄工程等。

4.1.4 用于削减峰值流量的雨水调蓄工程宜优先利用现有调蓄空间或设施，应将服务范围内的雨水径流引至调蓄空间，并应在降雨停止后有序排放。

充分利用现有绿地、砂石坑、河道、池塘、人工湖、景观水池等空间或设施建设雨水调蓄工程以削减峰值流量，可降低建设费用，取得良好的经济和社会效益。可采取优化排水路径、改变雨水口标高等方式，将服务范围内的雨水径流引至上述现有的调蓄空间或设施，并应改造现有设施的出水口，确保降雨停止后将调蓄的雨水在一定时间内有序排放。

4.1.8 雨水调蓄工程应设置警示牌和相应的安全防护措施。

本条为强制性条文。雨水调蓄工程应在醒目位置设置警示牌，说明调蓄工程设置目的和占地面积等，对于位于地面的雨水调蓄工程，应说明调蓄工程的水深和安全警示要求，并设置栏杆、植物隔断屏障等安全防护设施，以保护人身安全。

4.1.9 具有渗透功能的调蓄设施的底部应比当地季节性最高地下水位高 1m，当不能满足要求时，应在底部敷设防渗材料。

具有渗透功能的调蓄设施包括生物滞留设施、下凹式绿地、浅层调蓄池。当地下水位过高时，可能在具有渗透功能的调蓄设施底部形成季节性积水，造成调蓄设施失效，且有可能污染地下水，因此，设计调蓄设施时，应调查当地的地下水位，特别是雨季的高水位情况。当不能满足调蓄设施底部比当地季节性最高地下水位高 1m 时，应在底部敷设防渗材料，避免地下水进入透水基层，并在砾石层底部埋置穿孔排水管，避免雨水长时间贮存在调蓄设施中。

4.2.1 小区水体调蓄工程应根据地理条件、小区环境和调蓄目的等因素，选择单一形式或组合形式。

小区包括建筑小区和工业厂区，小区水体调蓄工程多以削减峰值流量和雨水综合利用为主，具体形式包括景观水体、湿塘等。本规范指的小区水体是不受外围水系影响、相对独立可控的水体。

4.2.2 小区水体调蓄工程的调蓄量应按本规范第 3.1 节的规定确定，以雨水贮蓄为目的并有景观需求的小区水体调蓄工程，还需利用水量平衡校核水体的面积和调蓄深度。

小区水体调蓄工程调蓄量的计算应符合本规范第 3 章的相关规定。同时根据现场条件对小区水体面积和调蓄水深进行调整。以雨水贮蓄为目的并有景观需求的小区水体调蓄工程，为保证水体正常运行，还需利用水量平衡计算校核水体的面积和调蓄深度。水体水量平衡计算可参照表 5-4。通过计算得出每月水量差、补水量、外排水量、水位变化等相关参数，分析确定方案的合理性。

水体水量平衡计算表 表 5-4

项目	汇流雨水量	补水量	蒸发量	用水量	渗漏量	水量差	水体水深	剩余调蓄深度	外排水量	额外补水量
单位	m³/月	m³/月	m³/月	m³/月	m³/月	m³/月	m	m	m³/月	m³/月
编号	[1]	[2]	[3]	[4]	[5]	[6]	[7]	[8]	[9]	[10]
1月										
2月										
…										
11月										
12月										
合计										

对于需要大量补充水维持水体水量平衡的工程，当再生水等补水水源无法满足工程需求时，可采用干塘的形式替代小区景观水体或湿塘。

4.2.5 内河内湖调蓄工程的调蓄规模应根据内涝防治设计重现期确定。

内河内湖调蓄设施调蓄量的计算除应符合本规范第 3 章中的相关规定外，还可采用河网水力试算法或静态库容排涝调蓄计算法确定。通过假定不同的泵站规模、排涝河道规模、水闸规模，设定边界条件、起调水位等，进行不同规模不同方案组合计算，得到河道各断面设计高水位，确定合理的工程规模，明确预降（起调）设计水位、最高设计水位、调蓄库容等参数，并结合城镇水景观要求综合考虑。

4.2.7 内河内湖调蓄工程的调蓄规模和调蓄水位确定后，对填占调蓄库容的涉水构筑物必须经过排水防涝影响论证后方可建设。

本条为强制性条文。在具有调蓄功能的内河内湖周边进行滨水开发建设时，跨河（湖）桥梁、人工岛、亲水平台、滨水栈道、游船码头等涉水构筑物如无序规划，往往会大幅侵占调蓄库容，而调蓄水位以上的库容又无法通过挖深河底、湖底进行补偿，会明显降低内河、内湖调蓄功能，从而抬高河湖的最高水位，影响排水防涝安全。因此规定在具有调蓄功能的内河、内湖开展涉水构筑物建设时，必须对构筑物占用调蓄库容造成的排水防涝影响进行科学论证，并提出工程措施和对策。

4.3.1 绿地、广场调蓄工程应根据场地条件和调蓄目的等因素，选择单一形式或组合形式。

根据城镇绿地类型将绿地调蓄工程分为广义和狭义两类，狭义的绿地调蓄包括下凹式绿地、生物滞留池、绿色缓冲带等；广义的绿地调蓄则包括利用城市公园、开放空间等绿地所建设的调蓄设施。

本规范中绿地、广场调蓄工程的分类根据调蓄空间设置方法的不同分为生物滞留设施、浅层调蓄池、下凹式绿地和下沉式广场。生物滞留设施是指通过植物、土壤和微生物系统滞蓄、过滤、吸收等作用净化径流雨水的设施，包括雨水花园和景观性滞留池等。浅层调蓄池是采用人工材料在绿地下部浅层空间建设的调蓄设施，增加调蓄能力，适用于土壤入渗率低、地下水位高的地区，一般用于雨水综合利用系统。下凹式绿地是利用绿地本身建设的调蓄设施，可用于源头调蓄和排涝除险调蓄，当用于源头调蓄时，利用下凹式绿地的渗透能力控制径流污染和削减峰值流量，当用于排涝除险调蓄时，利用下凹式绿地上部的调蓄空间削减峰值流量，缓解下游系统的排水压力，防治城镇内涝。下沉式广场是利用广场本身建设的调蓄设施，一般用于排涝除险调蓄，可利用的下沉式广场包括城镇广场、运动场、停车场等，但行政中心、商业中心、交通枢纽等所在的下沉式广场不应作为雨水调蓄设施。

4.3.5 生物滞留设施宜在土基上铺设，自上而下宜设置蓄水层、覆盖层、种植层、透水土工布和砾石层，并应符合下列规定：

1 蓄水层深度应根据生物滞留设施的形式、植物耐淹性能和土壤渗透性能确定，宜为 0mm～300mm，并应设 100mm 的超高；

2 覆盖层厚度宜为 50mm，有蓄水层时宜采用陶粒、钢渣等材料；无蓄水层时宜采用松树皮等材料；

3 种植层介质类型和深度应满足雨水净化的要求，并应符合植物种植要求；

4 种植层底部宜设置不小于 200g/m² 的长丝透水土工布；

5 砾石层厚度宜为 250mm～300mm，可在其底部埋置管径为 100mm～150mm 的穿孔排水管。

生物滞留设施蓄水层的作用是收集径流雨水，并在径流量大时暂时贮存雨水。蓄水层的高度由溢流管控制，其设置应考虑植物的耐淹程度和土壤渗透性能。有些设置于建筑物周围的高位花坛为了景观需要也可不设置蓄水层。

覆盖层的作用是防止雨水径流对种植层的直接冲刷，减少水土流失；同时可以使植物根部保持潮湿，为生物生长和分解有机物提供媒介，并截流吸附部分污染物。

种植层除了为植物生长提供必要的营养物质外，还具有过滤径流雨水的作用。种植土的配比应根据当地的自然和经济条件综合确定。为防止种植层介质流失，种植层底部一般设置透水土工布隔离层，也可采用厚度不小于 100mm 的砂层（细砂和粗砂）代替。

砾石层起到排水作用，厚度一般为 250mm～300mm，可在其底部埋置管径为 100mm～150mm 的穿孔排水管，砾石应洗净且粒径不小于穿孔管的开孔孔径；为提高生物滞留设施的调蓄作用，在穿孔管底部可增设一定厚度的砾石调蓄层。

4.3.7 浅层调蓄池的设计应符合下列规定：

1 可采用管道或箱涵拼装而成；

2 宜设置进水井、进出水管、排泥检查井、溢流口、取水口和单向截止阀等设施；

3 宜具有排泥的功能；

4 具有渗透功能的调蓄池四周宜采用粒径 20mm～50mm 级配碎石包裹，调蓄池上、下碎石层厚度均应大于 150mm；

5 两组调蓄池间距不应小于 800mm；

6 底部设置穿孔管排水时，宜选择不小于 200g/m² 长丝土工布包裹。

浅层调蓄池是在人行道、广场的铺装层或绿化种植土以下，在地下水位以上用人工材料堆砌成大小、形状不同的雨水调蓄空间。浅层调蓄池可以采用在地下埋设大口径玻璃钢管道（半管）、HDPE 管道（半管）或组装式拼装箱涵等形式，形成足够的蓄水空间，具体设计应根据当地条件灵活选择。浅层调蓄池宜设置进水井，以便在运行维护过程中观察调蓄池的水位情况，指导运行；当调蓄池用于雨水回收利用时，应设置取水口，收集的雨水一般用于绿化浇灌，可用绿化浇灌车上的吸水设备直接从吸水口取水。

为防止雨水中污染物质沉积造成板结从而影响浅层调蓄池的功能发挥，浅层调蓄池一般通过设置流槽或坡度等措施达到排泥的要求。

对于具有渗透功能的浅层调蓄池，一般在人工材料底部敷设级配碎石等渗水材料以提高下渗速率。

两组调蓄池之间应保持一定间距，便于维护和检修。

4.3.8 用于排涝除险调蓄的下凹式绿地的设计，应符合下列规定：

1 下凹深度应根据设计调蓄容量、绿地面积、植物耐淹性能、土壤渗透性能和地下水位等合理确定，宜为 100mm～250mm；

2 宜设置多个雨水进水口，进水口处标高宜高于汇水地面标高 50mm～100mm，并宜设置拦污设施和消能设施；

3 调蓄雨水的排空时间不应大于绿地中植被的耐淹时间；

4 应在绿地低洼处设置出流口并与下游排水通道相连。

下凹式绿地可用于源头调蓄和排涝除险调蓄。用于源头调蓄的下凹式绿地应按照现行国家标准《城镇内涝防治技术规范》GB 51222 的相关规定进行设计。用于排涝除险调蓄的下凹式绿地下凹深度宜为 100mm~250mm，如果设置过浅，调蓄雨水的能力不够，达不到充分蓄渗雨水的功能；设置过深影响植被正常生长。绿地土壤的入渗率应满足现行行业标准《绿化种植土壤》CJ/T 340 的相关规定。

用于排涝除险调蓄的下凹式绿地宜根据周边道路和排水系统的竖向规划设置多个雨水进水口，并设置格栅作为拦污设施，设置碎石区作为消能设施，避免雨水集中大流量冲刷绿地，破坏植被和土层。

下凹式绿地的下凹深度和占地比例计算完成后应根据土壤入渗条件验算最不利情况下下凹式绿地雨水排空所需的时间，要求不能超过绿地中植被的耐淹时间，在我国下凹式绿地建设较多的北京地区，一般植物的耐淹时间为 1d~3d。

用于排涝除险调蓄的下凹式绿地是在周边排水系统超载的情况下运行，因此可不设置溢流设施，而应在绿地低洼处设置出流口。与出流口相连的出水管标高应高于下游排水通道的标高，以便周边排水系统有排水余量时，下凹式绿地内的积水可通过出流管排放至下游排水通道，避免下凹式绿地长时间受淹。

4.3.9 下沉式广场调蓄设施的设计，应符合下列规定：

1 主要功能宜为削减峰值流量；

2 应设置专用雨水出入口，入口处标高宜高于汇水地面标高 50mm~100mm，且应设置拦污设施，出水可设计为多级出水口形式；

3 排空设计应符合本规范第 4.4.9 条的规定，宜为降雨停止后 2h 内排空；

4 应设置清淤装置和检修通道；

5 应设置疏散通道和警示牌，并应设置预警预报系统。

下沉式广场调蓄设施是利用城镇广场、运动场、停车场等空间建设的多功能调蓄设施，设置的主要目的是削减峰值流量，调蓄超出雨水管渠排除能力的雨水径流、防治内涝发生。通过和城镇排水系统的结合，在暴雨发生时发挥临时调蓄功能，提高汇水区域的排水防涝标准，无降雨或小雨期间广场发挥其自身功能。

用于排涝除险调蓄的下沉式广场的专用入口标高过低，将造成下沉式广场频繁进水，增加运行维护的难度和成本；专用入口标高过高时，周边地面积水将不能及时地流入下沉式广场，无法有效控制周边地区超出管渠排除能力的雨水径流。有条件的地区，下沉式广场专用入口的标高宜通过数学模型模拟计算确定。同时入口应设置格栅等拦污设施，以防止雨水对广场空间造成冲刷侵蚀，并减少污染物随雨水径流汇入广场。

根据下沉式广场的调蓄深度、广场底部标高和下游管渠的设计水位标高，可确定采用重力或水泵排空方式排空积水。本规范第 4.4.9 条给出的排空时间计算方法是按照出口自由出流考虑的，未考虑下游雨水管渠水位的顶托影响，因此，下沉式广场实际排空时间可能高于设计排空时间（2h）。

为保障暴雨发生时的人员安全，应设置疏散通道、警示牌和预警预报系统，标明该设施发挥调蓄功能的启动条件、可能被淹没的区域和目前的功能状态。

4.3.10 利用城镇公园等开放空间建设的多功能调蓄设施的设计，应符合下列规定：

1 应结合排水系统、城镇景观、竖向规划和公园本身的建设进行设计，利用公园内绿地和水体等发挥调蓄功能；

2 公园内发挥调蓄功能的区域应设置安全防护设施。

为保障暴雨发生时的人员安全,公园内发挥调蓄功能的区域应设置警示牌等安全防护设施,标明该区域发挥调蓄功能的启动条件、可能被淹没的范围和目前的功能状态。

4.4.1 调蓄池设置的位置应根据调蓄目的确定,并应符合下列规定:

1 用于削减峰值流量和雨水综合利用的调蓄池宜设置在源头,雨水综合利用系统中的调蓄池宜设计为封闭式;

2 用于削减峰值流量和控制径流污染的调蓄池宜设置在管渠系统中,并宜设计为地下式。

当源头调蓄工程中采用了水体调蓄、绿地广场调蓄等措施后,仍不能满足排水管渠和内涝防治设计标准时,可设置调蓄池,将超过径流量控制要求的径流或可利用的雨水暂时贮存在调蓄池中。用于削减峰值流量的调蓄池为便于雨水重力流入,一般设计为地下封闭式,有条件设计为敞开式的调蓄池应与景观水体相结合,并符合相关规定。雨水综合利用系统中的调蓄池根据收集范围的不同,如水源为单体建筑的屋面雨水或小区、建筑群的雨水等,可设置于地上或地下,一般设计为封闭式,避免阳光直接照射,保持较低的水温和良好的水质,防止藻类生长和蚊蝇滋生。

管渠系统中的调蓄池,可设置在管渠系统的中部或末端。用于削减峰值流量的调蓄池一般设置在管渠系统的中部,将雨水径流的峰值流量暂时贮存,待流量下降后,再排至下游管渠系统,可缓解下游管渠的排水压力,提高下游管渠系统的排水标准。用于控制径流污染的调蓄池一般设置在管渠系统的末端,暂时贮存合流污水或初期雨水,削减排江溢流,缓解对受纳水体的污染,待降雨停止后,再将调蓄池中的合流污水或初期雨水输送到下游污水系统,或就地处理后排放至受纳水体。当泵站需要扩容而不具备实施条件时,也可通过设置调蓄池达到设计标准。管渠系统中的调蓄池一般位于城区,为便于管理、确保安全和减少对周边的环境影响,一般设计为地下式。

4.4.2 调蓄池根据是否有沉淀净化功能可分为接收池、通过池和联合池三种类型,其选择应根据调蓄目的、服务面积和在系统中的位置等因素确定,并应符合下列规定:

1 用于控制径流污染的调蓄池,当进水污染初期效应明显时,宜采用接收池;当初期效应不明显时,宜采用通过池;当进水流量冲击负荷大,且污染持续较长时间时,宜采用联合池;

2 用于削减峰值流量和雨水综合利用的调蓄池,宜采用接收池。

用于控制城镇径流污染的调蓄池,当汇水面积较小时,因汇水时间较短(指汇水时间为 15min～20min 时),通常排水系统出流的初期效应较大,可设置接收池,初期雨水贮存在接收池中,而后续水量不再进入接收池,待降雨停止或下游污水管渠有空余时,将接收池内的水输送至泵站或污水处理厂;当汇水面积较大时,进水污染物浓度没有明显的初期效应,可设置通过池,在通过池中可以进行合流污水或初期雨水的沉淀净化,在通过池末端需设置溢流装置,通过池充满后,将沉淀后的合流污水或初期雨水溢流至水体,通过池在充满之前类似接收池,起贮存作用,充满后起沉淀净化作用;当同时出现既有水量冲击负荷,又有明显的污染且持续较长时间时,应采用联合池,联合池是接收池和通过池的结合体,由一个接收部分和一个净化部分组成,合流污水或初期雨水首先进入一个按接收池建造的接收部分,充满之后,合流污水或初期雨水再进入按通过池建造的净化部分。

用于削减峰值流量和雨水综合利用的调蓄池一般采用接收池。其中,用于削减峰值流量的调蓄池通过设计出水量小于进水量，调蓄峰值流量，缓解下游排水系统的压力。

4.4.3 调蓄池和排水管渠的连接形式，应符合下列规定：

1 调蓄池用于削减峰值流量时，宜采用与排水管渠串联的形式；

2 调蓄池用于径流污染控制或雨水综合利用时，应采用与排水管渠并联的形式。

调蓄池和排水管渠的连接形式一般分为串联形式和并联形式。

串联形式的调蓄池，当进水量小于出口排水能力时，来水通过调蓄池直接排入下游；当进水量超过出口的最大出水量时，多余的来水贮存在调蓄池内，直到调蓄池充满或进水量减少。为削减峰值流量，缓解下游排水系统的压力，串联形式调蓄池的出口尺寸一般小于入口尺寸。

并联形式的调蓄池，旱流污水或未超过下游系统排水能力的雨水从位于调蓄池外的旁通管道流过，在降雨过程中，管道内水位上升，当水位超过预先设定的深度时，经进水交汇井溢流堰或调蓄池进水控制设施流入调蓄池；当调蓄池充满后，根据调蓄池的不同类型，后续来水或是继续进入调蓄池，并通过池内溢流设施排放至河道或下游管渠，或关闭调蓄池进水控制设施，后续来水通过溢流设施排放至河道或下游管渠。

4.4.5 调蓄池的有效容积，应符合下列规定：

1 有条件的地区，宜根据调蓄池功能、排水体制、管渠布置、溢流管下游水位高程和周围环境等因素，采用数学模型确定。

2 没有条件采用数学模型的地区，应符合下列规定：

1） 接收池的容积，应按本规范第 3.1 节的规定确定；

2） 通过池的容积，宜根据设计水量、污染控制目标、表面水力负荷和沉淀时间等参数计算确定，其中表面水力负荷和沉淀时间等宜通过试验确定，在无试验资料时，表面水力负荷可为 $1.5m^3/(m^2 \cdot h) \sim 3.0m^3/(m^2 \cdot h)$，沉淀时间可为 $0.5h \sim 1.0h$；

3） 联合池的容积，宜根据长期监测后确定的初期雨水量、后续水量和水质特征，分别确定接收部分和沉淀净化部分的容积。

城镇雨水系统是由汇水街区、管渠、河道、泵站、检查井、雨水口、出水口、堰、孔口、调蓄设施和渗透设施等组成的一个结构复杂、规模庞大的工程。运行中的雨水系统，其状态随降雨量的变化而变化，很多参数和状态变量的不确定性使整个系统表现出强烈的动态性和随机性。截至目前，数学模型法是展示雨水系统运行状态的有效方法。因此，规定在有条件的区域调蓄池设计宜采用数学模型法，该方法能动态反映调蓄池的运行工况，有利于后期运行维护管理。

没有条件采用数学模型的地区，可根据不同的调蓄池功能和调蓄池类型，按公式计算。

接收池不具有沉淀净化功能，其主要作用是对雨水进行暂时贮存，其容积可根据调蓄目的，按本规范第 3.1 节中相应的方法计算后确定。

通过池在未满时，主要是贮存功能，充满后，池中的水通过溢流装置排放，具有沉淀净化功能，其原理和平流沉淀池相同。由于调蓄池的进水水质和污水处理厂不完全相同，因此，应通过试验确定其颗粒沉降性能和表面水力负荷对去除效率的影响，按污染控制目标确定表面水力负荷和沉淀时间，通过计算确定通过池容积。在无试验条件和资料时，参考城镇污水处理厂初沉池的相关设计参数，提出通过池的表面水力负荷可为 $1.5m^3/(m^2 \cdot h) \sim$

$3.0m^3/(m^2 \cdot h)$，沉淀时间可为 $0.5h \sim 1.0h$。处理效果还和出水堰负荷有关，由于调蓄池一般没有刮泥设备，因此处理效果会有一定影响。

4.4.7 调蓄池的池体设计，应符合下列规定：

1 池型应根据用地条件、调蓄容积和总平面布置等因素，经技术经济比较后确定，可采用矩形、多边形和圆形等。

2 底部结构应根据冲洗方式确定，并应符合下列规定：

1） 当采用门式冲洗或水力翻斗冲洗时，宜为廊道式；

2） 当采用自冲洗方式时，应为连续沟槽式，并应进行水力模型试验。

3 设计底坡坡度宜为 1%～2%，结构复杂的调蓄池宜进行水力模型试验确定。

4 超高宜大于 0.5m。

采用现浇钢筋混凝土结构的调蓄池，池型可采用矩形、多边形和圆形，应根据用地条件、调蓄容积和总平面布置确定。上海市内已建的 11 座雨水调蓄池，8 座为矩形，2 座为多边形（根据地形要求，由矩形削去部分面积而成为多边形），还有 1 座为圆形。

调蓄池的底部结构应根据冲洗方式确定，当采用门式冲洗或水力翻斗冲洗时，底部结构一般设计为廊道式；当采用自冲洗方式时，底部结构应设计为连续沟槽，其沟槽一旦出现淤积，清洗难度非常大，因此应通过水力模型试验验证其沟槽、底坡、转弯处不淤积。

根据上海已建调蓄池实例，超高均大于 0.5m，较高的超高多为与泵房合建的结构需要。

4.4.8 调蓄池的进出水设计，应符合下列规定：

1 进水可采用管道、渠道和箱涵等形式。

2 进水井位置应根据合流污水或雨水管渠位置、调蓄池位置、调蓄池进水方式和周围环境等因素确定，并应符合下列规定：

1） 并联形式的调蓄池进水井可采用溢流井、旁通井等形式；

2） 采用溢流井作为进水井时，宜采用槽式，也可采用堰式或槽堰结合式；管渠高程允许时，应采用槽式；当采用堰式或槽堰结合式时，堰高和堰长应进行水力计算，并复核其过流能力；

3） 采用旁通井作为进水井时，应设置闸门或阀门，闸门的开启速度宜为 0.2m/min～0.5m/min，其他阀门启闭时间应小于 2min。

3 进出水应顺畅，进水不应产生滞流、偏流和泥沙杂物沉积，出水不应产生壅流。

4 进水宜设置拦污装置。

目前上海并联形式的调蓄池多采用旁通交汇井作为进水井，串联形式的调蓄池一般不设进水井，但应设置旁通或检修管，用于调蓄池检修时输送旱流污水。为便于调蓄池放空和清淤，进水宜设置闸门或阀门。闸门和阀门选用时，应选择在雨污水进水条件下，不易被杂质破坏密封性的闸门和阀门。为保障调蓄池的运行效益，保证及时进水，应考虑闸门和阀门的启闭时间，闸门的开启速度宜为 0.2m/min～0.5m/min，其他阀门启闭时间应小于 2min。进水的拦污装置可选用格栅等。

4.4.9 调蓄池放空可采用重力放空、水泵排空或两者相结合的方式。有条件时，应采用重力放空。放空管管径应根据放空时间确定，且放空管排水能力不应超过下游管渠排水能力。出口流量和放空时间，应符合下列规定：

1 采用管道就近重力出流的调蓄池，出口流量应按下式计算：

$$Q_1 = C_d A \sqrt{2g(\Delta H)} \qquad (4.4.9\text{-}1)$$

式中：Q_1——调蓄池出口流量（m^3/s）；

C_d——出口管道流量系数，取 0.62；

A——调蓄池出口截面积（m^2）；

g——重力加速度（m^2/s）；

ΔH——调蓄池上下游的水力高差（m）。

2 采用管道就近重力出流的调蓄池，放空时间应按下式计算：

$$t_o = \frac{1}{3600} \int_{h_1}^{h_2} \frac{A_t}{C_d A \sqrt{2gh}} dh \qquad (4.4.9\text{-}2)$$

式中：t_o——放空时间（h）；

h_1——放空前调蓄池水深（m）；

h_2——放空后调蓄池水深（m）；

A_t——t 时刻调蓄池表面积（m^2）；

h——调蓄池水深（m）。

3 采用水泵排空的调蓄池，放空时间可按下式计算：

$$t_o = \frac{V}{3600Q/\eta} \qquad (4.4.9\text{-}3)$$

式中：Q'——下游排水管渠或设施的受纳能力（m^3/s）；

η——排放效率，一般取 0.3～0.9。

调蓄池放空可采用重力放空、水泵排空和两者相结合的方式。上海市苏州河环境综合整治工程中建设的江苏路调蓄池、成都路调蓄池和梦清园调蓄池等均采用重力放空和水泵排空相结合的方式，其中梦清园调蓄池 25000m^3 有效容积中，重力放空部分的容积为 18000m^3，DN1400 放空管的最大流量可达 10.6m^3/s，重力放空耗时约 1h。

重力放空的优点是无需电力或机械驱动，符合节能环保政策，且控制简单。依靠重力排放的调蓄池，其出口流量随调蓄池上下游水位的变化而改变，出流过程线也随之改变。因此，确定调蓄池的容积时，应考虑出流过程线的变化。采用公式（4.4.9-2）时，还需事先确定调蓄池表面积 A_t 随水位 h 变化的关系。对于矩形或圆形调蓄设施等表面积不随水深发生变化的调蓄池，如不考虑调蓄池水深变化对出流流速的影响，调蓄池的出流可简化为按恒定流计算，其放空时间可按下式估算：

$$t_o = \frac{A_t(h_1 - h_2)}{C_d A \sqrt{g(h_1 - h_2)}} \qquad (5\text{-}3)$$

公式（4.4.9-1）和公式（4.4.9-2）仅考虑了调蓄设施出口处的水头损失，没有考虑出流管道引起的沿程和局部水头损失，因此仅适用于调蓄池出水就近排放的情况。当排放口离调蓄池较远时，应根据管道直径、长度和阻力情况等因素计算出流速度，并通过积分计算放空时间。

水泵排空和重力放空相比，工程造价和运行维护费用较高。当采用水泵排空时，考虑到下游管渠和相关设施的受纳能力的变化、水泵能耗、水泵启闭次数等因素，设置排放效率 η。当排放至受纳水体时，相关的影响因素较少，η 可取较大值；当排放至下游污水管渠时，其实际受纳能力可能由于地区开发状况和系统运行方式的变化而改变，η 宜取较小值。

4.4.10　调蓄池溢流设施的设计，应符合下列规定：

1　采用水力固定堰进水方式或没有设置液位自动控制设施的调蓄池应设置溢流设施；

2　溢流管道过流断面应大于进水管道过流断面。

采用水力固定堰进水方式或没有设置液位自动控制设施的调蓄池，为保障系统排水安全，避免上游壅水，应设置溢流设施。

4.4.13　调蓄池冲洗应根据工程特点和调蓄池池型设计，选用安全、环保、节能、操作方便的冲洗方式，宜采用水力自冲洗和设备冲洗等方式，可采用人工冲洗作为辅助手段，并应符合下列规定：

1　采用水力自冲洗时，可采用连续沟槽自冲洗等方式；采用设备冲洗时，可采用门式自冲洗、水力翻斗冲洗、移动冲洗设备冲洗、水射器冲洗和潜水搅拌器冲洗等方式；

2　矩形池宜采用门式自冲洗、水力翻斗冲洗、连续沟槽自冲洗、移动冲洗设备冲洗和水射器冲洗等方式；圆形池应结合底部结构设计，宜采用潜水搅拌器冲洗和径向门式自冲洗等方式；

3　位于泵房下部的调蓄池，宜选用设备维护量低、控制简单、无需电力或机械驱动的冲洗方式。

敞开式调蓄池可采用人工冲洗的方式，但对于封闭式调蓄池，人工冲洗危险性大且劳动强度大，一般作为调蓄池冲洗的辅助手段。调蓄池的冲洗有多种方法，各有利弊。随着节能减排的政策要求，越来越多的环保型、节能型的冲洗设施和方法得到开发应用。各种冲洗方式的优缺点如表 5-5 所示。

各种冲洗方式优缺点　　　　　　　　　　　　　　　　　　　　　表 5-5

序号	冲洗方式	优点	缺点
1	人工冲洗	无机械设备，无需检修维护，适用于敞开式调蓄池	危险性高，劳动强度大
2	移动冲洗设备冲洗	投资省，维护方便	仅适用于有敞开条件的平底调蓄池，扫地车、铲车等清洗设备需人工作业
3	水射器冲洗	自动冲洗；冲洗时有曝气过程，可减少异味，适用于大部分池型	需建造冲洗水贮水池，并配置相关设备；运行成本较高；设备位于池底，易被污染、磨损
4	潜水搅拌器冲洗	搅拌带动水流，自冲洗，投资省	冲洗效果差，设备位于池底，易被缠绕、污染、磨损
5	水力翻斗冲洗	无需电力或机械驱动，控制简单	需提供有压力的外部水源给翻斗进行冲洗，运行费用较高；翻斗容量有限，冲洗范围受限制
6	连续沟槽自冲洗	无需电力或机械驱动，无需外部供水	依赖晴天污水作为冲洗水源，利用其自清流速进行冲洗，难以实现彻底清洗，易产生二次沉积；连续沟槽的结构形式加大了泵站的建造深度
7	门式自冲洗	无需电力或机械驱动，无需外部供水，控制系统简单；单个冲洗波的冲洗距离长；调节灵活，手、电均可控制；运行成本低、使用效率高	设备初期投资较高

上海已建 11 座调蓄池采用的冲洗方式如表 5-6 所示。

上海已建调蓄池冲洗方式

表 5-6

序号	调蓄池名称	调蓄池容积（m³）	排水体制	池形	冲洗方式
1	上海江苏路调蓄池	15300	合流制	多边形	水力翻斗冲洗
2	上海成都路调蓄池	7400	合流制	圆形	潜水搅拌器冲洗
3	上海梦清园调蓄池	25000	合流制	矩形	水力翻斗冲洗
4	上海新昌平调蓄池	15000	合流制	多边形	连续沟槽自冲洗
5	上海芙蓉江调蓄池	12500	分流制	矩形	连续沟槽自冲洗
6	上海世博浦明调蓄池	8000	分流制	矩形	门式自冲洗
7	上海世博后滩调蓄池	2800	分流制	矩形	门式自冲洗
8	上海世博南码头调蓄池	3500	分流制	矩形	门式自冲洗
9	上海世博蒙自调蓄池	5500	分流制	矩形	门式自冲洗
10	上海新师大调蓄池	3500	合流制	矩形	水力翻斗冲洗
11	上海新蕴藻浜调蓄池	20000	合流制	矩形	门式自冲洗

4.4.14　当采用封闭结构的调蓄池时，应设置送排风设施。设计通风换气次数应根据调蓄目的、进出水量、有毒有害气体爆炸极限浓度等因素合理确定。

本条为强制性条文。当采用封闭结构的调蓄池时，需要设置送排风设施，应合理设置透气井或排放口，以保持进出水期间池内气压平衡，保障进出水通畅和有毒有害气体的有组织排放。设计通风换气次数的确定应充分考虑调蓄目的、进出水量、有毒有害气体爆炸极限浓度等因素。

用于径流污染控制的调蓄池，收集和贮存的是合流污水或初期雨水，池内产生有毒有害气体的风险较大；用于削减峰值流量的调蓄池，如该区域不存在雨污混接，收集和贮存的雨水水质较好，则产生有毒有害气体的风险较小。

在分析池内可能产生的有毒有害气体浓度的基础上，送排风设施的设计应满足：在调蓄池进水和放空时，池内气压平衡；当调蓄池内贮存有雨污水时或放空后，池内硫化氢（H_2S）、甲烷（CH_4）等有毒有害气体的浓度低于爆炸极限；人员进入前，池内硫化氢（H_2S）、氨（NH_3）等有毒有害气体的浓度不应对人员安全造成威胁。

美国用于合流制溢流污染控制的调蓄池设计中要求的设计通风换气次数是每小时 6 次～12 次，我国目前用于径流污染控制的调蓄池的通风换气次数一般是每小时 4 次～6 次。

4.4.21　调蓄池内易形成和聚集有毒有害气体的区域，应设置固定式有毒有害气体检测报警设备且预留有毒有害气体监测孔。

本条为强制性条文。雨污水在密闭空间中贮存一定时间后，易产生有毒有害气体，主要包括厌氧反应产生的硫化氢（H_2S）气体、氨（NH_3）气体、甲烷（CH_4）气体等。因此，为确保安全，设计人员应根据调蓄的水质特点和调蓄池的空间设计特点，在分析调蓄池可能产生有毒有害气体区域的基础上，在易形成和聚集有毒有害气体的区域（如设置于室内的格栅间、池内、检修通道等），应设置固定式的有毒有害气体检测报警设备，由于调蓄池池内环境恶劣，容易造成固定式气体检测设备探头失效，因此，设计中应考虑在池顶等部位预留有毒有害气体监测孔，供运行维护人员定期监测有毒有害气体的浓度，防止有毒有害气体的浓度超过爆炸极限。

4.4.22 调蓄池可能出现可燃气体的区域，应采取防爆措施。

本条为强制性条文。雨污水在密闭的输送管渠和调蓄池等厌氧环境下可能产生甲烷（CH_4）、硫化氢（H_2S）等可燃气体，贮存雨污水的调蓄池的池体、接纳雨污水的格栅间和排放调蓄池内气体的透气井井口等场所均可能存在可燃气体，可燃气体发生爆炸需同时满足下列两个条件：一是可燃气体浓度达到爆炸极限；二是存在足以点燃可燃气体混合物的火花、电弧或高温。

因此在调蓄池内出现或可能出现可燃气体混合物的区域采取下列防止爆炸的措施，可将产生爆炸的条件同时出现的可能性减到最小：

（1）采取电气防爆和其他措施，确保爆炸性气体混合物的区域内不产生或出现足以点燃可燃气体混合物的火花、电弧或高温。

（2）防止爆炸性气体混合物的形成或减小爆炸性气体混合物的浓度和滞留时间。如采用可靠有效的机械通风装置，确保爆炸性气体混合物的浓度在爆炸下限值以下。

（3）调蓄池的透气井设置在工作区域内，工作区域设置防火标志，以避免明火接触池内产生的可燃气体，造成爆炸。

4.5.1 地上建筑密集、地下浅层空间无利用条件的区域可采用隧道调蓄。

隧道调蓄工程是位于地下，用于调蓄、输送雨水或合流污水的隧道，通常具有很大的调蓄容量。采用隧道调蓄工程可提高城镇排水系统的排水能力、削减峰值流量、有效控制径流污染。由于隧道调蓄工程可建造在相对标高-20m以下的地层，所以不仅不占用昂贵的城市用地，对城市地下空间利用的影响也比较小，但应与地下空间规划相协调。隧道调蓄工程存在建设投资大、施工周期长、施工难度大、运行维护要求高等问题，因此一般仅适用于地上建筑密集、地下浅层空间已无利用条件的经济条件较好地区。

4.5.2 隧道调蓄工程的总体布置，应符合下列规定：

1 位置和走向应根据功能需求，结合排水系统、城镇道路和河道水系等情况确定；

2 可沿河道布置，埋深应与地下空间规划相协调，并根据排放条件、当地土质、地下水位、河道、原有和规划的地下设施、施工条件、经济水平和养护条件等因素确定。

隧道调蓄工程用于城镇水体调蓄、绿地广场调蓄、调蓄池等工程无法解决的排涝除险调蓄或城镇径流污染控制，因此，隧道调蓄的位置应结合排水系统、城镇道路和河道水系等情况确定。

国内外主要隧道调蓄工程如表5-7所示。

国内外隧道调蓄工程 表5-7

名称	管径（m）	埋深（m）	全长（km）
美国芝加哥隧道调蓄系统	5.0～10.7	46～88	106.4
日本东京外圈放水路	6.5～10.6	50	6.3
日本大阪浪速大放水路	6.5	24	8.5
英国泰晤士河隧道	6.0～7.2	35～65	20.0
中国香港荔枝角雨水排放隧道工程	4.9	45	3.7

4.5.3 隧道调蓄工程可由综合设施、主隧道、出水放空系统、通风设施、控制系统和检修设施组成。

综合设施是连接现有排水系统和主隧道的设施，主要包括截流设施、进水管道和竖向跌落井等。

主隧道可采用同一管径，也可随长度增加适当增大管径，但应考虑不同管径间的衔接和防渗。同一条主隧道管径类型不宜超过三种，以便于施工建设、检修维护和运行管理。目前国际上建设的调蓄隧道主要有圆形和方形两类，其中圆形断面便于土建施工、设备安装、运行管理和检修养护，且过流效果更优。

排空泵站的流量应根据设计功能、运行模式、目标效果等因素确定。以削减峰值流量为主要功能的隧道，应根据排水要求确定泵站规模；以控制径流污染为主要功能的隧道，应根据隧道的放空时间确定泵站规模，设计放空时间应根据下游污水系统的负荷、降雨特性等因素，经综合比较后确定，宜为 12h～48h，但有些调蓄量大的系统放空时间较长，如日本东京外圈放水路的设计放空时间超过 60h。

综合设施内应设置让空气迅速排出的脱气系统，当大量雨水通过竖向跌落井跌落进入衔接管渠后，隧道内的空气应能通过脱气通道迅速排出，避免影响隧道的进水。一般可设置于主隧道或隧道调蓄工程末端的泵站内，为防止隧道内产生厌氧条件形成臭气，应设置通风设施。通风井的排气中除了致臭气体外，还可能包含挥发性有机化合物（VOCs）。通风方式可以是在泵站内抽气或鼓气，具体的气流方向取决于除臭设施的位置和附近居住区敏感接受人群的位置。

隧道调蓄工程应设置检查井和检修通道等检修设施。检查井用于隧道的维护和检修，检查井可利用施工时的工作井，并和格栅间或其他控制设施合建。

5.3.2 运行维护

6.1.1 雨水调蓄工程应制定相应的运行管理制度、岗位操作手册、设施设备维护保养手册和事故应急预案，并应定期修订。

为了保证雨水调蓄工程的安全、稳定运行，运营管理单位应根据不同调蓄工程的特点建立相应的规章制度和操作手册，制定岗位责任制、设施巡视制度、运行调度制度、设备管理制度、交接班制度、设备操作手册、维护保养手册和重要设施设备故障等事故发生时的突发事故应急预案。根据实际情况和要求，定期对规章制度和操作手册及事故应急预案进行更新。

6.2.3 小区水体调蓄工程的运行管理应包括设施检查、杂物打捞、水质维护和清淤等。

特别是在每年汛期前，应加强对小区水体调蓄工程的进水口、进水格栅、前置塘和溢流口等进行检查，必要时应对调蓄设施进行清淤，保障汛期设施的正常运行。在汛期，每次设施使用后应进行杂物打捞，对于用于雨水综合利用的小区水体调蓄设施还应加强水质维护管理，保障供水安全和景观效果。

6.3.1 绿地调蓄工程的运行管理，应符合下列规定：

1 在汛前，应对设施的进水口和溢流口进行清淤维护；

2 进水口、溢流口因冲刷造成水土流失时，应设置碎石缓冲或采取其他防冲刷措施；

3 进水口、溢流口堵塞或淤积导致进水不畅时，应及时清理垃圾和沉积物；

4 浅层调蓄池的调蓄空间因沉积物淤积导致调蓄能力不足时，应及时清理沉积物；

5 应定期清除绿地上的杂物，对雨水冲刷造成的植物缺失，应及时补种。

汛前的清淤维护有利于保障汛期设施有足够的调蓄空间和下渗能力。

在汛中，应通过进水井观察浅层调蓄池的进水水位，当发现进水不畅时，应及时清理进水口附近的垃圾和沉积物。当采用下渗方式排空的浅层调蓄池难以在 48h 内排空时，建议通过排泥检查井进行清淤。

6.3.2 广场调蓄设施的运行管理，应符合下列规定：

1 警示牌应保持明显和完整；

2 应设置调蓄和晴天两种运行模式，建立预警预报制度，并应确定启动和关闭预警的条件；

3 启动预警进入调蓄模式后，应及时疏散人员和车辆，打开雨水专用进口的闸阀；调蓄模式期间，雨水流入广场，人员不得进入；预警解除后，应打开雨水专用出口闸阀，雨水排出广场；雨水排空后，应对广场和雨水专用进出口进行清扫和维护，并应结束调蓄模式；

4 晴天模式时，应关闭雨水专用进口闸阀，并应定期对雨水专用进出口进行维护保养。

6.4.2 调蓄池和隧道调蓄工程的运行模式可分为进水模式、放空模式和清淤冲洗模式等。

6.4.3 进水模式宜采用重力进水，当采用水泵进水时，应结合泵站工艺充分利用现有设备。进水时，应符合下列规定：

1 调蓄池为机械排风时，应开启风机；

2 应记录进水起止时间、前池水位、调蓄水位和流量；

3 应记录溢流起止时间、前池水位和流量；

4 应记录水泵开启台数、电流、运行时长；

5 上述记录曲线宜在自动化控制平台界面实时显示。

6.4.4 放空模式应考虑调蓄池、隧道调蓄工程和下游排水管渠或受纳水体的高程关系，采用重力结合水泵排空模式，并应符合下列规定：

1 应在下游管渠具有输送能力时进行；

2 放空时间应结合下游管渠的排水能力和雨水综合利用设施的排放效率确定；

3 调蓄池和隧道调蓄工程应及时放空到最低水位并开启机械通风；

4 应记录排空泵开启台数、电流、运行时长和调蓄池、隧道调蓄工程放空前后水位。

6.4.5 清淤冲洗模式应结合调蓄池和隧道调蓄工程的池型设计、节能、操作便捷等因素确定，并应符合下列规定：

1 清淤冲洗宜在调蓄池和隧道调蓄工程放空后的降雨间歇日进行，并应做好记录；

2 采用人工清淤冲洗时，应通风透气，并应进行有毒、有害和爆炸性气体实时监测，下池操作人员应配备防护装置；

3 采用水力设备时，冲洗频率宜根据冲洗方式和使用频率确定，采用自冲洗设备时，每次使用后应及时进行清淤冲洗；采用其他设备时，冲洗频率汛期每月宜大于两次，非汛期可适当延长；

4 调蓄池和隧道调蓄工程长时间未使用或未彻底放空，清淤冲洗前，应进行有毒、有害、爆炸性气体监测；

    5 采用机械清淤冲洗时，应采用操作便捷、故障率低、冲洗效果好、抗腐蚀的设备。

    6.4.9 检查和维护保养应包括进出水水泵、闸门、自动化控制系统、水质水量监测系统、气体自动监测、除臭设备等设施设备，并应做好检查维护记录，对易燃易爆、有毒有害气体检测仪应定期进行检查和校验，并应按国家现行有关规定进行强制检定。

调蓄池和隧道调蓄工程运行环境对相关设施设备易造成腐蚀和故障，对进出水水泵、闸门、自动化控制系统、水质水量监测系统、气体自动监测、除臭设备等核心设施设备进行维护和记录，可保障调蓄设施正常运行。

调蓄池和隧道调蓄工程的易燃易爆、有毒有害气体报警器等强检器具，应由具有相应资质的计量监督部门按其检测周期进行校验和检定，并应按相关规定执行。

    6.4.14 进入调蓄池和隧道调蓄工程进行作业，应符合下列规定：

    1 进入密闭空间前，应由专业人员进行安全风险评估；

    2 进入密闭空间作业的单位应取得作业许可，作业许可应注明工作环境和允许作业时间，同时还应列明安全注意事项和应配备的安全保护工具；

    3 作业中所使用的工具应安全可靠、保养到位，作业所需安全器具应穿戴正确；

    4 进入密闭空间前应对进水口和集水井的水进行分流；

    5 通风设备应运行正常，并应利用空气/氧气分析设备确定作业空间内已完全通风；

    6 应有应对雨污水进入的安全防范措施；

    7 作业开始前，应确定空间内作业人员和地面监控人员，双方应理解对方手势。应在密闭空间和地面监控人员之间建立沟通渠道，地面监控人员应监控作业过程，并应与空间内工作人员保持联系。

作业所需的安全器具包括安全背带、安全绳、气体/氧气分析设备、呼吸器、手套、面罩和防护服等。进入调蓄池和隧道调蓄工程等密闭空间的作业人员应身着呼吸装置，其身体状况需经医生认定许可。同时，作业人员还应接受相应的培训和训练，学习如何正确穿戴呼吸装置；使用呼吸仪器前应注意气压仪的读数，确保氧气瓶在使用前有足够的氧气。

5.4 编制意义

国家标准《城镇雨水调蓄工程技术规范》GB 51174—2017 的制定将解决雨水调蓄工程建设过程中"无据可依、目标盲目、功效失落、投资无控"的难题，对构建城镇内涝防治标准体系，保障城镇排水安全、控制雨水径流污染、保护城镇水环境和加强雨水综合利用具有重要意义。而随着海绵城市建设的推进以及越来越多的雨水调蓄工程的建设和运行，也会产生更多有益的经验为将来进一步丰富完善本规范奠定基础。

第6章 排水系统工程设计实例

6.1 上海市宝山区乾溪新村排水系统工程

6.1.1 项目介绍

上海市宝山区乾溪新村地区现状雨水排放为泵排和自排相结合，但是设施普遍标准偏低，无法承担地区排水需求，积水情况频现，对居民生活及企业单位日常生产造成较大影响；部分管道老旧、年久失修，并伴有沉降等因素导致排水不畅，防汛安全矛盾突出。

乾溪新村排水系统新建工程作为上海市宝山区"5＋1"排水系统项目之一，是2017年上海市重点民生工程，其建设是为了实现市政府提出的2017年之前基本消除本市排水系统空白点的目标，完善地区排水系统建设，提高地区排水防涝能力，确保区域防汛安全，改善区域水环境质量。

1. 地理位置

乾溪新村排水系统位于宝山区大场镇，范围北起葑村塘、南至走马塘、东起西弥浦、西至桃浦河，面积约238hm²。

乾溪新村排水系统范围内用地现状以居住、教育、工业、仓储用地为主。区域内现状道路较为稀疏，主要为南北向的沪太路和东西向的上大路、环镇北路。

2. 地区排水现状

（1）雨水排水现状

乾溪新村排水系统范围内现状雨水排放为泵排和自排相结合，其中上大路以南、沪太路以西的乾溪居住区内雨水排放以泵排为主；南何支线以东、西弥浦以西地块（乾溪一村）、沪太路东侧的上海国际研发基地总部及尊木会等地块的雨水自成系统，就近分散排入桃浦河、西弥浦等。

（2）污水排水现状

目前乾溪新村排水系统范围内现状道路环镇北路、场联路、上大路、沪太路下均已敷设污水管道，其中环镇北路、场联路 $DN1000 \sim DN1200$ 污水管由苏州河六支流截污工程敷设，收集转输祁连地区南块和大场地区污水后，接至场中路污水干管，经大场污水泵站提升后纳入新西干线；上大路现状污水管管径为 $DN300$，由西向东接至沪太路污水管；沪太路现状污水管管径为 $DN300 \sim DN600$，由北向南接至场中路 $DN1200$ 污水干管。

3. 地区排水规划

（1）雨水系统规划

规划范围内雨水主要采用城市小区强排水模式，雨水经管网收集后通过上大路雨水总管接入规划雨水泵站，提升后排入桃浦河。规划范围内雨水管网设计暴雨重现期不低于3年一遇，远期通过深层调蓄管道使其达到5年一遇的排水标准。规划范围内综合径流系数经计算约为0.6，区域内新建、改建地区综合径流系数应按不高于0.5控制。

泵站选址于盛家宅河北侧、南陈路东侧、上大雨水泵站西侧，设计规模为26.6m³/s，用地面积3708.5m²，泵站内设置旱季混接污水截流设施，截流水量按不低于系统日均污水量的20%考虑，规模不小于1400m³/d；待规划泵站建成后，可废除现状环镇北路雨水泵站。

南何支线以东、西弥浦以西地块（乾溪一村，约10hm²）仍维持现状自流排水模式。

沪太路以东、上大路以北区域（约25hm²）雨水受轨道交通7号线影响，无法接入上大路雨水总管，在西弥浦河沿线预留强排泵站用地以解决其排水出路。

乾溪新村雨水系统分区示意图见图6-1。

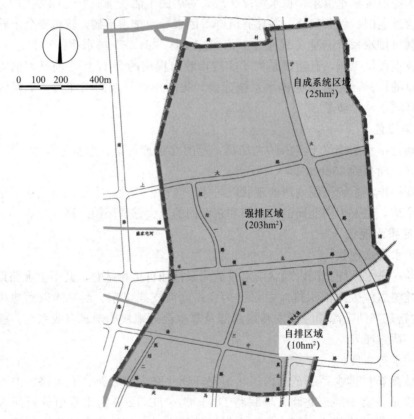

图6-1　乾溪新村雨水系统分区示意图

（2）污水系统规划

至2020年，乾溪新村排水系统范围内规划污水量为0.7万 m³/d。

地区污水经管道收集后通过环镇北路污水干管输送至大场污水泵站，经新西干线最终纳入规划泰和污水处理厂处理。

6.1.2　数学模型计算

根据地区排水规划，本工程拟在葑村塘—沪太路—南何支线—走马塘—桃浦河围合区域建立强排系统，面积 203hm²，因此构建的数学模型以此为边界。

本工程采用 InfoWorks ICM 软件对拟建排水系统工程方案进行模拟及验证。为验证系统的合理性，根据乾溪系统的测量、GIS 和管网数据，建立乾溪雨水排水系统综合模型。

通过模型对拟建排水系统工程方案在设计重现期 $P=3$ 年工况下的运行情况进行模拟计算，在 $P=3$ 年的设计工况条件下，系统无积水点，仅在环镇北路部分管道出现压力流情况。

峰值条件下系统末端基本处于满流状态，部分管道轻微受压，排水设施得到了有效利用，设计合理。模型计算得到的系统末端峰值流量约为 26.3m³/s，与泵站的设计规模大致相当，模型计算结果能较好地与传统计算结果互相印证。

通过水力数学模型的验证可以得出以下结论：在设计重现期 $P=3$ 年工况下，乾溪新村雨水排水系统运行状况良好，可以满足设计要求，模型模拟确定的泵站规模与传统计算相互验证，泵站规模设计合理。

6.1.3　工程设计方案

本工程建设内容主要包括管道工程及泵站工程两部分：

（1）管道工程

1）雨水系统总管，包括环镇北路（规划三路—规划一路）、规划一路（环镇北路—上大路）、沪太路（南何支线—上大路）、上大路（沪太路—南陈路）及南陈路（上大路—泵站）$\Phi1000\sim\Phi4000$ 雨水总管 2756m；

2）沿线各路段现状雨水管改接，管径 $DN400\sim DN1200$，长度 489m；

3）泵站截污管，管径 $DN600$，长度 200m。

本工程服务地块为建成地区，利用现状雨水管道作为雨水收集管道，对现状雨水管道进行多点、分段改接，将地区雨水引入本工程新建总管及泵站，发挥本工程效益。

（2）泵站工程

新建乾溪新村雨水泵站 1 座（含截污设施），泵站规模 26.6m³/s，污水截流设施规模 1400m³/d。

雨水泵房与截污泵房合建，泵房总平面尺寸为 35m×33.2m，顶板标高 5.10m（泵站设计地坪标高 4.80m），底板标高-8.05m，泵房埋深 13.15m。雨水泵房分 2 仓，截污泵房设置于雨水格栅井中间。雨水泵房设 10 台潜水轴流泵，每仓 5 台，单泵流量 2.66m³/s、扬程 8.4m、功率 365kW，雨水经泵提升后经出水箱涵及排放口排入桃浦塘。截污泵房设 3 台潜污泵，2 用 1 备，单泵流量 60m³/h、扬程 13m、电机功率 5.5kW，污水经泵提升后接至南陈路 $DN1000$ 污水管。

泵房设计图见图 6-2。

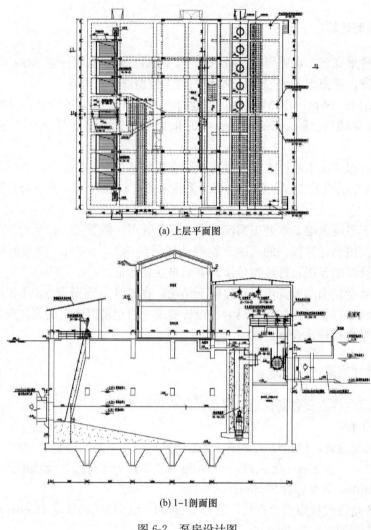

(a) 上层平面图

(b) 1-1剖面图

图 6-2　泵房设计图

6.2　上海市杨浦区民星南排水系统工程

6.2.1　项目介绍

民星南排水系统边界为海安路—何杨支线—白城路—共青森林公园西侧边界—嫩江路—黄浦江—复兴岛运河所围成的区域，汇水面积约 382hm²。民星南排水系统采用分流制排水体制，属于蕰南片区达标建设的待建强排系统之一。民星南排水系统污水进污水治理三期工程总管，雨水经雨水泵站提升后排入黄浦江。

民星南排水系统四周分别为铁路何杨支线、共青森林公园、海安路和黄浦江，排水系统较为独立，系统间管网互相交错的现象不明显。其被虬江分为南、北两个片区，北片区南侧有翔殷路越江隧道，其余大部分为厂房，中间夹杂民居；南片区自北向南分别为上海机床厂、上海电缆厂以及上海理工大学。

在 2002—2007 年，民星南雨水排水系统所在范围内相继启动了翔殷路越江隧道、中环线高架、中环线军工路立交以及军工路（翔殷路—逸仙路）道路改建等工程，在军工路上敷设了 $DN800\sim DN2000$ 雨水管道，以虬江为界，分为南、北两段接入配套建设的民星南（临）雨水泵站（规模为 $3.3\mathrm{m}^3/\mathrm{s}$），暂时缓解了该片区的雨水排放问题。

随着上海市第五轮环保计划的开展，杨浦区市政水务中心启动了杨浦区截污纳管公共道路和通道专项工程，在民星南片区中的虬江码头路、嫩江路、民星路等排水空白区按照分流制新建了雨污水管道，雨水进入军工路雨水管道，目前暂接到民星南（临）雨水泵站，污水接入军工路下污水管道，经由佳木斯污水泵站进入污水治理三期工程主干管；同时上海理工大学内部也进行着校区道路及雨、污水管网修缮工程，为周边教学楼、宿舍楼等截污纳管提供排水出路，提高学校排水标准。

民星南（临）雨水泵站作为现状本片区唯一的雨水强排泵站，原设计服务范围仅为中环线高架军工路段（海安路—上粮五库专用铁路）中心线外侧 100m 范围，面积仅占整个民星南雨水排水系统的 1/4 左右，然而随着杨浦区截污纳管等工程的展开，沿线接入军工路下雨水管道的管道日渐增多，作为现状强排系统末端的民星南（临）雨水泵站排水能力开始捉襟见肘。而且，民星南（临）雨水泵站及其配套管网设计时地面道路设计暴雨重现期按 1 年计，已不能满足现今极端暴雨气候频发的现状，降雨时片区内积水点频频出现。民星南雨水分区内余下的道路大部分为小路，或是位于工厂、学校内的道路，未建设有完善的雨水排水管网，属于规划排水空白区，急需解决排水出路。

6.2.2　数学模型计算

将民星南排水系统内现状雨水管道导入 InfoWorks ICM 排水管网模型软件进行模拟分析，在设计暴雨重现期为 5 年一遇的情况下，因民星南排水系统内道路等基础设施不完善，暴雨时积水主要发生在地块内部，现状道路上积水较少。模拟结果与从杨浦区相关部门了解到的情况基本一致。

根据规划路网对民星南排水系统内的雨水管道进行重新规划，分段论述如下：

（1）虬江以北：拟沿嫩江路、区域内规划道路、虬江大道北岸新建 $DN1200\sim DN2000$ 雨水管，向东接入虬江码头路拟建 $DN1800\sim DN3000$ 雨水管，随后向南接入虬江大道南岸系统总管，同时对军工路北段局部已建雨水管进行翻建；

（2）虬江以南：拟沿松花江路、虬江码头路新建 $DN2000\sim DN3000$ 雨水管，向北接入雨水系统总管，同时对军工路局部已建雨水管道进行翻建；

（3）临时泵站：拟将临时泵站废除，将雨水沿虬江大道引入拟建民星南雨水泵站，拟建雨水管道管径为 $DN3500\sim 4\mathrm{m}\times 4\mathrm{m}$ 箱涵。

拟建民星南雨水泵站规模为 $35.0\mathrm{m}^3/\mathrm{s}$。

将民星南雨水系统规划方案导入 InfoWorks ICM 排水管网模型软件。按照 5 年一遇芝加哥模式雨型（$T=120\mathrm{min}$，$r=0.405$）对雨水系统规划方案进行校核，降雨峰值时大部分系统主干管均处于满管流但非压力流的状态，达到了设计预期。

待市政道路上管道按标准实施且地块完全接入后，民星南排水系统能够应对 5 年一遇的暴雨，大大提高区域防洪排涝能力。同时，通过对民星南排水系统应对百年一遇降水时的积水分析，可以发现片区内主要路段均有积水，最大积水深度约为15mm，满足排水规范要求。

6.2.3 工程设计方案

1. 工程内容

民星南排水系统工程主要包括两部分内容：

（1）沿虹江南侧防汛通道，即上海机床厂内虹江大道敷设雨水总管1根，管径$DN3500\sim4.0m\times4.0m$（箱涵），总长约1175m。

（2）新建雨水泵站（1座），设计规模35m³/s，截流污水量约0.25万m³/d；近期雨水泵站配泵流量约14m³/s，截流污水配泵流量约1.2万m³/d。雨水经泵站提升排入黄浦江，污水泵送至佳木斯污水泵站泵前，经提升后进入污水治理三期工程主干管，最后进入竹园二厂进行处理。

2. 雨水总管设计

根据民星南雨水泵站选址规划，拟保留临时泵站内现状直径16m的沉井，废除其他设施。拟建民星南雨水泵站进水总管沿上海机床厂内虹江大道敷设，为$DN3500$顶管，顶管长度约955m，设置顶管工作井1座，靠近民星南临时泵站，设置顶管接收井1座，民星南临时泵站经结构改造后作为顶管接收井。其中心线距现状南侧厂房边线10.7m。根据今后道路雨水接入需要，顶管上部设置骑马井。雨水总管管内底标高－5.10m～－2.55m，埋深约7.5m～10.0m。雨水总管平面图见图6-3。

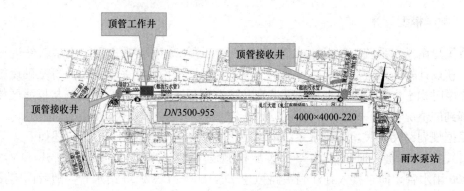

图6-3 雨水总管平面图

3. 雨水泵站设计

民星南雨水泵站拟建设在上海机床厂内虹江泵闸以南、厂房以东地块，泵站远期设计总规模35m³/s，截流污水量0.25万m³/d；近期雨水配泵流量约14m³/s，截流污水量1.2万m³/d。泵站总占地面积约为7073.5m²，绿化率约为30%。泵站内主要构筑物包括进水闸门井、连接箱涵、雨水泵房、出水箱涵及排放口、电力用房等，并预留远期。民星南雨水泵站总平面图见图6-4。

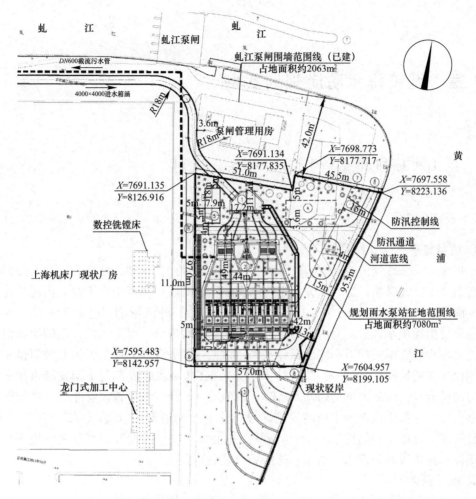

图 6-4　民星南雨水泵站总平面图

第7章 城镇排水防涝规划实例

7.1 昆山市城市排水(雨水)防涝综合规划

7.1.1 项目介绍

1. 项目背景

近年来,受全球气候变化影响,暴雨等极端天气对社会管理、城市运行和人民群众生产生活造成了巨大影响,加之部分排水防涝设施建设滞后、调蓄雨洪不足,出现了严重的暴雨内涝危害。尤其是 2013 年 10 月,受台风"菲特"外围影响,昆山市一些小区、企业、路段等出现积水现象。为应对内涝灾害频发的严峻形势,保障人民群众的生命财产安全,提高城市防灾减灾能力和安全保障水平,根据《国务院办公厅关于做好城市排水防涝设施建设工作的通知》(国办发〔2013〕23 号)、《住房城乡建设部关于印发城市排水(雨水)防涝综合规划编制大纲的通知》(建城〔2013〕98 号)和《省政府办公厅贯彻落实国务院办公厅关于做好城市排水防涝设施建设工作通知的通知》(苏政办发〔2013〕88 号)等文件要求,昆山市规划局于 2014 年 4 月委托上海市政工程设计研究总院(集团)有限公司编制《昆山市城市排水(雨水)防涝综合规划》。

2. 区位条件

昆山位于长三角核心地带,东接上海,西依苏州,周边邻常熟、太仓和吴江。作为苏南及整个江苏省接轨上海的门户,昆山享有上海技术扩散和人才外溢的优势,同时拥有能级最高、流量最大的沪宁高速公路、沪宁铁路等快速通道,战略性交通优势明显。

3. 自然条件

昆山市域内地势平坦,自然坡度较小,地面由西南微向东北倾斜。地面高程多在 2.8m~3.7m 之间(吴淞高程,以下同),部分高地达 5m~6m,平均为 3.4m。

昆山属亚热带南部季风气候区。根据近三十年气象资料统计,年平均降水量为 1133.3mm,降水集中在 5—9 月,占比约 60%,给昆山市排水防涝带来巨大挑战。

4. 暴雨强度公式及设计降雨雨型

(1)暴雨强度公式

规划采用现行暴雨强度公式如下:

$$q = \frac{3306.63(1+0.8201\lg P)}{(t+18.99)^{0.7735}}$$

(2)短历时降雨设计雨型

经分析综合雨峰系数确定为 0.37,5 年一遇 120min 设计降雨量为 90.45mm,降雨强度曲线如图 7-1 所示。

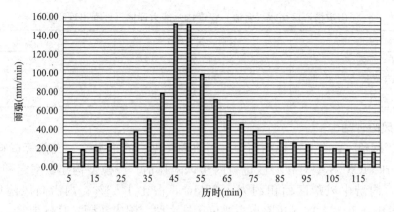

图 7-1 5 年一遇 120min 降雨强度曲线

（3）长历时降雨设计雨型

长历时降雨设计雨型如图 7-2 所示。

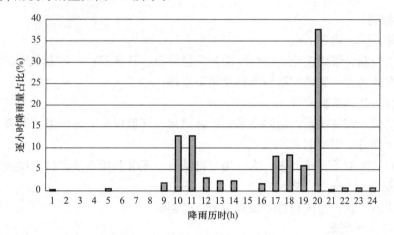

图 7-2 长历时降雨设计雨型

5. 排水防涝现状

昆山市域范围内基本建成管网—内河—排涝闸站—外河的排水防涝工程体系，市域范围内共有 95 个联圩。规划范围昆山核心区内涉及 15 个联圩，其中 10 个联圩水面率低于 5% 的标准，11 个联圩排涝模数低于 4m³/（s·km²）的标准。

排水管网方面，昆山市内新建城区均采用雨污分流制，较早建成区内部分街道仍保留有部分合流制管道，住宅小区内雨污混接现象也较为突出，目前有条件的地区已随旧城改造实现了雨污分流。

目前昆山市核心区内共有雨水（合流）管道 514.36km，管渠覆盖率为 6.61km/km²，其中 $DN300 \sim DN800$ 的管网占比约 82%。使用数学模型对已建管网进行模拟评估，以各联圩常水位为边界、地面出现积水为评估条件，核心区范围内 28% 的管道排水能力小于 2 年一遇标准（见表 7-1）。

积水点方面，昆山市有关部门积极对上报积水点的成因进行逐一排查，并制定综合整治方案，有序开展积水点整治。截至 2015 年，昆山市上报的 233 个积水点中已有 59 个完成改造。

昆山市核心区雨水（合流）管道排水能力评估（地面出现积水）　　表 7-1

设计标准	管道长度（km）	占比
$P<2$ 年	145.79	28.3%
$P\geqslant2$ 年	368.57	71.7%
合计	514.36	100%

6. 内涝风险评估

在收集管网数字化信息、地面高程、下垫面类型、河道水文、气象等资料的基础上，采用 InfoWorks ICM 模型对核心区进行内涝风险评估。经模型构建、率定和验证后，评估结果表明，内涝中风险区面积约为 $1.27km^2$，占比 1.63%；内涝高风险区面积约为 $0.13km^2$，占比 0.17%。内涝风险点主要位于昆太路、阳光花园、月城街等，与历史积水点一致。

7.1.2　规划总论

1. 规划原则

（1）六位一体、边界清晰

统筹源头控制、管渠优化、过量控制、预警应急、日常养护、体制机制，并分清六大排水防涝工作的边界，兼顾城市初期雨水污染治理。

（2）系统协调、布局合理

与城市防洪、河道水系、道路交通、园林绿地、环境保护、环境卫生等规划相协调。

（3）技术先进、因地制宜

因地制宜，采取蓄、滞、渗、净、用、排结合，充分利用自然蓄排水设施。

（4）以人为本、分期实施

采用"黑点"法；总体设计，加强示范，全面提升。

2. 规划范围和期限

规划范围：昆山市中心城区核心区 $77.76km^2$，适当扩大到规划区相关的联圩。

规划期限：基准年为 2013 年，近期规划至 2020 年，远期规划至 2030 年。

3. 规划目标

（1）近期目标

1）到 2017 年，重点消除社会反响大、影响面广的易淹易涝区域（点），完成雨污分流改造；

2）到 2020 年，基本建成排水防涝体系框架，全面完成规划确定的近期建设任务。

（2）远期目标

到 2030 年，建成较为完善的排水防涝体系，中心城区和区镇核心区可有效应对 50 年一遇降雨，其他地区可有效应对 30 年一遇降雨。

4. 规划标准

下列五类排水防涝标准适用于昆山全市域内所有新建、改建、扩建项目。

（1）雨水径流控制标准

1）新建区：年径流总量控制率为 75%～85%，综合径流系数不超过 0.5，硬化地面中可渗透地面面积不低于 40%。吴淞江以北地区年径流总量控制率为 85%，每公顷建设用地应建设不小于175m³的雨水调蓄设施，并作为土地出让条件之一；吴淞江以南地区年径流总量控制率为75%，每公顷建设用地宜建设不小于115m³的雨水调蓄设施。

2）建成区：年径流总量控制率为75%，综合径流系数不超过0.7，每公顷建设用地应建设不小于160m³的雨水调蓄设施，并作为土地出让条件之一；当地区整体改建时，对于相同的设计重现期，改建后的径流量不得超过原有径流量。

（2）雨水管渠设计标准

1）雨水管渠设计重现期

① 雨水管渠系统评估执行标准：

地下通道、下沉式广场等：20年一遇；

立体交叉道路：10年一遇；

其他市政雨水管渠：2年一遇。

② 新建、改建、扩建小区雨水管渠执行标准：

一般小区：2年一遇；

重要小区：3年一遇。

③ 新建、改建、扩建市政雨水管渠执行标准：

非中心城区：2年～5年一遇，其中区镇核心区3年～5年一遇；

中心城区一般地区：3年～5年一遇；

中心城区核心区：5年～10年一遇，其中重要地区（人员密集公共场所、重要道路、短期积水即能引起较严重后果的地区等，如大型医院、火车站等）宜为10年一遇；

地下通道、下沉式广场等：20年～30年一遇；

立体交叉道路：不少于10年一遇，其中下穿段20年～30年一遇。

2）雨水管渠附属设施

① 雨水口：间距宜为25m～50m，重要区域或路段间距可小于10m；泄水能力（L/s）应满足最新版国家标准图集要求。

② 泵站：泵站流量应与河道调蓄水量和过渡能力相协调。

③ 出水口：地面高程低于100年一遇洪水位且直排圩外河道的出水口，应设置闸门等防倒灌设施；有条件的排水口，管口下沿高程不低于内河最高控制水位。

（3）城市内涝防治标准

1）内涝防治设计重现期

① 中心城区、区镇核心区：50年一遇（最大24h降雨量255mm）；

② 其他地区：30年一遇（最大24h降雨量225mm）。

2）地面积水设计要求

① 居民住宅和工商业建筑物的底层不进水；

② 道路中一条车道的积水深度不超过15cm；

③ 遭遇内涝防治标准以下降雨时，雨停后积水时间不超过2h。

（4）预警应急标准

1）全市和各区镇应建立完善具有积水监测、预警防控、风险评估、运行管理、决策支持等功能的城市排水防涝综合信息管理平台，数据每年定期更新。

2）中心城区核心区应急排涝能力：每平方千米不低于100m³/h。各区镇至少要配备1

台抽水能力不低于 500m³/h 的移动泵车。

3）全市和各区镇每年应急演练应不少于 2 次。

（5）设施养护标准

1）清淤疏通：

① 中小型雨水管道（管径＜1000mm）每年 2 次以上；

② 大型雨水管道（管径≥1000mm）每 2 年 1 次以上；

③ 设施养护机械化率≥50％。

2）设施运行状况抽查

每 3 个月至少对设施运行状况抽查 1 次。

3）结构和功能检测

管龄 20 年以上的应采用电视、声纳检测。

5. 计算方法

中心城区核心区、区镇核心区、下穿式立体交叉道路、地下通道、下沉式广场、汇水面积超过 2km² 的地区、易涝积水地区和其他有条件的地区应采用数学模型法计算，其他区域可采用推理公式法计算，相关参数按照《室外排水设计规范》GB 50014 最新版取值。排水距离超过 500m 的新建市政雨水管渠，最小过水断面不宜低于 $DN1000$ 排水管道的过水断面。

7.1.3 规划方案

根据昆山市联圩排水的特点，规划区域排水防涝综合改造时，应优先通过断头浜打通、内河连通、拓宽清淤、排涝模数增加等内河综合整治措施，预降和调整内河水位，保证雨水出路；第二，通过源头减排措施，削减雨水峰值和污染；第三，对局部排水能力不足、排水不畅的地方，结合雨污分流和道路改造同步实施排水管渠改造，改造困难的地方可采用涝水分流措施；最后，根据积水模拟结果，因地制宜地规划涝水行泄通道，增加地面涝水出路。

1. 源头减排

（1）径流量控制

道路广场、建筑地块和绿地的针对性径流量控制措施如下：

1）道路广场径流量控制

人行道、广场、停车场、庭院等可优先进行渗透性铺装的改造，提高道路雨水渗透能力，结合城市道路的改扩建工程，选择交通量较低的道路进行渗透性铺装的改造。

规划改建或新建道路，非机动车道和人行道全部采用透水性路面，适宜的机动车路段采用多孔沥青路面或透水性混凝土路面。

道路绿化采用下凹式形式，控制绿地地坪标高低于路面标高，绿化带内可采用浅层调蓄等其他措施以增加蓄渗能力。

道路路沿宜采用开口式，以便雨水流入绿地，道路雨水口布置于下凹式绿地中。

新建露天停车场和广场全部采用渗透地面，选择适宜的广场进行雨水滞蓄。

2）建筑地块径流量控制

建筑屋面在可利用范围内尽量采用绿色屋顶；不能采用绿色屋顶的建筑，应将屋面雨水引入周围绿地入渗。

建筑地块内人行道、广场、停车场、非机动车路面等均采用透水地面，超渗雨水就近引入绿地入渗。

3）绿地径流量控制

在现有绿地适宜的位置增建或改建相应的渗透设施，逐步进行低影响开发的改造。

（2）径流污染控制

积极推进旧城改造区域和其他建成区的低影响开发控制径流水质，地块外排到受纳水体的雨水水质应考虑受纳水体的水环境容量，水环境特别敏感区域的地块外排雨水水质宜不低于规划受纳水体水质。

（3）源头减排措施

根据昆山市核心区现状特征，结合近远期工程实施计划，规划下凹式绿地、透水性地面、可渗透性停车场和径流量控制、资源化利用等项目。

2. 排水管渠

（1）排水体制

目前昆山市域城市排水采用雨污分流制排水体制，是全国较早采用分流制排水体制的城市之一。新建地区均采用了分流制排水体制，既有区域大部分已经完成雨污分流改造，目前老城区仅东山路等零星分散小区、路段仍采用合流制排水方式，西塘街、新阳街、中山路等部分区域仍存在雨污混接现象。

全市域的合流制区域，应结合城市建设和旧城改造，加快雨污分流改造。暂时不具备雨污分流条件的地区，应采取截流、调蓄和处理相结合的措施，提高截流倍数，加强降雨初期径流的污染防治。

（2）排水管渠

排水管渠按照 2 年评估、5 年～10 年新建、改建的标准进行规划，重新规划后，规划范围内雨水管渠总长度约为 141km，其中管径≤DN1000 的雨水管渠占比约 61%，DN1000＜管径≤DN1500 的雨水管渠占比约 30%，管径＞DN1500 的雨水管渠占比约 9%。

（3）排水泵站

综合规划区雨水泵站选址原则在老城区内规划 4 个泵站，总流量 4m³/s，考虑用地紧张，宜采用一体化预制泵站。

3. 排涝除险

在内涝风险模拟评估的基础上，结合实际问题分析，提出了如下排涝除险的措施规划。

（1）排涝分区（联圩）调整

将现朝阳圩（水面率 0.85%）、合兴圩（水面率 2.31%）及城南圩（开发区部分）合并，组成城南联圩，排涝分区由 15 个调整为 13 个。

（2）水面率和排涝能力规划

针对联圩水面率和排涝能力不足，对其中 8 个联圩规划新增水面率，对其中 10 个联圩规划新增排涝流量，排涝流量规划新增量为 211.8m³/s。

（3）内河水系综合治理工程规划

结合水系现状问题及联圩调整，规划顾全泾－皇仓泾水系连通工程、司徒街河改内河、现朝阳圩内水系连通、连通合兴圩内东西向河道等一系列水系综合整治工程。

（4）涝水行泄通道

针对部分排水管道改建难以实施的积水点，规划建设 26 条涝水通道，包括 2 条雨水行泄通道（形式为管涵）和 24 条绿化行泄通道。

4. 应急措施

（1）城市排水防涝综合信息管理平台

为有效应对超标降雨带来的积水风险，规划建立完善具有积水监测、预警防控、风险评估、运行管理、决策支持等功能的昆山市城市排水防涝综合信息管理平台，并确保数据每年定期更新。管理平台包括城市内涝数据采集监控与预警系统和应急抢险决策与管理系统。

（2）应急排涝泵车

规划配置 12 辆应急排涝泵车。

（3）应急管理

按照国家规定的蓝、黄、橙、红四色预警和四级响应的要求，完善和规范昆山市的防汛预警、应急响应管理机制。强化抢险救援的时效性、全民性。日常工作中要注意检查落实。

5. 实施效果

经模型评估，规划措施落实后，规划区可有效应对 50 年一遇暴雨，积水不超过 15cm。

7.2 扬州市城市排水与防涝规划

7.2.1 规划背景

1. 区域概况

扬州地处江苏中部，南临长江，北与淮安、盐城接壤，东与盐城、泰州毗邻，西与南京、淮安及安徽省天长市交界。扬州地处长三角核心区域北翼，泛长三角（两省一市）地区的几何中心，受到上海都市圈与南京都市圈的双重辐射与交互影响，连接苏南苏北两大经济区域，具有"东西联动、南北逢缘"的区位特点。

2. 自然条件

扬州市中心城区由丘陵岗地和平原圩区构成，总体特征为北高南低，分为南、北两个片区，以移居—陈集—古井—西湖—老 328 国道线作为江淮分水岭为界。其中北片区高程为 8m～40m，南片区高程为 2.5m～8m。

降雨方面，扬州市区处于南北气候过渡带，多年平均降雨量 1027mm，汛期平均降雨量 589mm，约占全年的 58%，8—9 月受台风影响，导致降雨高度集中，给扬州市排水防涝带来巨大挑战。

3. 排水防涝现状

扬州市中心城区建成区基本建成了管网—内河—涵闸站—外河（外江）的排水防涝工程体系，但由于南片区平原圩区的高程约为 2.2m～6.5m，而古运河瓜洲站外排泵站暂未建成，使得中心城区 70% 的面积处于江淮最高洪水威胁下；同时，现状河道排涝能力和泵站规模仅为 5 年～10 年一遇，与规划的 20 年一遇的要求尚有较大差距。

排水管网方面，扬州市中心城区新建地区采用分流制排水体制，老城区绝大部分地区采用截流式合流制，目前有条件的地区已随旧城改造实现了雨污分流。目前中心城区共有雨水（合流）管道 1319.91km，其中 51％ 的管道设计标准低于《室外排水设计规范》GB 50014规定的 2 年一遇标准（见表 7-2）；经数学模型评估表明，老城区低于该标准的管道甚至超过 90％。

扬州市中心城区雨水（合流）管道设计标准情况　　　　　　　　表 7-2

设计标准	管道长度（km）	占比
P<2 年	677.60	51％
P≥2 年	642.31	49％
合计	1319.91	100％

积水点方面，扬州市于 2010 年编制了《建设"不淹不涝"城市行动方案》，取得积极成效。截至 2015 年，扬州市中心城区尚有 30 个积水点待整治。

4. 内涝风险评估

在收集管网数字化信息、地面高程、下垫面类型、河道水文、气象等资料的基础上，采用 InfoWorks ICM 模型，对老城区等 6 个重点和易涝区域进行内涝风险评估。经模型构建、率定和验证后，评估结果表明，高风险区和中风险区的面积占比分别为 1.04％、5.48％（见表 7-3），且位置与历史积水点基本一致。

扬州市中心城区 6 个重要区域内涝风险评估　　　　　　　　表 7-3

风险级别	老城区		开发区二城		邗上片区		西区新城		汤汪片区		广陵新城	
	面积(km²)	比例(%)	面积(km²)	比例(%)	面积(km²)	比例(%)	面积(km²)	比例(%)	面积(km²)	比例(%)	面积(km²)	比例(%)
低风险	0.253	5.07	0.262	3.71	0.184	3.23	0.157	2.77	0.129	2.98	0.131	1.84
中风险	0.053	1.06	0.050	0.70	0.071	1.25	0.044	0.78	0.043	1.00	0.049	0.69
高风险	0.003	0.07	0.010	0.14	0.019	0.33	0.010	0.18	0.008	0.18	0.010	0.14
合计	0.309	6.20	0.322	4.55	0.274	4.81	0.211	3.73	0.180	4.16	0.190	2.67

7.2.2　规划总论

1. 规划原则

（1）全过程管控

包括源头控制、管渠优化、超标控制、预警应急、日常养护、体制机制。

（2）各专业衔接

城市防洪、河道水系、道路交通、园林绿地、环境保护、环境卫生等专业相互衔接。

（3）多技术融合

综合考虑蓄、渗、净、用、排，充分利用自然蓄排水设施。

（4）近远期结合

分清轻重缓急；总体设计，全面提升。

2. 规划范围和期限

规划范围：扬州市中心城区 640km²。

规划期限：基准年为 2015 年，近期规划至 2020 年，远期规划至 2030 年。

3. 规划目标

(1) 近期 (至 2020 年) 目标

基本建成排水防涝体系框架，全面完成规划确定的近期建设任务，重点消除社会反响大、影响面广的易淹易涝区域 (点)，完成雨污分流改造 (老城区合流制系统通过提高截流倍数，使之对水环境的影响达到分流制系统效果)，可有效应对 20 年一遇降雨。

(2) 远期 (至 2030 年) 目标

进一步完善城市排水防涝体系，可有效应对 30 年一遇降雨，全面提高城市排水防涝安全保障和水污染控制能力。

4. 规划标准

(1) 雨水径流控制标准

综合考虑国家要求及扬州自然环境和城市定位、规划理念、经济发展等多方面条件，扬州年径流总量控制率目标设定为 75%，相对应设计降雨量为 24mm。

(2) 雨水管渠设计标准

新建、改建、扩建市政雨水管渠执行标准：

中心城区一般地区：2 年~3 年一遇；

中心城区重要地区 (人员密集公共场所、重要道路、短期积水即能引起较严重后果的地区等)：3 年~5 年一遇；

下穿立交泵站的新建、改建标准：30 年一遇。

1) 雨水口

① 间距宜为 20m~25m，重要区域或路段间距可小于 10m；

② 泄水能力应满足最新版国家标准图集要求。

2) 出水口

地面高程低于外河外江设计洪水位且直排江河的出水口，应设置闸门等防倒灌设施。

(3) 城镇内涝防治标准

1) 内涝防治设计重现期 (最大 24h 降雨)

① 近期 20 年一遇；

② 远期 30 年一遇。

2) 地面积水设计要求

① 居民住宅和工商业建筑物的底层不进水；

② 道路中一条车道的积水深度不超过 15cm；

③ 遭遇内涝防治标准以下降雨时，雨停后积水时间不超过 2h。

(4) 预警应急标准

1) 全市和各区县应建立完善具有积水监测、预警防控、风险评估、运行管理、决策支持等功能的城市排水防涝综合信息管理平台，数据每年定期更新。

2) 重点规划区应急排涝能力：每平方千米不低于 100m³/h。各区县至少要配备 1 台抽水能力不低于 500m³/h 的移动泵车。

3) 全市和各区县应急演练每年应进行 2 次以上。

(5) 设施养护标准

1) 小型雨水管道 (管径<600mm) 每年不得少于 2 次；

2）中型雨水管道（600mm≤管径＜1000mm）每2年不得少于3次；

3）大型雨水管道（管径≥1000mm）每2年不得少于1次；

4）设施养护机械化率≥50％。

5. 技术路线

扬州市排水防涝规划技术路线见图7-3。

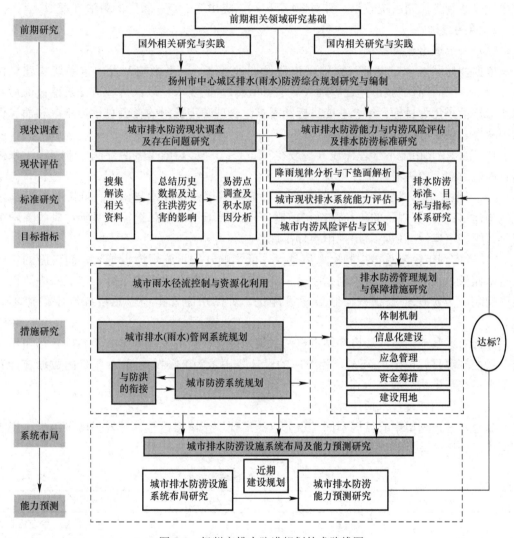

图7-3　扬州市排水防涝规划技术路线图

6. 计算方法

中心城区、区县城区、下穿式立体交叉道路、地下通道、下沉式广场、汇水面积超过2km² 的地区、易涝积水地区和其他有条件的地区应采用数学模型法计算，其他区域可采用推理公式法计算，相关参数按照《室外排水设计规范》GB 50014 取值。

7.2.3　规划方案

在住房和城乡建设部《城市排水（雨水）防涝综合规划编制大纲》和《室外排水设计

规范》GB 50014—2006（2016 年版）提出的"源头减排—排水管渠—排涝除险"的内涝防治体系的指引下，基于扬州市中心城区的排水现状、积水内涝原因和城建计划的分析，提出"优化源头减排策略、落实排水管渠建设、完善排涝除险设施和加强应急预警管理"的内涝防治规划方案。

重点针对老城区雨污分流改造实施难度大的问题，规划建设 4 座雨水调蓄池提高截流倍数，以达到分流制系统效果；针对 30 个积水点提出"一点一策"的整治方案。

1. 源头减排

（1）海绵城市建设要求

依据住房和城乡建设部《海绵城市建设技术指南——低影响开发雨水系统构建（试行)》和《江苏省海绵城市建设导则（征求意见稿)》的要求，以保持城市开发建设前后对水文干扰最小化为目标，结合功能目标和需求，合理确定扬州的径流总量控制率和面源污染削减率。主要考虑以下几点因素：

1）考虑扬州市地下水埋深浅（一般在 0.5m～3.0m），雨季土壤湿润，土壤地下水位高且渗透力弱，源头减排指标不宜过高。

2）当地降雨形成的径流总量，达到了《海绵城市建设技术指南——低影响开发雨水系统构建（试行)》规定的年径流总量控制要求。低于年径流总量控制率所对应的降雨量时，海绵城市建设区域不得出现雨水外排现象。

3）考虑到年径流总量控制率取值越大，低影响开发设施规模也越大，而设施的年运行效率偏低，且年径流总量控制率超过一定值时，投资效益会急剧下降，造成海绵建设过投资问题，为实现径流总量控制效益最优化，对扬州而言年径流总量控制率取值不宜过高。

综合考虑基地的自然环境和城市定位、规划理念、经济发展等多方面条件，扬州年径流总量控制率目标设定为 75%，相对应的设计降雨量为 24mm（近 30 年降雨数据统计），年雨水径流污染物削减率达到 45%。

（2）低影响开发技术适用性分析

综合考虑扬州市中心城区不同排水分区的高程、土壤渗透性、开发强度等因素，提出不同排水分区的适用海绵技术措施，具体如表 7-4 所示。

扬州市中心城区海绵技术措施　　　　　　　　　　表 7-4

排水分区序号		高程（m）	土壤渗透性	开发强度	适用海绵设施
主城区（Ⅰ区）	D	6.0～8.0	中	高	生物滞留池类、透水铺装、绿色屋顶、调蓄池、雨水罐、植草沟
	A、E、C1、C2	4.5～6.0	中	高	生物滞留池类、透水铺装、绿色屋顶、植草沟
	B、C3、C4	3.0～3.5	中	高	透水铺装、绿色屋顶、植草沟
北洲区（Ⅱ区）	A、B、C	4.2～7.0	中	高	生物滞留池类、透水铺装、绿色屋顶、调蓄池、植草沟
	E、F	2.5～4.0	中	中	透水铺装、绿色屋顶、植草沟
生态科技新区（Ⅲ区）	A	6.4～12.0	差	中	透水铺装、绿色屋顶、植草沟
	B	2.7～6.0	中	高	透水铺装、绿色屋顶、调蓄池、植草沟

续表

排水分区序号		高程（m）	土壤渗透性	开发强度	适用海绵设施
江都区 （Ⅳ区）	A、B、C1	5.0～7.5	中	中	生物滞留池类、透水铺装、绿色屋顶、调蓄池、植草沟
	C2、C3、C4	2.5～4.0	低	低	透水铺装、绿色屋顶、植草沟
槐泗区（Ⅴ区）		6.0～12.0	低	低	主要为水土保持和防洪的设施

（3）实施策略

结合《扬州市城市总体规划（2012—2020）》、《扬州市城市排水规划（修编）（2011—2020）》等规划，利用低影响开发措施，按规划用地分类，分区进行雨水径流量控制。

1）新建区

扬州市中心城区新建区单位面积应具备 24mm 以上的雨水滞留、调蓄、入渗能力，从而提高城市新建区的调蓄滞留入渗能力，减少地表径流量。

城市新建区的实施策略包括以下四个方面：

① 在新建项目推动过程中，实施透水铺装及基础、雨水花园、自然排水系统、植草沟、绿色屋顶及其他低影响开发雨水综合利用设施的建设。

② 建筑面积 3hm² 以上的宾馆、饭店以及建筑面积 10hm² 以上的校园、居住区及其他民用建筑配套建设雨水利用设施，每 1 万 m² 建设用地宜建设不小于 100m³ 的雨水调蓄设施。

③ 路幅超过 50m 的道路两侧、学校操场、排水河道（内河）两侧逐步配套建设雨水调蓄设施。

④ 大型公共绿地具备雨水入渗、滞蓄、净化雨水的能力，并建设水体滞洪区和湿地生态系统，加强城市建设区河道保护。

2）已建区

已建区包括扬州主城区（含老城区）大部分地区、江都主城区、杭集片区等地区。已建区大多建筑密度大，地表硬化率较高，绿化面积有限，从而导致该区径流系数大。由于建筑密度大，可利用的空间有限，极大地提高了改造难度。已建区低影响开发不应增加已建城市排水系统的负担，力争有所改善，通过城市更新将 3％ 的城市现有硬化面积改造为透水地面。

已建区的低影响开发应用策略包括以下四个方面：

① 全面更新项目按新建项目控制指标全面落实低影响开发理念。

② 综合整治项目结合公共空间的改造注重透水铺装地面、生态绿地建设等，室外场地透水率达到 40％ 以上，远期达到 50％。

③ 城镇旧城改造地区应结合实际情况，建设雨水的局部滞留、调蓄设施。针对开发难度大的古城区，建议结合小巷子、小地窖、小边沟、小花坛、小花园、小水罐开展雨水的蓄渗、截流、收集和利用。

④ 扬州市老城区城市化程度高，城市不透水性路面比例高，水环境要求高。规划近期结合区域改造，于主城区古运河边建造雨水调蓄池，以减少合流制系统对河道的污染。

3）生态区

扬州市中心城区中生态区主要包括规划区禁止建设区和限制建设区。禁止建设区主要包括凤凰岛国家湿地公园、邵伯湖重要湿地、芒稻河清水通道维护区、廖家沟饮用水水源保护区、廖家沟清水通道维护区、长江重要渔业水域等；限制建设区主要包括农业地区、公园绿地区及旅游主题区内的非建设区。

生态区的低影响开发应用策略包括以下三个方面：

① 建设生态护岸。

② 结合河流防洪，建设多功能湿地滞洪区和生态景观壅水设施。

③ 利用公园水体作为雨洪调蓄设施，减轻城市洪涝灾害。

（4）规划项目

根据扬州市中心城区现状特征，结合近远期工程实施计划，规划下凹式绿地、海绵停车场、广场和雨水调蓄池等项目。

2. 排水管渠

（1）排水体制

目前，扬州市的排水体制有三种，分别为合流制、截流过渡区和分流制。

合流制区域主要为扬州市老城区以及南部文峰社区部分区域，面积约为 $7.8km^2$。规划老城区暂采用合流制，并与旧城及道路改造同步，实施分流制系统的改造。

截流过渡区主要为扬州"黑臭"河道整治流域，即新城河、沙施河、七里河周边区域，总面积约为 $21km^2$。

其余新建及新开发区域均按雨污分流制规划建设，雨水分片就近排放，重点区域采取必要的初期雨水控制措施，做到分流制排水区域完全分流。

（2）排水分区

在现有排水规划排水分区和防洪排涝规划的基础上，结合本次规划范围内的地形特点和水系分布，将扬州市市区分为 5 个一级排水分区和 29 个二级排水分区。

（3）排水管渠

根据扬州市中心城区排水分区划分和雨水管渠设计标准，结合路网规划，规划排水流向，计算各汇水区排水管道管径，规划建设排水管渠 688.8km，其中 $DN600\sim DN800$ 雨水管总长 447.3km，$d1000$ 及以上雨水管总长 241.5km。且规划近期改建排水管道 20.3km。

（4）下立交泵站规划

结合扬州市中心城区新建道路情况，规划主城区近期新建下立交泵站 14 座，总流量为 $14.87m^3/s$。

基于现状下立交泵站的标准评估，规划远期对 2 座不达标的下立交泵站进行提标改造，流量为 $1m^3/s$。

3. 排涝除险

在内涝风险模拟评估的基础上，结合实际问题分析，提出了如下排涝除险的措施规划。

（1）河道泵站

最新版的《扬州市城市防洪规划（2012—2020）》在全面了解扬州城区防洪除涝现状的基础上，在 20 年一遇 24h 暴雨（224.6 mm）条件下，确保每小时河道水位不超过控制水位。规划整治骨干河道共 135 条，总长 570.49km；规划泵站 125 座，设计流量 $1053.1m^3/s$，显著提高扬州市中心城区应对极端暴雨的能力。

在此基础上，从整治北区积水点的角度，规划恢复官河、叶桥大沟、老人沟，以解决中心城区北片区的排水出路问题。

（2）平面和竖向控制

针对目前扬州市中心城区存在的竖向不合理的局部点，提出调整建议。其中开发区二城扬子江中路与开发路交叉口东南侧积水，主要是因为该区域地面高程为 5.0m～5.5m，而河道警戒水位达到 5.2m，建议地块开发改造时将地块整体抬高到 5.5m 以上。主城区汤汪片区城南路与渡江南路交叉口附近由于地势低洼，出现大面积积水，最大积水深度超过 30cm，建议在地块开发时将地块整体抬高到 5.5m 以上。生态科技新城夏桥路与韩万河北路交叉处竖向高程为 6.0m，比周边区域高程低约 0.5m～1.0m，经模型模拟发现，当管网水头线超过地面线时，雨水检查井发生冒水，最大积水深度高达 0.5m，建议竖向高程调整为 7.0m。

（3）调蓄设施

在工程建设计划的基础上，结合积水点整治的需求，规划建设 2 座防涝调蓄公园、2 处调蓄绿地、3 处浅层蓄渗设施、1 处调蓄池，总调蓄容积为 37881m^3。

（4）涝水通道

针对部分排水管道改建、调蓄设施等难以实施的积水点，规划建设 13 条涝水通道，形式包括箱涵、道路边沟、管涵、绿化带等，总长 28.6km。

4. 应急措施

（1）城市排水防涝综合信息管理平台

为有效应对超标降雨带来的积水风险，规划建立完善具有积水监测、预警防控、风险评估、运行管理、决策支持等功能的扬州市城市排水防涝综合信息管理平台，并确保数据每年定期更新。管理平台包括城市内涝数据采集监控与预警系统和应急抢险决策与管理系统。

（2）应急排涝泵车

规划按每平方千米（以建成区计）不低于 100m^3/h 的流量配置移动排涝泵车，其中近期规划配置 24 辆应急排涝泵车。

（3）应急演练

规划每年举行 2 次以上应急演练。

5. 实施效果

经模型评估，2020 年的规划措施落实后，规划区可有效应对 20 年一遇暴雨，遭遇 20 年一遇暴雨时积水不超过 15cm。

7.3　温州市城市排水（雨水）防涝综合规划

7.3.1　项目介绍

1. 项目背景

温州因气候温和而得名，位于中国黄金海岸线中段，地处长江三角洲和珠江三角洲两大经济区的交汇区域，是浙江省三大中心城市、全国首批 14 个沿海开放城市之一，也是全国十大最具有活力城市、中国十大品牌之都和全国文明城市创建工作先进城市。

为解决城市排水防涝问题，在温州市规划局的组织下，经招标，上海市政工程设计研究总院（集团）有限公司于 2014 年 5 月携手温州市城建设计院以及温州市水利电力勘测设计院共同开展了本规划的编制工作，规划范围约 389.65km²。经过大量细致、深入的工作，2014 年 12 月上旬设计院联合体根据专家审查意见编制完成了本规划的报批稿。2015年 1 月 22 日，温州市人民政府对本规划进行了正式批复。

2. 自然条件

温州市位于浙江省东南部，东濒东海，南毗福建，西及西北部与丽水市相连，北和东北部与台州市接壤。温州三面环山，一面临海，境内地势从西南向东北呈梯形倾斜。温州市区境内地表径流发育较为完善，河道交错，主要水系有瓯江和温瑞塘河。温州冬夏季风交替显著，温度适中，四季分明，雨量充沛。地处中亚热带南部亚地带南缘，属中亚热带季风气候区，年平均气温 18℃，年降水量在 1113mm～2494mm 之间。

由于地处我国东南沿海，温州历来是台风、暴雨的多发之地。而城市排水设施建设标准普遍偏低，一旦风、暴、潮三重气象灾害叠加，极易产生内涝灾害。

3. 排水现状

现状排水体制以分流为主（95％以上），旧城区（约 4km²）保留合流。雨水排水方式如图 7-4 所示。排水系统以圩区排水为主，管网设计重现期主要为 0.5 年～1 年一遇，局部地区低于 0.5 年一遇。市区雨水管网总长约 2900km，基本为就近自排。市区雨水泵站共 25 座，其中，片区雨水泵站 2 座，其余 23 座均为铁路、公路等下穿段排涝泵站。

根据历年来温州市城市内涝的统计情况，温州市中心城区内涝频发的区域以下穿铁路桥为代表的低洼路段和以老城区为代表的低洼地区首当其冲。

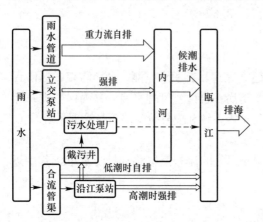

图 7-4　温州市雨水排水方式示意图

（2）加强创新科学技术的应用；
（3）就近自排为主的排水格局；
（4）洪涝分离的原则；
（5）工程措施与非工程措施结合增强内河的水位调控能力；
（6）充分利用现有排水条件及设施，避免大拆大建；
（7）统筹兼顾、蓄排结合；
（8）"点-线-面-体"结合，全面治理；
（9）工程示范、近远期结合。

2. 规划标准

（1）雨水径流系数控制标准

温州市中心城区的综合径流系数控制标准如下：鹿城中心片区和状元片区按照不高于

7.3.2　规划原则

1. 规划总体原则

（1）系统协调及先进性；

0.65 控制，其余片区按照不高于 0.60 控制。

对于无法满足上述要求的已建成区，应结合地区改造、区域开发等逐步达到要求，局部综合径流系数高于 0.7 的地区应采用渗透、调蓄等措施。

新建地区综合径流系数的确定应以不对水生态造成严重影响为原则，一般宜按照不超过 0.5 进行控制。

（2）雨水管渠设计重现期标准

1）中心城区雨水管渠的设计重现期统一取 3 年一遇。其中新建地区的雨水管渠应直接按照新标准执行；已建成区的雨水管渠应结合道路建设或地区改建逐步达到该标准。

2）中心城区内的地下通道和下沉式广场等地区的设计重现期统一取 30 年一遇。

3）城区内所有立体交叉道路，包括公路、铁路立交桥的设计重现期取 10 年一遇；其中位于中心城区重要地区的，设计重现期取 20 年一遇。

（3）径流污染控制标准

应积极采取各类措施，控制初期雨水径流污染。应针对初期雨水污染已对内河水质造成严重影响的典型地区开展示范性控制工程，控制目标为 4mm～8mm。

（4）城市内涝防治标准

1）城区内涝防治设计重现期为 30 年一遇，即当出现 30 年一遇的降雨时，应保证居民住宅和工商业建筑的底层住户不进水，道路中应保持至少一条车道的积水深度不超过 15cm；

2）中心城区各区块应结合地区规划和改造计划逐步达到 30 年一遇内涝防治标准。

3）当地面积水不满足上述内涝防治标准的要求时，应采取渗透、调蓄、设置雨洪行泄通道和内河整治等措施。

（5）水利排涝标准

本规划中的水利排涝标准重现期为 50 年一遇。

3. 技术路线

规划技术路线如下：立足于温州当地的客观实际，通过深入剖析温州市排水防涝管理体系的现状问题及深层次成因，基于 InfoWorks-SWMM 耦合模型技术、低影响开发技术、雨水调蓄管道技术、节地型排水技术等先进手段，从源头减排、排水管渠、排涝除险三段式排水防涝体系出发，在工程、管理、政策等不同方面提出针对性的解决思路及方案，为城区的排水防涝工作提供了重要的技术支撑和决策依据。

4. 计算方法

（1）排水管网模型

本次规划针对温州市中心城区选择了旧城区、滨江商务区、双屿工业园区、温州经济技术开发区（滨海园区）等 8 个代表性区域进行模拟评估，其代表性如下：

1）模拟区域范围占总排水管网覆盖区域的 20.65％，覆盖范围较广。

2）建模区域东片、中心片和西片均有分布，兼顾区域的重要性和典型性。

3）建模区域优先考虑低洼地段、历史上发生过内涝的区域。

4）建模区域覆盖了不同排水体制类型、受纳水体、地形条件等，能够代表温州市中心城区的各类特征。

模型的参数选择原则如下：

在选择产流模型时，对渗透性表面和不渗透性表面分别考虑。对于渗透性表面，采用广泛应用于透水表面径流体积计算的新英国（可变）径流模型；对于不渗透性表面则采用Wallingford 固定径流模型进行模拟。

而在选择汇流模型时，由于建模区域相对较小，划分的子集水区在 $1hm^2\sim100hm^2$ 范围内，因此，汇流模型选择大型贡献面积径流模型，以求尽可能准确地模拟该区域的真实状况。

按照《住房和城乡建设部关于印发城市排水（雨水）防涝综合规划编制大纲的通知》建城〔2013〕98 号的相关要求，模拟选择短历时（3h）降雨，根据温州市暴雨强度公式 $q=166.7\dfrac{(4.545+3.231\lg P)}{(t+3.528)^{0.422}}$ 得出：1 年一遇 3h 降雨量为 90.68mm，2 年一遇 3h 降雨量为 110.09mm，3 年一遇 3h 降雨量为 121.44mm，5 年一遇 3h 降雨量为 135.74mm。

（2）河道水力模型

规划采用 MIKE 11 模型进行河网水力模拟。

7.3.3　规划方案

1. 源头减排

源头减排的主要规划策略为：在源头积极推广低影响开发技术，主要技术手段包括绿色屋顶、植草沟、下凹式绿地、透水路面、植草砖、雨水综合调蓄利用设施等。

源头控制的目标在于：建立雨洪"源头削减—过程控制—末端处理"的全过程控制体系，减轻洪涝灾害，控制面源污染，保障温州水安全与水环境。同时，通过低影响开发、雨水综合利用措施减少径流总量，间接提升雨水管道的排水能力。

源头控制的方法包括加强雨水入渗、调蓄排放和综合控制。主要策略为：运用低影响开发模式，源头分散控制雨洪；结合雨水管网对雨水进行过程控制和末端处理。

结合温州市的实际情况，规划选择滨江商务区作为低影响开发的示范区。结合滨江商务区的相关规划，可以在规划区域内建设人工湿地、下凹式绿地、植草沟和渗透性路面等示范工程。示范工程建成后需对项目进行后评估和经验总结，逐步积累经验后，再根据示范工程的效果逐步向整个中心城区的其他新建区域进行推广。

2. 排水管渠

（1）规划策略

1）雨水管网提标：根据不同地区的重要性等级分阶段、多途径进行管网提标。

2）增设雨水泵站进行强排：对于局部河网少、水系不发达、自排困难的区域，以及内涝风险高的城市低洼地区，如公路铁路立交桥、下沉式广场、地下通道和低洼小区等，优先考虑增设雨水泵站进行强排。

3）雨水调蓄管道（隧道）工程技术：在人口和建筑稠密的都市地区，条件成熟时可实施雨水调蓄管道（隧道）等地下式雨水调蓄设施，提高系统排水防涝能力。

（2）规划分区

按照分水岭、河流等自然地形条件进行划分，规划区域共分为四大片区，分别为：西片、中片、东片和七都片。四大片区又可以进一步细分为 11 个分片区。

（3）自排系统规划

自排系统的规划原则如下：

1）自排系统与规划强排系统之间的雨水管道必须完全断开，禁止连通。

2）雨水管道采用就近自排的原则，尽量缩短管道的排放距离。

3）严格按照规划标准和参数规划雨水管道的管径，并根据排放河道的规划控制水位进行内涝情况的复核。

4）本规划按照最新的温州市总规路网进行雨水管道的规划。在项目实施过程中，根据各区块的详细规划、实际的路网布置、地块的实际开发建设情况等，可按照本规划确定的原则和标准对具体的雨水管道布置进行适当调整。

以状元片区为例，规划措施如下：

1）新规划道路雨水管渠规划：规划新建 $DN600 \sim DN2000$ 的雨水管道约 14.6km，就近排放内河。

2）现有雨水管道提标规划：现有建成区中，考虑对具备条件的现状管道进行示范性提标改造，其余区块规划在远期结合旧城改造和道路拓宽再同步实施。

3）积水点整改：对部分积水点附近的雨水管道进行清通，防止淤积引起排水不畅导致积水发生。

自排系统规划前后的内涝风险评估结果如表 7-5 所示。

自排系统规划前后内涝风险评估结果　　　　　　　　表 7-5

分类	高风险区域	中风险区域	低风险区域	合计
现状	0.44%	2.01%	4.67%	7.12%
规划方案	0.00	0.26%	3.21%	3.47%

按照规划方案实施后，状元片区整体的内涝风险明显降低，高、中、低风险区域的总比例由 7.12% 下降为 3.47%，尤其是高、中风险区域的比例下降最为显著，高风险区域已经消失。目前规划方案主要对部分限制性干管进行了改造，如果再进一步对造成内涝低风险的部分支管进行适当改造，内涝风险区域比例还可以进一步降低。

（4）强排系统规划

强排系统的规划原则如下：

1）严格划定强排区域与自排区域的界限，区域界限要便于界定，如以某条河道或道路为界。

2）强排区域与自排区域之间的雨水管道必须完全断开，禁止连通。

3）按照强排系统的服务范围、规划标准和参数确定雨水泵站的规模，雨水泵站的选址需综合考虑外排水体位置、现有雨水管渠分布、用地条件等确定。

旧城片区规划设置 2 个强排系统。其中规划信河街强排系统服务面积约 302.4hm²，规划泵站规模 41m³/s；规划环城东路强排系统服务面积 42.2hm²，系统规模 6.6m³/s。此外，规划在旧城片区的部分道路下增设一些系统主干管渠（$DN1000 \sim DN3600$，7.73km）。

强排系统规划前后的内涝风险评估结果如表 7-6 所示。

强排系统规划前后内涝风险评估结果　　　　　　　　表 7-6

分类	高风险区域	中风险区域	低风险区域	合计
现状	1.68%	1.57%	3.89%	7.14%
规划方案	0.38%	0.17%	0.79%	1.34%

按照规划方案实施后，旧城片区高、中、低风险区域的比例明显降低，内涝风险区基本上变为低风险区，规划方案实施后可以达到预期效果。

3. 排涝除险

（1）规划策略

1）内河增加强排设施：目前温州市区的河道连通瓯江处仅有闸门，基本无强排设施，内河水位的调控能力弱。根据区域的重要性等级、现状内涝情况等，对于需要重点保障并具备条件的地区，宜在内河河口增加强排设施进行辅助强排，实现对重点区域内河水位的有效调控。

2）内河疏浚：根据现状调研，目前温州市部分内河河道淤积严重，严重影响了河道调蓄能力和行洪能力的发挥。因此，应对现状淤积严重的河道进行疏浚，增强河道的泄水能力和调蓄能力。

3）建立新的行泄通道：对于一些过度开发、区域内水面率较低的老城区，需要积极拓展新的行泄通道。

4）因地制宜适当建设末端调蓄池：可以在具备条件的地区适当建设末端调蓄池，截流部分初期雨水到污水处理厂进行处理。

（2）排涝布局总体思路

遇到排涝标准内的有警报的台风暴雨情况时：应充分发挥区域上游水库拦洪滞洪作用、中游骨干排涝河道和水闸排涝能力以及低地调蓄滞洪效果等工程措施，并辅助河网预泄等非工程措施进行综合调度防御。

遇到无警报的短历时暴雨时：应充分利用市政排水设施能力，尽快把城市积水排到河道，减少地面积水，此时不考虑河网预泄。

城市排涝体系总体按照"上蓄、内滞、中疏、外排"的原则进行工程布局，其中上蓄工程以新建防洪水库为主，内滞主要为保留滞洪低地，中疏工程则以骨干河道疏通为主，外排主要通过改扩建水闸以及建设强排泵站来增加排水能力。

（3）平面布局

1）中心片（西片）

水库工程：建设林桥水库等 3 座水库，防洪库容约 830 万 m^3。

低地保留：规划区域内保留三溪片区低地面积 11.987km^2，水面面积 9.1km^2；三垟片区保留三垟水网、湿地 14.83km^2 及水面面积约 11.5km^2。

河道工程：对三溪片区河道以及丰门河水系进行综合治理；对鹿城片区河道进行清淤疏浚，并对局部区块采取新开挖河道，增加排涝通道；现状状元片区主要行洪通道比较发达，河道治理以清淤疏浚为主。

水闸工程：扩建十里水闸等 3 处水闸。

泵站工程：温州市西片实施泵站 2 处，总排水规模为 30m^3/s；中心片远期在梅屿大河末端卧棋水闸处布置一座大型泵站，泵站排水规模为 200m^3/s。

2）东片

水库工程：在上游建设瑶溇一级水库，设置防洪库容 70 万 m^3。

低地保留：东片保留低地面积 15.694km^2。

中疏工程：通过 22 条内河整治工程，最终形成九纵九横的排涝格局，提高内部河网的排水能力。

水闸工程：规划结合龙湾二期围垦工程建设 5 座水闸，扩建 2 座水闸。

泵站工程：远期拟布置 5 座排涝泵站，每座排水规模为 $40m^3/s$，总排涝流量达到 $200m^3/s$。

3）七都片

水闸工程：扩建 2 处水闸。

治理主排水河道：规划主排水河道 54 条，河长 45.17km，护岸长 90.0km。

填高地面高程：由于城镇建设面积的扩大，抬高了内河最高水位，相应需要填高地面高程，使地面高程高于河道洪涝水位并满足城镇建设要求。

（4）水面率控制

建城区水面率提高到 6% 以上，新建城区水面率达到 8% 以上，新建围垦区水面率达到 12% 以上。

（5）雨水调蓄设施

由于温州市的雨水管网基本按照就近自排的方式布置，管网排水距离较短，服务范围较小，管径和雨水流量也相对较小。因此，调蓄池主要结合现状公园、绿地等进行布置，调蓄池的服务范围较小，规模也相对较小。温州市共规划 10 处调蓄池，规模 $300m^3 \sim 1000m^3$ 不等。

4. 应急措施

（1）城市涝水行泄通道

城市中心片（西片）排涝骨干河道平面上呈 "6 纵 3 横" 布局，全长 69.762km。

城市东片排涝骨干河道平面上呈 "6 纵 8 横" 布局，全长 111.35km。

（2）外围建设排洪走廊分析

温州市中心片、西片：目前西向排洪工程已经实施，而东向排洪工程由于效果不够显著，因此不实施东向排洪工程。

温州市东片：根据温州市城市东片城防规划的安排，河网采用九纵九横的布局，能够满足排涝要求，因此本规划不在外围建设排洪走廊。

（3）远期河道设置强排泵站

温州市中心片、西片：规划拟在远期在骨干排涝河道实施强排，在梅屿大河末端卧棋水闸处布置一座大泵站，泵站规模为 $200m^3/s$，当平原水位超过 2.6m 时开启泵站。

温州市东片：规划拟在城东水闸、永兴水闸、中心大闸、四甲大闸、三甲大闸 5 处各布置一座 $40m^3/s$ 的泵站，总计排涝流量达到 $200m^3/s$，当平原水位超过 2.72m 时开启泵站。

（4）水位预降的作用分析

根据模型模拟结果，在采用长历时大暴雨为主的工况下，起调水位适当下降对于中心片、西片各重现期特征点水位降幅较小（0cm～9cm），而对于东片降幅较大（1cm～30cm）。因此，城区尤其是东片在接获确切台风预警后，风暴来临前可启动预泄程序，进行水位预降。

7.4 宁波市区防汛排涝评估研究

7.4.1 项目介绍

1. 项目背景

宁波历来是台风、暴雨等极端气象灾害的多发之地，内涝问题极其复杂。为有效解决城市内涝，宁波市市政管理处于 2013 年 9 月委托上海市政工程设计研究总院（集团）有限公司开展了本研究，这是全国首次开展如此大规模的城市内涝评估工作。经过深入研究，本研究提出了洪涝联治但外洪与内涝分开、建立"三段式"综合防治体系、排放与调蓄相结合、自排与强排相结合、工程措施与非工程措施相结合的思路及方案，并在全国首次特大范围（约 150km²）的利用国际先进的计算机模型进行系统的内涝风险评估，基于二次开发的 SWMM-InfoWorks 耦合模型，模拟宁波中心城区的管网和河道的排水能力，评估城市内涝风险，并提出针对性措施。

2. 自然条件

宁波市位于中国大陆海岸中段，浙江省东北部东海之滨。东与舟山群岛隔海相望，南接台州市的三门县、天台县，西连绍兴市的上虞市、嵊州市、新昌县，北临杭州湾。宁波境内地势西南高、东北低，西有天台山和四明山，天台山自西南入境，东北向逶迤于宁海、象山和奉化江、甬江的东部，入海为沿海诸岛；四明山自西北入余姚境，东北向逶迤于奉化江、甬江的西北部。境内东北部和中部系宁绍平原。

宁波市属亚热带季风气候，四季分明，雨量充沛，光照充足，年平均气温 15.2℃，极端最高气温 39.7℃，极端最低气温 −11.1℃，多年平均降水量 1521mm，年无霜期 230d～240d。多年平均降水为 169d，降水多集中在梅雨和台风季节，其中 5—9 月降水量约占年降水量的 65.6％。宁波市位于浙东沿海平原地区，南面靠山，北面临海，海岸线平直，地貌类型均属滨海淤积平原。

3. 排水情况

宁波市城区的大部分地区已经建成了分流制排水系统，并形成了以自排为主、强排为辅的格局。除强排泵站的服务范围外，城区内雨水排水系统并无明显的分片区划，一般重力流管道均就近接入附近的河道，少有重力流主干管道。同时，宁波绝大多数排水管道和配套泵站的设计重现期均为 1 年一遇，加之部分老社区和道路标准更低以及雨污合流等因素，使得管道自身排水能力不足，从而较易导致内涝。

宁波历来是台风、暴雨的多发之地，仅在 2004—2013 年的十年中，宁波就相继遭受了"云娜""麦莎""海葵""菲特"等 11 场强台风、超强台风袭击，累计受灾人口 700 余万人，直接经济损失超 550 亿元。而根据对宁波历次台风暴雨中的 138 个局部区域内涝点进行分析，其原因主要可分为地势低洼、系统排水能力不足和其他因素三类。其他因素包括日常管理、应急管理、施工管理和部门管理。

7.4.2 规划原则

1. 规划总体原则

（1）尽可能做到洪涝分开，避免山区洪水过境平原地区（市区），实现内河水位可控；

（2）排水系统的改造应注重源头、管网和末端全过程控制；

（3）因地制宜，自排与强排相结合；

（4）城区排水与流域防洪排涝相衔接，明确各自运行管理的边界条件；

（5）工程措施与非工程措施相结合；

（6）"点-线-面-体"相结合。

2. 规划标准

（1）将中心城区雨水管渠的设计标准提高为 3 年～5 年一遇，宜达到 5 年一遇，当执行此标准时，内河水位应保持在常水位；

（2）中心城区内的地下通道和下沉式绿地等地区应执行 30 年一遇的设计标准；

（3）城区内所有立体交叉道路，包括公路铁路立交桥的设计标准执行 30 年一遇；立体交叉道路的设计不仅应按照此标准执行，而且应该特别注意设计理念和方法与相关规范协调，严格控制立交区域的汇水面积，避免大量积水；

（4）区域整体开发或改造时，对于相同的设计重现期，改造后的径流量不应超过改造前的径流量；

（5）城区内涝防治设计重现期为 50 年一遇，即当出现 50 年一遇的降雨时，应保证居民住宅和工商业建筑的底层住户不进水，道路中应保持至少一条车道的积水深度不超过 15cm；

（6）城区内涝防治设计应注重排水系统下游（即内河和三江）的水位边界条件，并与防洪标准相衔接。

3. 技术路线

宁波市区防汛排涝规划技术路线如图 7-5 所示。

4. 计算方法

（1）排水管网模型

宁波市三江片区暴雨强度公式为：

$$q = \frac{20.239 + 15.539 \lg P}{(t + 13.132)^{0.808}}$$

利用二次开发的 InfoWorks 模型来进行市区雨水管网系统评估。降雨重现期选择 1 年一遇、3 年一遇和 5 年一遇。模拟采用的雨型为芝加哥雨型，降雨历时为 2h。

部分区域的 InfoWorks 排水管网模型如图 7-6 所示。

（2）河道水力模型

针对宁波市区的排涝除险，建立 SWMM 河道模型。

7.4.3　规划方案

1. 源头减排

雨水内涝防治是一个系统工程，需要从源头、管道排水及末端三个方面进行控制，其中源头是基础、管道排水是重点、末端是关键。因此，在源头方面建议实施低影响开发、调蓄及下立交等重点地区高低排水分开等措施。

根据国家相关政策要求，结合宁波的实际情况，提出如下政策性措施建议：

（1）新开发区域硬化地面中，可渗透地面比例不宜低于 40%，并应严格执行宁波市相关规划提出的综合径流系数，一般宜按照不超过 0.5 进行控制，最大程度减少对城市原有水系统和水环境的影响；

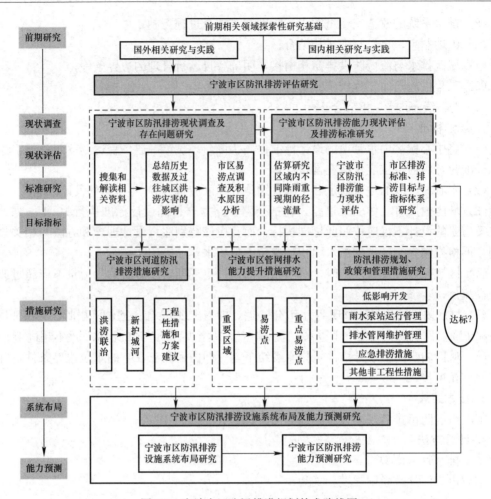

图 7-5　宁波市区防汛排涝规划技术路线图

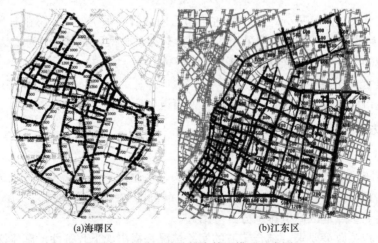

(a)海曙区　　　　　　　(b)江东区

图 7-6　部分区域的排水管网模型示意图

　　(2) 地区整体改造时，改造后的径流量不得超过原有径流量，不能增加既有排水防涝设施的额外负担；

（3）既有高强度开发地区（综合径流系数高于 0.7 的地区）进行改造时，应采取措施降低该地区的径流量。

根据宁波的实际情况，结合低影响开发措施在国内外其他城市和地区的实际应用情况，以宁波东部新城、南部商务区、南站区域、高新区等新开发区域为重点，提出如下工程性措施建议：

（1）城市道路

结合人行道宽度沿人行道建设 1.0m～2.0m 宽的低势绿化带，绿化带内按雨水口间距设置溢流口，溢流口加装截污挂篮。

（2）城市商务区

屋面落水管末端设置雨水过滤设施，过滤设施可以选择绿化或砾石；路面雨水直接排入低势绿地，绿地内设置溢流口，溢流口加装截污挂篮。

（3）城市居住区

将下凹式绿地、人工湿地、屋顶绿化、雨水利用和景观水体相结合。

2. 排水管渠

（1）模型模拟结果

通过 InfoWorks 模型模拟，得到以下主要结论：

1）当内河水位控制在规划常水位左右（即鄞西地区 1.36m，鄞东南地区 1.27m，江北地区 1.13m）时，宁波市区的现状雨水管网基本能够满足 1 年一遇的要求，但少数地区由于存在雨污混接、管道布置不合理、施工不当或地势沉降等原因，不能达到 1 年一遇的标准。当降雨达到 3 年一遇和 5 年一遇的标准时，积水点开始大量出现，且与实测的易涝点统计资料基本吻合。模拟结果还显示，尽管现状雨水管网可以满足 1 年一遇的要求，但大量管道已处于超负荷状态，排水的余量非常小。因此，现状雨水管网管径过小是制约市区排水能力的重要因素之一。

2）在同一设计暴雨重现期下，随着内河水位的上涨，管网重力排水能力逐渐减小，积水点逐渐增加。当内河水位从规划常水位逐渐提高至警戒水位（1.8m～1.9m）以上时，从雨水口至排放口的水力坡度可能减小至 0.002 以下，已经不能满足重力流所需的水力坡降要求。在这种情况下，区域排水能力的提升已经不能依靠继续增大管网直径实现，而必须在通过内河水位进行有效控制的同时，提升局部区域的强排能力。

（2）规划工程措施

根据模型模拟结果，研究提出如下工程措施：

1）下立交排水能力综合提升工程

通过对现有下立交进行综合维护改造，确保在极端气候条件下，下立交泵站能够正常开启、稳定运行，全面提升其排水防涝能力尤其是应急排水防涝能力，从而确保城市主干道路通畅。

对东苑立交泵站等 17 座现有立交泵站进行应急性综合维护改造；对康庄南路等现有的 23 座公铁立交和公路立交的排水系统进行改造，分期达到 30 年一遇的标准。对孝闻、大河路、人民路和永丰桥雨水泵站进行改建和扩建，解决服务范围内积水问题。

2）城区主干道路排水管网提标改造工程

结合道路改造和轨道交通建设，以及老城区改造、主干道路建设等工程，对柳汀街、环城西路等 19 条地势低洼的主干道路排水管网进行改造。主要改造措施包括扩大主干管道管径、增设雨水调蓄和渗透设施等。通过改造，解决上述道路附近地区排水不畅的问题，排水标准从 1 年一遇提升至 3 年～5 年一遇。

3）雨水系统排水能力提升工程

对于靠近三江且具备条件的片区进行雨水系统改造，将现状雨水管网自排系统改造成强排系统，通过雨水泵站提升后进入三江。从而避免受到内河高水位顶托、排水不畅等因素的影响，有效解决或缓解强排区域内低洼易涝区域的内涝状况。

对江夏公园片区、大闸路片区等 6 个排水片区分阶段进行强排改造。对于长丰桥、芝兰桥等位于鄞州区的 4 个强排片区全面改为强排片区。

改造后，实施沿江强排的区域可以摆脱内河水位和内河候潮排涝方式的限制，区域内部可实现排水有序、可控，有效缓解甚至彻底解决区域内低洼易涝区的内涝问题，减少财产等各类损失，促进社会和谐稳定。

4）局部低洼小区积水点改造工程

对现有的低洼小区进行针对性的改造，"一点一策"——每个易涝点根据具体情况进行合理地规划和改造，提升小区的防汛排涝能力，大大减少小区内涝发生的几率。

对白鹤新村、荷池新村等 18 个低洼小区改造雨水管网、增设强排泵站和增设源头径流削减设施，排水标准从 1 年一遇提高到 3 年～5 年一遇。

5）雨水调蓄隧道工程（试点）

在避免雨水管道大面积翻建的条件下，使得周边排水系统雨水管渠设计重现期达到 3 年～5 年一遇，有效减少内涝灾害的发生，开展如下试点：

① 试点解放路雨水调蓄隧道工程，位置大体与解放北路—解放南路（解放桥到兴宁桥）一致，直径 8m，长度约 2.6km。

② 试点百丈路雨水调蓄隧道工程，位置大体与百丈路—百丈东路（灵桥到世纪大道）一致，直径 3m～5m，长度约 4.5km。

对于中小降雨，可利用调蓄隧道进行初期雨水和合流制溢流污染的控制；对于大到暴雨，可利用调蓄隧道进行雨水的调蓄和转输，减轻排水管网的负担，有效避免周边区域的内涝。

（3）工程措施的效果验证

通过城区防汛排涝工程措施的实施，经过 InfoWorks 模拟校核，城区防汛排涝能力可达到 3 年～5 年一遇，局部地区可达到 5 年～10 年一遇甚至超过 10 年一遇。通过工程措施与非工程措施相结合，局部区域排涝能力将得到极大提升，例如康庄南路等 23 座公铁立交和公路立交的排水能力将达到 30 年一遇的标准。

3. 排涝除险

（1）规划河道防汛排涝工程措施

结合模型模拟和实际情况，研究建议：

1）对内河河道进行疏浚，提高内河调蓄能力和排水能力；

2）沟通城区内的断头河，调整河道走向，促进顺畅排水；

3）对部分内河河堤进行加高，减少内河水位过高时向周边区域溢流的情况。

主要措施包括：

1）结合《甬江流域防洪治涝规划》中建议的骨干工程，对祖关山河、苏家河等 70 条内河在 3 年内分批进行疏浚，平均疏浚深度为 0.7m。

2）对后袁河、黄家河等 13 条内河进行综合整治，调整河道走向，沟通现状断头河，促进水体相互沟通，避免死水。

3）针对游龙河、前塘河等部分内河现状河堤较低，暴雨期间容易发生漫堤的情况，对河堤进行加高和加固。

上述工程实施后预期效果为：

1）内河疏浚后，河道深度增加，暴雨前水位预降空间增大，同时行洪能力加强；

2）内河河网瓶颈整治后，断头河基本打通，排水更加顺畅；

3）河堤加高后，由于河水漫堤造成的城市内涝、下立交淹没的状况将基本避免。

（2）工程措施的效果验证

模型模拟结果表明，在本研究提出的推荐和建议性工程措施全部落实的前提下，结合非工程措施的实施，宁波市区可有效抵御 50 年一遇的暴雨，即当出现 50 年一遇的降雨时，居民住宅和工商业建筑的底层住户不进水，道路中至少一条车道的积水深度不超过 15cm。

4. 应急措施

为解决超标出水行泄空间和去处问题，针对宁波实际情况，主要采取控制内河水位的相关措施。

根据模型模拟结果，为控制内河水位，在《甬江流域防洪治涝规划》的整体框架下，建议通过内河设置闸门的方式建立宁波市区两级蓄控的排涝格局。一级蓄控是指《甬江流域防洪治涝规划》的沿山干河排水系统（拦洪、分洪），二级蓄控是指在平原中部设置第二级拦洪设施。以鄞西平原地区为例，对两级蓄控进行介绍。

考虑到鄞西平原地区内河在历史上和现在均承担着行泄外洪的重要任务，现阶段难以做到洪涝完全分开，因此，在利用已经规划的沿山干河排水系统拦洪的基础上，在鄞西平原地区中部，即叶家碶河、象鉴桥河以西沿线设立 4 处闸门作为第二级拦洪设施，形成两级蓄控的格局（见图 7-7），从而允许部分外洪有序可控地进入平原地区不同的内河区域。同时，根据《甬江流域防洪治涝规划》，对内河入江处设立闸门和泵站。通过两级拦洪设施，可以实现对内河水位的控制。

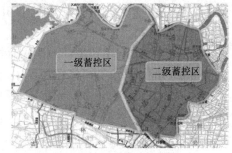

图 7-7　鄞西平原地区两级蓄控区构想

7.5　南京市中心城区排水防涝综合规划

7.5.1　项目介绍

为了深入贯彻《国务院办公厅关于做好城市排水防涝设施建设工作的通知》（国办发〔2013〕23 号），构建适合南京市特点的城市排水防涝体系，不断提高南京市排水防涝能力，切实保障人民群众生命财产安全和城市正常生产生活，协调各专业规划，指导城镇基础设施建设，为建设南京市"滨江生态宜居城市"、创建"海绵城市"提供强有力的支撑，南京市城乡建设委员会组织编制了《南京市中心城区排水防涝综合规划》。

规划编制范围为《南京市城市总体规划》所确定的中心城区范围，含主城区、东山副城、仙林副城、江北新区（原江北副城范围），总面积 $834km^2$，涉及玄武、秦淮、鼓楼、建邺、雨花、栖霞、江宁、浦口、六合 9 个行政区。

规划期限为 2013 年至 2030 年，近期到 2020 年，远景展望至 21 世纪中叶。

规划目标是以确保城市防汛安全为主线，以改善城市环境质量为前提，遵循自然规律和经济规律，树立"安全、资源、环境"三位一体的思想，以人为本，环境为重，科技为先，建立与生态型、组团型、智慧型的现代化大都市相适应的排水防涝体系。通过排水系统建设、低标改造、河道水系调整与整治等工程措施和非工程措施，形成"布局合理、蓄排结合、高效安全、水清景美"且与建设南京现代化大都市形象相适应的防汛保安体系。

以"三提高、三利用、三确保"为核心，全面规划，远近结合，突出重点，分步实施。

（1）三提高

1）提高雨水管渠、雨水泵站的设计标准；

2）提高规划区域内涝防治标准；

3）提高城市抵御自然灾害的能力和水环境质量。

（2）三利用

1）充分利用城市的保留低地、水网保护区、公共绿地、室外大型停车场等场所，作为超标准降雨的临时调蓄空间和低标准地区的改造空间；

2）科学、合理地利用雨水资源，作为绿化灌溉、道路冲洗等市政用水水源；

3）积极推广利用低影响开发（LID）措施，以减少降雨径流总量。

（3）三确保

1）保标内暴雨不成灾。在雨水管渠设计重现期内，发生城市雨水管网设计标准以内的降雨时，地面不应有明显积水；在内涝设计重现期内，居民住宅和工商业建筑的底层住户不进水，道路中应保持一条车道的积水深度不超过 15cm，机动车可通行。

2）极端暴雨少损失。发生超过内涝设计标准的暴雨时，城市运转基本正常，不造成重大财产损失和人员伤亡。

3）雨后积水排除快。降雨停止以后，积水可快速排除。

至 2030 年，由源头径流控制系统、城镇排水系统和河网除涝系统共同组成的城市化地区排水防涝体系全面建成，标准内降雨地面可基本不积水，中心城区内涝防治重现期达到 50 年一遇，初期雨水得到治理，河道水质稳定达标。

7.5.2 规划原则

（1）充分利用现有设施，综合排涝的原则

在充分利用现有排水设施，避免大面积翻建拆建的前提下，突出理念和技术的先进性，因地制宜，采取蓄、滞、渗、净、用、排结合，提出低影响开发、排水管网及泵站新建或改造、多方式调蓄、联合调度等一系列的工程和非工程措施，严格建设用地竖向控制，将内涝防治与河道整治、污染治理、景观建设、城市防洪相结合，建立绿色与灰色基础设施相结合的生态排水体系，确保城市在发生排涝标准内的降雨时，城市居民的生产和生活不受较大影响。

（2）统筹兼顾，突出重点的原则

以城市排水防涝为主，兼顾城市初期雨水的面源污染治理，保障水安全、保护水环境、恢复水生态、营造水文化、提升城市人居环境。通过跨专业协调，统筹城市基础设施资源，系统考虑从源头到末端的全过程雨水控制和管理，与道路、绿地、竖向、水系、景观、防洪等相关专项规划充分衔接。

优先安排社会要求强烈、影响面广的易涝区段排水设施的改造与建设，筛选重点项目，提高建设标准，增强城市御灾能力。

（3）工程措施与非工程措施相结合，建管并举的原则

从单纯排水向综合防涝转变，从粗放型向精细化转变，加强工程措施与非工程措施的结合，采用多种措施进行综合治理，注重项目实施的后评估，进行适应性管理，发挥工程设施的最大效益。

工程措施包括源头、管网和末端全过程控制的工程改造设计及建设。非工程措施主要指提高管理部门应急管理调度能力，增强管理性措施如预警和应急系统、救灾系统等，有力保障南京市的内涝防治工作有序平稳地进行。

（4）近远期相结合的原则

在保证远期目标的前提下，协调城市排水的系统性和城市建设的时序性，近远期相结合，分期实施。

易涝点、易涝路段、易涝区的积水问题优先治理；同时突出规划引领效果，立足南京实际，建设有南京特色的海绵城市示范工程，以点带面，逐步提升南京市排水防涝的能力。

7.5.3　规划方案

1. 源头减排

新建地区综合径流系数不大于 0.5，已建、在建地区综合径流系数逐步过渡到 0.6～0.7。区域整体开发或改造前，应对区域原有径流量和径流系数进行分析评估并给出详细说明，区域开发或改造后，对于相同的设计重现期，改造后的径流量不应超过改造前的径流量，不增加已建排水防涝设施的额外负担。

根据《海绵城市建设技术指南——低影响开发雨水系统构建（试行）》，南京市年径流总量控制率应控制在 75%～85%。各区块的径流控制细项控制指标由《南京市海绵城市建设专项规划》分析确定。

地区开发应充分体现海绵城市建设理念，积极采取措施控制径流总量，包括建设下凹式绿地，设置植草沟、渗透池等。人行道、停车场、广场和小区道路等可采用透水铺装，促进雨水下渗，既达到面源污染控制和雨水资源综合利用的目的，又不增加径流量。

2. 排水管渠

中心城区雨水管渠的设计重现期至少取 3 年一遇，经济条件较好且人口密集、内涝易发的地区，宜取 5 年一遇；雨水管渠的设计须与受纳水体的设计洪水位相协调，在条件许可的情况下，雨水排放口管顶高程应大于等于受纳水体的防洪高水位。新建地区的雨水管渠应按新标准执行，原有地区应结合地区改建、道路建设等更新排水系统并按新标准执行，同一排水系统可采用不同的设计重现期；雨水口和雨水连接管流量应为雨水管渠设计

重现期计算流量的 1.5 倍～3 倍。雨水口间距宜为 15m～30m，重要道路节点和地势低洼处应加大雨水口布设密度，或采用组合雨水算的形式。

排水管渠规划是在排水分区划分的基础上，更加细致地考虑城市水系、现状及规划用地性质、路网规划、社区围墙、已建排水设施、维护管理等多方面因素进行合理布局，就近排入水体，力求管线最短、埋深最小，并为其他管道的穿越创造条件。

3. 排涝除险

规划根据南京市地形自然分水线、水系及雨水排放现状，结合上位规划将南京市中心城区划分为五大排涝单元，分别为主城排涝区、东山副城排涝区、仙林副城排涝区、江北新区浦口排涝区及六合排涝区，对应 18 个排涝片区：主城划分为城南、宁南、河西、城北 4 个排涝片区；东山副城划分为百家湖、九龙湖、东山老城及高新园区 4 个排涝片区；仙林副城划分为仙林东部、仙林西部 2 个排涝片区；江北六合划分为大厂、龙池、滁北、灵岩 4 个排涝片区；江北浦口划分为团结圩、城东圩、九袱洲及桥北 4 个排涝片区。规划对 18 个排涝片区的水面率、河道断面及长度、强排区与自排区划分、泵排能力、调蓄设施布局等都给出了明确的控制指标。

对于已建城区，方案编制重点针对易涝风险区，以满足内涝防治标准为最终目标，因地制宜，优先采用竖向调整和高水高排措施，其次采取布局泵站、新增调蓄设施、源头滞蓄以及开辟涝水行泄通道等措施，确保系统达到规划标准；必要时结合道路规划建设情况，考虑新增或调整雨水管渠。

对于新建城区，方案编制优先考虑采用低影响开发建设模式，并通过竖向调整降低内涝风险；再结合水系治理规划，按照规划标准设计雨水管渠系统，合理布局内涝防治设施。

4. 应急措施

进一步加强突发汛情预报预警工作，充分利用网络、手机、短信平台和新闻媒体等及时、准确地向公众发布预警信息。构建和完善气象监测网络，提高气象监测准确度。进一步加强对老城区、隧道、下穿立交等内涝风险重点区域的防范措施，设置水位警示标尺或水位声光报警装置。内涝高风险区的排水泵站应为双路供电，保障汛期泵组正常运行。

制定详细科学的应急管理预案，预案包括但不限于以下内容：对现有易涝点或易涝区的应急排水方案，人员编制和区域分工，人员培训和演练，应急抢险设备的调度和日常维护，资金和物资保障等。强化涉水部门间的联动机制，充分利用南京市河网密布的地理优势，确定在不同的预警预报等级下内河水位的预降机制，深度挖潜内河对暴雨洪峰的调蓄和滞纳能力。

加强信息化建设，建立南京市排水防涝数字信息化管控平台，大力推进"智慧排水"系统的建设。智慧排水至少由 8 个子系统组成：设施信息管理子系统、联合调度及分析子系统、管网巡查养护子系统、管网规划管理子系统、在线监测子系统、客户服务子系统、应急及安全管理子系统、成本管理子系统。

第 8 章　调蓄池工程实例

8.1　上海市梦清园调蓄池工程

8.1.1　项目介绍

为满足苏州河水质提升需要，建设苏州河沿岸市政泵站雨天排江量削减工程，通过工程措施和管理措施，消除晴天污水排江，减少雨天排江次数和排江污染负荷，为苏州河水质稳定达到景观水标准创造必要条件。梦清园调蓄池是该工程中建设的 4 座调蓄池之一。

梦清园调蓄池的主要建设目的：截流初期雨水，削减排江量，将合流一期截流倍数由 1.5 倍提高至 3 倍。利用梦清园调蓄池，将超过合流一期总管及彭越浦泵站截流能力的污水及初期雨水排入调蓄池暂时贮存，待总管有空余能力时再输送至竹园污水处理厂，起道提高截流倍数的作用。

苏州河沿岸合流制排水系统面积为 33.18km²，截流倍数 1.5 倍时截流量为 33.565m³/s，截流倍数提高至 3 倍后截流量为 42.324m³/s，因受到彭越浦泵站流量的限制，提高截流倍数后，多出的流量只能采用调蓄的方式，待总管流量降低后再进入彭越浦泵站。总体方案涉及江苏、昌平等 6 座泵站截流量调蓄，其中梦清园调蓄池服务于江苏、万航、叶家宅、宜昌 4 座泵站系统，另外 2 座泵站（昌平、康定泵站）系统单独调蓄。

梦清园调蓄池有效调蓄容量为 2.5 万 m³，位于苏州河以南、宜昌路以北、昌化路以西、江宁路以东的梦清园环保主题公园内，是一座全地下式的调蓄池，与上部活水公园有机结合为一个整体（见图 8-1）。

8.1.2　规模确定

梦清园调蓄池服务于江苏、万航、叶家宅、宜昌 4 座泵站，考虑占地面积、投资经济性等因素，调蓄时间确定为 75min，有效调蓄容量为 2.5 万 m³。具体规模计算如下：

图 8-1　梦清园调蓄池上部景观

注：白色管道为调蓄池通气管。

（1）需调蓄的流量

本工程调蓄设施主要用于合流制排水系统的径流污染控制，通过提高截流倍数的方案来减少放江污染，因此按照需调蓄的流量 Q＝（建成后的新截流倍数－原截流倍数）×截流井前的旱流污水量×安全系数的公式来计算。其中新截流倍数＝3.0，原截流倍数＝1.0，安全系数取 1.1。计算需调蓄宜昌等 4 座泵站的截流量，见表 8-1。

服务范围内的泵站截流量 表 8-1

系统名称	泵站名称	服务面积（km²）	需调蓄的截流量 Q(m³/s)	备注
宜昌	宜昌	1.57	1.743	
叶家宅	叶家宅	1.39	1.722	
江苏	江苏	2.60	2.881	
万航	万航	1.64	1.818	
合计		7.20	8.164	

即梦清园调蓄池需调蓄的流量 $Q=8.164$m³/s。

（2）管道调蓄量

由于本工程位于中心城区，用地极为紧张，为了减少调蓄池占地，降低投资，考虑管道的调蓄量。连接各泵站的调蓄管道长约 3.59km，体积为 1.52 万 m³，考虑沉砂及充满度等原因，有效利用体积为 1.22 万 m³。计算见表 8-2。

需调蓄的泵站截流量 表 8-2

管径	管长（m）	体积（m³）	有效体积（m³）
Φ1800	300	763	610
Φ2200	1850	7029	5623
Φ2400	950	4296	3437
Φ2700	240	1373	1098
Φ3000	250	1766	1413
小计	3590	15227	12181

（3）调蓄池体积规模

调蓄时间按照 75min，则梦清园调蓄池有效体积规模为：$V=8.164\times75\times60-12181=24557$m³，取 25000m³。

8.1.3 工程设计

1. 设计原则

（1）充分利用地下空间，提高土地的利用率，将调蓄池设置于大型绿地下，池顶覆土可满足大树种植要求。

（2）调蓄池体积满足截流污水量调蓄 75min 要求。

（3）调蓄池作为合流制排水系统污染控制的核心构筑物，其采用的设备应可靠性高、检修少。

（4）调蓄池需考虑参观人员和检修人员的驻留，配置必要的通风、除臭、照明等设施。

2. 调蓄池设计

（1）总体布置

调蓄池分为池体和闸门井两个部分，布置于梦清园南侧，靠近宜昌路，北距地下车库 10m，西距保护建筑灌装楼外墙 11.07m，东距地下车库进口车道 6.94m。如图 8-2 所示。

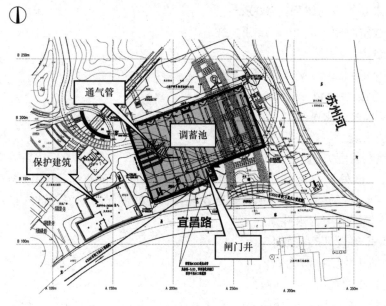

图 8-2　梦清园调蓄池总平布置图

调蓄池总体积 3.0 万 m^3，有效调蓄容积 2.5 万 m^3，有效调蓄水深 5.0m，内净尺寸 99.4m×50m，外包尺寸 100.8m×51.4m。调蓄池底板标高 −4.1m～−4.9m，以 1.92% 坡度坡向积水沟。

闸门井呈多边形，外包尺寸约 24m×15.2m，布置有进出水管、除臭通风设备、贮水池及冲洗泵、放空水泵、下人楼梯等。闸门井底部设存水泵 1 台用于抽渗滤水。

（2）进出水管道系统

进出水管位于闸门井底层，进水蝶阀 DN2400，超越蝶阀 DN2400，出水蝶阀 DN1400（放空管）。

（3）放空系统

放空系统包括 DN1400 放空管和放空泵房两个部分。

1）放空管

调蓄池放空时，先采用 DN1400 放空管放空，水位降至 DN1400 放空管管中时，关闭 DN1400 放空管蝶阀，再采用水泵放空。

放空管主要设计参数如下：

① 放空水深：3.6m；

② 放空体积：18000m^3；

③ 放空管直径：DN1400 一根；

④ 放空最大流量：10.6m^3/s；

⑤ 放空管运行时间：1.0h。

2）放空泵房

放空泵房底标高 −8.90m，可将调蓄池全部放空，放空泵房内配置 3 台潜水泵，要求为抗堵塞、耐磨损的优质潜水泵，并可输送含 5% 泥沙杂质的污水。

放空水泵主要设计参数如下：

① 启用水泵放空的体积：7000m³；

② 水泵放空时间：3.0h；

③ 水泵台数：3用；

④ 水泵流量：210L/s～300L/s；

⑤ 水泵扬程：7.8m～11.4m；

⑥ 水泵功率：37kW。

（4）冲洗系统

将调蓄池在长度方向分为13个槽，每个槽宽7.0m，槽间设0.7m高隔墙。每个槽起始端距底板5.4m处设一套水力冲洗翻斗，翻斗贮水量约5m³/s，翻斗注满水时重心偏移失稳，将贮存水沿池壁泄下，势能转换为动能，将池底部淤积的泥沙冲入排水沟内，冲洗水利用放空水泵提升至出水井。

冲洗系统主要设计参数如下：

1）冲洗翻斗数量：13台；

2）冲洗翻斗槽宽：7000mm；

3）冲洗翻斗贮水量：0.7m³/m；

4）每个冲洗周期用水量：65m³；

5）每个冲洗周期时间：60min；

6）每次冲洗周期数：3个周期；

7）贮水池体积：75m³。

（5）除臭、通风系统

调蓄池有效体积为2.5万m³，总体积约为3.0万m³，空池时除臭量按1次/h考虑，调蓄时除臭量按6次/h考虑，则除臭风量$Q_{除臭}$＝3.0万m³/h。

系统位于闸门井中间层0.00m标高，设除臭量Q＝3.0万m³/h除臭装置一套，满池时按6次/h考虑，空池时按1次/h考虑。

设紧急排风、送风系统一套，用于人员进入时使用，详见通风设计。

除臭及通风风量引入灌装楼排风井，在5楼23m高空排放。

（6）进入调蓄池楼梯

设2部楼梯，1部用于进入闸门井，1部用于进入调蓄池。

（7）变电所及控制室

调蓄池设单独的变电所，位于灌装楼底层，面积约63m²，控制室也位于灌装楼底层，面积约63m²。

（8）贮水池

闸门井内设75m³贮水池一座，用于冲洗调蓄池，冲洗水引自梦清园湖水，引水管管径为DN200，用水量约300m³/次。

3. 调蓄池运行方式

（1）晴天模式：不使用调蓄池，关闭进水蝶阀、出水蝶阀，开启超越蝶阀。

（2）进水模式：雨天检测到进水井内液位升高至0.00m时，关闭超越蝶阀、出水蝶阀，开启进水蝶阀。

（3）满池模式：调蓄池内液位达到0.5m时（设计最高液位），关闭进水蝶阀、出水蝶阀，开启超越蝶阀。

（4）放空模式：放空阀放空，当检测到出水井液位达到 -3.0m 时，关闭进水蝶阀，开启出水蝶阀；水泵放空，当调蓄池液位降低至 -3.0m 时，关闭出水蝶阀，开启放空泵，将水提升至出水井。

（5）冲洗模式：调蓄池放空后，关闭进水蝶阀、出水蝶阀，开启冲洗泵，依次给冲洗翻斗注水，冲洗翻斗自动冲洗，每槽冲洗 2 次～3 次后停止，冲洗水提升至出水井。

8.2　上海市西干线改造工程蕰藻浜调蓄处理池工程

8.2.1　项目介绍

西干线是一条污水输送总管，由于服务范围内雨水系统不完善，存在雨污混接现象，受石洞口污水处理厂处理能力的限制，如大量混接雨水输送到石洞口污水处理厂后放江，一方面增加放江污染及输送费用，另一方面也使西干线设施利用效率偏低。为了应对降雨时混接雨水的冲击，在蕰藻浜泵站征地范围内设置一座 20000m³ 的调蓄处理池，并设置应急排放口。

建设调蓄池的目的：

（1）解决《上海市污水处理系统专业规划修编（2020 年）》增加的相当于 20% 旱季平均流量的初期雨水截流量。

1）根据《上海市污水处理系统专业规划修编（2020 年）》，城市总管要预留 20%，需要通过调蓄池来解决。

2）汶水路总管（西干线—汶水路污水泵站）已按 35 万 m³/d 规模建成，未留 20% 的余量，因此雨季时超出汶水路总管容量的那部分初期雨水截流量（共计 7.00 万 m³/d）需要另寻出路，通过调蓄处理池进行处理。

3）根据规划西干线总管增加了相当于 20% 旱季平均流量的初期雨水截流量，超出了污水处理厂现有的处理能力，也需要调蓄池调节。

（2）缓解雨污混接现象。

由于西干线雨污混接现象严重，根据排水公司提供的运行资料，2002 年 12 月石洞口污水处理厂五号泵站雨季每日排江量平均约为 52000m³，对水体污染严重。建造调蓄池可以减少由于雨污混接引起的雨季排江量，并且改善雨季时石洞口污水处理厂进水水质。

（3）两大系统的平衡。

汶水路总管是西干线与合流一期的连接管，由于用地限制，汶水路泵站前池较小，为了保证两个系统同时安全运行，需要有一个调蓄缓冲空间。在蕰藻浜泵站建造调蓄池可以为两个系统同时运行提供缓冲、平衡。

8.2.2　规模确定

西干线现状雨污混接主要发生在新村路到蕰藻浜，故调蓄处理池设置在蕰藻浜泵站。

根据调蓄池建设目的，蕰藻浜调蓄池容积应按照规划增加的相当于 20% 旱季平均流量的初期雨水截流量及雨污混接量考虑。但受征地条件的限制，调蓄池有效容积按 20000m³ 设计。

超出调蓄池容量的水量通过设置在调蓄池上部的混凝沉淀处理池处理后紧急排入蕴藻浜。根据同济大学城市污染控制国家工程研究中心编制的《西干线蕴藻浜调蓄处理池工艺技术研究之就地处理装置中试研究报告》，在不同气象情况下混凝沉淀处理池对污水的SS、COD、TP和浊度平均去处率分别为82%、69%、71%和79%以上，可大大削减混接雨水的污染负荷，减少对河道的影响。混凝沉淀处理池的处理规模为1m³/s。

8.2.3 工程设计

调蓄处理池设置在蕴藻浜泵站处，其流程如图8-3所示。

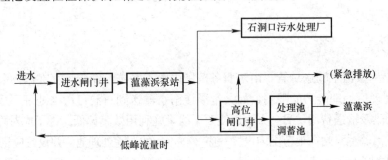

图8-3 蕴藻浜泵站调蓄处理池流程示意图

调蓄处理池分为上、下两层，下层为调蓄池，上层为处理池。雨季时，进入蕴藻浜泵站的污水一路由水泵提升后输送至石洞口污水处理厂，一路由1台~2台水泵提升后进入下层调蓄池；当水量超出调蓄池设计容积后，则污水进入上层处理池，处理后重力紧急排放至蕴藻浜；当水量继续增加，超出处理池处理能力后，则重力紧急排放至蕴藻浜。反之，污水经调蓄后待西干线污水降至低峰流量时重力流回蕴藻浜进水闸门井，经水泵提升后输送至石洞口污水处理厂处理。

下层调蓄池为全地下式，在不超过泵站用地的条件下充分利用地下空间，调蓄池平面尺寸为50.7m×50.7m，有效水深8m，有效容积约20000m³。根据可重力流回蕴藻浜泵站进水闸门井的原则确定调蓄池池底标高，泵站进水管管底标高为−5.17m，则调蓄池排泥槽槽底标高为−4.44m，池底标高为−3.19m，最高水位为4.81m。

调蓄池内采用门式水力冲洗装置进行冲洗。自冲水系统使用贮存水量实现高效率冲洗水池。每个冲洗门的开关过程仅需配备0.55kW外动力源，持续10s，其他工作过程不需要动力，无需附加控制系统，无需外部水源。具有结构简洁、运行可靠、免维护等特性。目前2800mm宽的冲洗门可冲洗渠道宽度为5m。用高600mm（一般底泥高度不超过400mm）的隔墙将调蓄池分为9格，每格内各设1套门式水力冲洗装置，包括1套2800mm×400mm的冲洗门、末端浮球阀及液压系统。进水前端设贮水槽，单个贮水槽贮水容积=19.15m³，采用1:5坡度。渠道末端设排泥槽，宽3m、深1.3m，9格连通。

上层处理池分为混凝反应和沉淀两个区，规模按1m³/s设计，折合86400m³/d。为确保系统的稳定性，在调蓄池内设二次提升泵房，泵房进水为调蓄池上层较清洁的雨水，平面尺寸为5.15m×5.35m，深度5.1m，内设2台提升泵（$Q=0.5$m³/s，$H=9.2$m）。最高水位4.81m，最低水位3.81m。处理池的流程为：调蓄池→二次提升泵房→管道静态混合器→混凝反应池→斜管沉淀池→紧急排放蕴藻浜。

在混凝反应池前的进水总管上安装 1 套 $DN1000$ 管道静态混合器。采用管道静态混合器可减少污水与环境的接触，从而减少污水对环境的污染，且管道静态混合器占地面积小，操作简单，运行管理方便，其混合效果优于搅拌混合池。污水经管道静态混合器后进入混凝反应池。

混凝反应池混合时间 9min，有效容积 540m³，单池长×宽为 5m×5m，共 6 格，有效水深 3.6m。每格设 $DN1800$ 立轴式机械反应搅拌机 1 套，共 6 套。

对应地，斜管沉淀池设 6 座，单池长×宽为 10m×5m，设计表面负荷为 13m³/(m²·h)。池内设 $DN50$ 不锈钢斜管，管长约 1385mm，共 12150 根。每池池中设 2 条宽 600mm、深 300mm 出水槽，池边各设 1 条宽 300mm、深 300mm 出水槽。出水采用不锈钢三角堰板，设计出水堰负荷为 2.78L/(m·s)。

在处理池旁设 286m² 加药间，加药间内包括 PAC、PAM 两套加药系统，其中 PAC 混凝剂加在管道静态混合器内，PAM 助凝剂加在混凝反应池内。PAC 最大加药量为 100mg/L，PAM 最大加药量为 1.2mg/L。PAC 加药系统包括 2 座钢筋混凝土结构的溶解池，单池尺寸 1.8m×1.8m×3m，2 座钢筋混凝土结构的溶液池，单池尺寸 4m×4m×3m，每座溶解池和溶液池各设 1 套搅拌机及 2 套加药泵（$Q=3.6$m³/h，$P=0.75$kW，1 用 1 备，变频调节）。PAM 加药系统包括 1 套 4000L/h 的自动加药装置及 2 台加药泵（$Q=2.4$m³/h，$P=0.75$kW）。

8.3　上海市世博会园区市政配套设施工程——浦明调蓄池

8.3.1　项目介绍

2010 年上海世博会的主题为"城市，让生活更美好"，是一个展示人类在社会、经济、文化和科技领域所取得成就的一项重要国际盛会。

按照总体规划和专业规划要求：世博会园区新建排水系统采用雨污分流制，设计暴雨重现期为 3 年；新建雨污水泵站地处黄浦江畔滨江绿地，泵站均建成全地下式；为控制初期雨水对黄浦江的污染，新建雨水泵站中均设置初期雨水调蓄池。

世博会浦东园区以打浦路隧道和白莲泾为界，新建后滩、浦明、南码头 3 个雨水系统。后滩雨水系统设计暴雨重现期 $P=3$ 年，服务面积约 0.87km²，后滩雨水泵站设于浦明路北侧、园一路东侧，系统总管管径为 $DN800\sim DN2400$；浦明雨水系统设计暴雨重现期 $P=3$ 年，服务面积约 2.50km²，浦明雨水泵站设于浦明路南侧、白莲泾西侧，系统总管管径为 $DN1000\sim DN3500$；南码头雨水系统设计暴雨重现期 $P=3$ 年，服务面积约 1.03km²，南码头雨水泵站设于浦明路北侧、南码头路西侧，系统总管管径为 $DN1200\sim DN3500$。如图 8-4 所示。

世博会浦东园区白莲泾以西区域内的污水经收集后通过世博污水纳管泵站提升纳入南干线，世博污水纳管泵站位于黄浦江边浦明路北侧、园一路东侧，与后滩雨水泵站合建；白莲泾以东区域内的污水先就近接入浦东南路的沪南支线，再通过东三里桥、东方路的污水管纳入上海市污水治理二期总管。如图 8-5 所示。

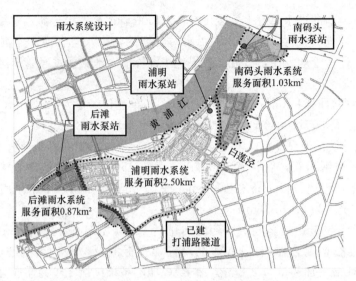

图 8-4　世博会浦东园区雨水系统图

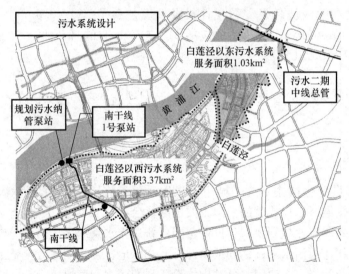

图 8-5　世博会浦东园区污水系统图

8.3.2　规模确定

浦明雨水泵站服务面积约 $2.50km^2$，其收集系统的设计暴雨重现期为 3 年，径流系数为 0.7，浦明雨水泵站设计规模为 $Q=22m^3/s$，初期雨水调蓄池规模为 $8000m^3$。泵站内设置了试泵回笼水设施和旱流污水截流设施，泵站雨水出水排入黄浦江，旱流污水和调蓄池出水均排入浦明路污水管道。

初期雨水挟带大量沉积黑泥，COD 浓度远高于黄浦江河水的水质标准。黄浦江水景是本次世博会最重要的景观之一，世博会期间正值上海汛期，非常有必要减少初期雨水对黄浦江的污染。因此，世博雨水泵站中均设置了初期雨水调蓄池，减少了排入黄浦江的污染物量，更大限度地保护了黄浦江水质，符合国家"节能减排"的政策导向，与专业规划要求吻合。

在雨水泵站中设置初期雨水调蓄池，目的是将降雨初期污染相对较严重的雨水暂时贮存在调蓄池中，在降雨之后利用城市污水管网排放低谷时段，将初期雨水排入市政污水管网，送至城市污水处理厂处理排放。

对于分流制泵站设置初期雨水调蓄池的容积，当时（2006 年）我国规范并无相关规定，设计参考德国废水协会"ATV Arbeitsblatt A 128 1992"标准，并结合国内其他类似工程采用的设计参数，调蓄池容积按下式计算：

$$V = 1.5 \times VSR \times AU$$

式中：V——调蓄池容积（m^3）；

　VSR——每公顷面积需调蓄雨水量（m^3/hm^2），$12m^3/hm^2 \leqslant VSR \leqslant 40m^3/hm^2$；

　AU——非渗透面积，AU＝系统面积×径流系数。

因此，浦明雨水泵站初期雨水调蓄池的容积为：$V = 1.5 \times 30 \times 250 \times 0.7 = 7875m^3$，取 $8000m^3$。

根据《室外排水设计规范》GB 50014—2006（2016 版）第 4.14.4A 条和《城镇雨水调蓄工程技术规范》GB 51174—2017 第 3.1.5 条规定，用于分流制排水系统径流污染控制时，雨水调蓄池的有效容积可按下式计算：

$$V = 10DF\Psi\beta$$

式中：V——调蓄池有效容积（m^3）；

　D——调蓄量（mm），按降雨量计，可取 4mm～8mm；

　F——汇水面积（hm^2）；

　Ψ——径流系数；

　β——安全系数，可取 1.1～1.5。

现根据浦明雨水泵站初期雨水调蓄池的实际容积，反算 D 和 β 的取值。$V_{浦明} = 10 \times 4.16 \times 250 \times 0.7 \times 1.1 = 8008m^3$，即 D 取 4.16mm，β 取 1.1，满足规范中取值范围的低值。

8.3.3　工程设计

浦明雨水泵站地处黄浦江畔规划滨江绿地，根据规划和景观要求，其建设成全地下式泵站，地面上仅有人员进出口、通风井、设备检修孔等。

由于雨水泵站和初期雨水调蓄池均为全地下式，不同的布置方式对投资和施工难度会有一定影响。浦明雨水泵站规模较大，构筑物体量也大，工程设计中对雨水泵房与初期雨水调蓄池是否合建进行了方案比较。从减小埋深、加快施工进度、节约工程投资及占地面积等方面综合比较后，推荐采用分建方案。平面布置如图 8-6 所示。

由于初期雨水中挟带了地面和管道沉积的

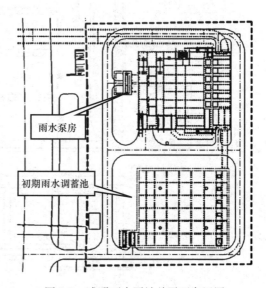

图 8-6　浦明雨水泵站总平面布置图

污物杂质，初期雨水调蓄池在使用后底部不可避免滞留有沉积杂物。雨水滞留在池内数小时后，水中的污物杂质会沉积下来，如果不及时清理会造成污物变质，产生异味；沉积物积聚过多将使调蓄池很快无法发挥其功效。因此，在设计初期雨水调蓄池时必须要考虑对底部沉积物的有效冲洗和清除。全地下结构的初期雨水调蓄池不具备人员经常进出和开大型设备吊装孔的条件。设计深入研究了初期雨水调蓄池的运行模式，并对各种冲洗方式进行详细比较和实地考察研究后，在国内首次采用了国际先进的调蓄池门式自冲洗装置。

浦明雨水泵站初期雨水调蓄池设计容积 $8000m^3$，平面尺寸 39.4m×32.6m，由贮水池、冲洗廊道、出水收集渠三部分组成，如图 8-7 所示。每套冲洗门的前端设置贮水池，贮水池的宽度、高度、底坡及透气平衡装置的设计与池型和冲洗范围有关。对于每条冲洗廊道，需保证一定的底坡，根据冲洗水量和冲洗程度不同，一般设计底坡为 1‰～2‰。根据冲洗廊道的宽度和长度，通过计算确定贮水池的容积。贮水池中的蓄水应有一定势能（即水位差），才能在冲洗门瞬间打开时形成强力的水动能。

贮水池宽3m，分为6格，设有两级底坡；6条冲洗廊道内各设置1套门式自冲洗装置，冲洗廊道单长29m、单宽4.65m，设有底坡，隔墙高度0.6m，门式自冲洗装置设备宽度2.8m，孔口高度0.4m；出水收集渠宽5.5m，末端设置2台潜水离心泵（$Q=667m^3/h$，$H=5.2m$，1用1备），用于调蓄池放空及冲洗水排空，初期雨水调蓄池12h放空，放空水及冲洗水排入浦明路市政污水管道。

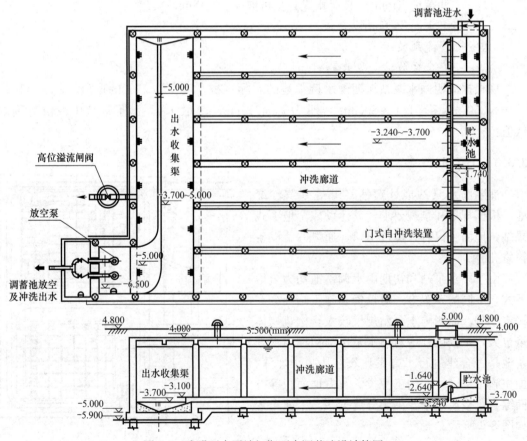

图 8-7　浦明雨水泵站初期雨水调蓄池设计简图

浦明雨水泵站内设置了初期雨水调蓄池和旱流污水截流设施，其运行模式较为复杂。

1. 晴天运行模式

泵站进水闸门开启，调蓄池进水闸门关闭，雨水出水闸门关闭。旱流污水经粉碎型格栅后依靠截污泵提升，进入市政污水管道。当污水集水池水位逐渐升高至开泵水位时，开启截污泵；当进水量减少，水位逐渐下降至停泵水位时，截污泵关闭。

2. 雨天运行模式

泵站进水闸门开启，调蓄池进水闸门关闭，雨水出水闸门关闭。随着地区开始降雨，初期雨水进入泵站。当进水水位高于污水区集水池的设计最高水位时，开启调蓄池进水闸门，初期雨水经雨水泵提升后进入调蓄池。待调蓄池蓄满时，调蓄池进水箱涵闸门关闭，同时开启雨水出水闸门，出水排入黄浦江。若雨量继续变大，将根据设定的水位依次开启雨水泵。

3. 调蓄池运行模式

（1）进水

降雨初期，雨水出水闸门关闭，调蓄池进水闸门开启，初期雨水经雨水泵提升后进入调蓄池。初期雨水首先进入调蓄池的贮水池，待贮水池每格依次蓄满水后，再从贮水池上部溢出进入调蓄池各廊道。待调蓄池蓄满时，调蓄池进水箱涵闸门关闭，同时开启雨水出水闸门。

（2）放空

根据外部污水管网运行情况及世博污水纳管泵站的水量反馈情况，利用晴天污水量排放低谷时段（一般为夜间），人工控制调蓄池的放空，将初期雨水排放至浦明路市政污水系统。

放空时首先开启调蓄池高位溢流闸阀，随着调蓄池内水位逐渐降低，关闭高位溢流闸阀，同时开启调蓄池放空泵。当水位下降至停泵水位，同时液位处于下降趋势时，放空泵关闭。

（3）冲洗

调蓄池放空后，根据出水收集渠内浮球开关的信号反馈，门式水力冲洗系统将自动进行冲洗（见图 8-8）。全套冲洗过程根据廊道数量分为数组。

第 1 组冲洗（第 1 条廊道）：调蓄池放空结束（放空泵关闭）后由控制系统触发，第 1 条廊道开始冲洗，冲洗门瞬间将贮水释放，射流形成波浪将池底的沉积物卷起，冲流到调蓄池末端的出水收集渠。第 1 条廊道冲洗完成后，由控制系统触发第 2 组冲洗程序，顺序进行。

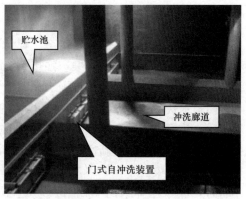

图 8-8　浦明雨水泵站门式自冲洗装置运行图（一）

图 8-8　浦明雨水泵站门式自冲洗装置运行图（二）

8.4　石家庄市正定新区 2 号雨水泵站工程配套调蓄池

8.4.1　项目介绍

正定新区作为石家庄"提升省会职能，发展成为京津冀城镇群第三极、首都圈的战略门户"发展目标的重要支撑点，是未来石家庄市"一城三区"的核心组成部分，是市级行政、文化中心，现代服务业基地，科教创新集聚区，生态宜居新城。

正定新区将以建设"低碳、生态、智慧"城市为目标，最大限度减少二氧化碳排放，节能、节水、节地，创新城市建设发展模式，使"生态"、"低碳"等理念渗透到新城开发的各个环节。汲取功能多元复合的布局特色，使不同街区和节点都具有一定程度的混合功能。完善居住环境、生活配套、商业服务、交通出行、休闲游憩等功能和布局，形成生活方便舒适、生态人文和谐的宜居活力之城。

为配合正定新区起步区的发展建设，保障该区域的排水安全，必须加快建设正定新区 2 号雨水泵站。正定新区 2 号雨水泵站位于北京南大街、迎旭西大道的西北角，在园博园范围内。根据规划，2 号雨水泵站的设计规模为 $16m^3/s$，同时为减少初期雨水对河道的污染，2 号雨水泵站服务面积约 $6.46km^2$。

8.4.2　规模确定

正定新区正在打造"低碳、生态、智慧"的示范新城，根据规划要求，为避免初期雨水对周汉河、滹沱河等造成污染，强排系统内，结合雨水泵站设置初期雨水调蓄池；自排系统内，雨水排放口处设置初期雨水调蓄池，截流初期雨水。

初期雨水挟带大量的积黑泥，COD_{Cr} 浓度远高于外排水体的浓度，这种含黑泥的水排入水体后，使河水的感观受到破坏，如果混掺入黑臭污水团的河水扩散到整个断面，河水就会产生黑臭现象。正定新区雨水出路为周汉河、滹沱河，规划均为景观水体，有必要减少初期雨水的污染。

同时，石家庄降水的年内分配极为不均匀，雨水多集中在 6—9 月份，且石家庄属于缺水城市，水资源较缺乏。因此在滹沱雨水系统建设中，根据情况建设部分雨水调蓄设施，可以起到削减洪峰流量、贮存雨水、减小新区管网规模、补充新区水资源的作用。

对于分流制泵站设置初期雨水调蓄池的容积，当时（2011 年）我国规范并无相关规定，设计参考德国废水协会 "ATV Arbeitsblatt A 128 1992" 标准，并结合国内其他类似工程采用的设计参数，调蓄池容积按下式计算：

$$V = 1.5 \times VSR \times AU$$

式中：V——调蓄池容积（m^3）；

$\quad VSR$——每公顷面积需调蓄雨水量（m^3/hm^2），$12m^3/hm^2 \leqslant VSR \leqslant 40m^3/hm^2$；

$\quad AU$——非渗透面积，$AU=$系统面积 × 径流系数。

2 号雨水泵站排水系统面积为 $646hm^2$，径流系数为 0.6，则 2 号雨水泵站调蓄池容积为：$V = 1.5 \times 646 \times 0.6 \times 25 = 14535m^3$，取 $15000m^3$。

8.4.3　工程设计

初期雨水调蓄池位于泵房南侧，调蓄池设计容积为 $15000m^3$。平面尺寸为 55.34m × 43m，有效水深 7.7m，内设 8 套门式自冲洗装置，考虑调蓄池内的水在 6h 内放空，设置 3 套污水潜水泵（2 用 1 备），单泵性能参数为 $Q = 1275m^3/h$、$H = 5.7m$（变频）、$N = 60kW$。

正定新区 2 号雨水泵站设置了初期雨水调蓄池，其运行模式分为晴天和雨水两种工况。

1. 晴天运行模式

污水进水闸门开启，调蓄池进水闸门关闭，雨水进水闸门关闭，雨水出水闸门关闭。旱流污水经过格栅后进入污水集水池，当污水集水池水位逐渐升高至开泵水位时，开启截污泵；当进水量减少，水位逐渐下降至停泵水位时，截污泵关闭。旱流污水经泵提升后进入市政污水管道。

若泵房设备检修要求集水池排空，可人工手动开启截污泵。

2. 雨天运行模式

污水进水闸门开启，雨水进水闸门开启，调蓄池进水闸门关闭，出水闸门关闭。随着地区开始降雨，初期雨水进入泵站，当进水量大于污水泵流量，污水区集水池的水位升高至设定水位时，截污泵关闭，同时开启调蓄池进水闸门。

当降雨历时延长进水量增大时，将根据雨水区集水池水位上升情况逐台启动雨水泵。降雨初期，雨水出水闸门关闭，调蓄池进水闸门开启，初期雨水经雨水泵提升后由调蓄池进水箱涵进入调蓄池。待调蓄池达到设定水位时，调蓄池进水箱涵闸门关闭，同时开启雨水出水闸门。雨水即排入园博园水系河道中。

3. 调蓄池运行模式

（1）进水

降雨初期，当进水水位高于污水区集水池的设计最高水位时，初期雨水被泵提升后通过闸门进入调蓄池。初期雨水首先进入调蓄池的贮水池，待贮水池蓄满水后，水再从贮水池上部溢出进入调蓄池各廊道（无论在何种进水量的情况下，进水总是先充满贮水池，贮存一定的冲洗水量）。待调蓄池达到设定水位时，调蓄池进水箱涵闸门关闭，同时开启雨水出水闸门。

（2）放空

根据外部污水管网运行情况，利用晴天污水量排放低谷时段（一般为夜间），人工控制调蓄池的放空（整池放空约需 6h）。初期雨水经放空泵提升后，排入泵站内的污水管，最终接入市政污水管网。

（3）冲洗

调蓄池放空后，根据出水收集渠内浮球开关的信号反馈，由控制系统触发，门式自冲洗系统将依次对各廊道进行自动冲洗。冲洗门瞬间将贮水释放，形成为门底部喷射出的水动能，形成强力、席卷式的射流。射流形成的波浪将池底的沉积物卷起，冲流到调蓄池末端的出水收集渠，通过泵排出。第 1 条廊道冲洗完成后，由控制系统触发第 2 组冲洗程序，顺序进行。

8.5　北京市成寿寺雨水泵站升级改造工程

8.5.1　项目介绍

2012 年 7 月 21 日北京遭遇了有史以来最大的暴雨。北京市域范围内平均降雨量 170mm，中心城区平均降雨量 215mm，城区最大降雨点石景山模式口达 328mm，强降雨持续时间近 16h；全市主要积水道路 63 处，积水 30cm 以上路段 30 处，积水点位置大部分在下穿式立交交叉道路。究其原因，主要是随着汇水面积的加大或径流系数的增大，径流量也相应增加，而高水系统的标准偏低且收水系统不完善，当超频率降雨发生时，就会形成客水流入桥区，从而造成排水能力不足。北京市四环内强制排水的下穿式立交泵站共有 52 座，绝大多数设计降雨重现期在 2 年～5 年，只有 3 座小于 2 年。因此，2012 年下穿式立交积水改造时，结合当时的设计标准，经过技术经济比较，最终确定，北京市下穿式立交泵站服务面积的内涝防治标准确定为 50 年一遇（桥区积水深度超过 27cm 的积水时间不超过 30min），下凹桥区四周及下游雨水管道按 5 年一遇标准设计。雨水泵站按 5 年～10 年一遇标准设计，低水管道按 10 年一遇标准设计。本节和 8.6 节都是在这一背景下落地的项目。

成寿寺雨水泵站建于 1994 年，位于成寿寺路与双丰铁路立交以南约 250m 处，汇水面积 11.4hm²，设计重现期 $P=1$ 年。现状调查发现，肖村桥桥区周边地区的排水系统设计能力较低，暴雨时还会受到河道水位顶托，不能及时排除本区域的雨水，导致雨水以坡面流方式汇入下凹桥区。而桥区雨水排水系统不足以排除这些雨水，造成桥区积水。为使桥区达到 50 年一遇的内涝防治标准，提出如下解决方案：

（1）对凉水河干流进行治理，在现状河道断面基础上拓宽，实现城市防洪规划断面。

（2）提高桥区周边地区高水系统雨水管道的排水能力，客水区雨水分区域进行拦截，采取工程措施尽量将客水拦截在桥区外围，避免超过雨水管道设计标准的客水进入桥区，尽量减少客水的汇入量。客水拦截原理如图 8-9 所示。

（3）考虑到桥区周边排水系统不可能完全排出本区域内的雨水，仍会有一部分雨水进入桥区，因此，需要提高桥区内的排水和蓄水能力，包括改扩建雨水口、雨水管道、排水泵站和新建桥区调蓄池等。

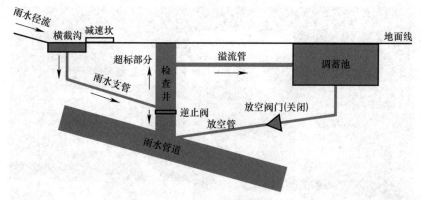

图 8-9　客水拦截原理图

肖村桥桥区积水改造工程：桥区的高水排水系统、低水排水系统改造已经得以实现，提高了整个桥区的排水能力。凉水河的疏挖治理：桥区外高水系统改造还未实施，全部实施后，可降低河道洪水位，进一步改善雨水管道的排水条件，才能使肖村桥流域整体达到 50 年一遇的内涝防治标准

8.5.2　规模确定

由于现况泵站没有足够的空间更换大流量水泵，所以考虑拆除现况成寿寺泵站，在肖村桥西南侧绿地新建泵站。按 $P=5$ 年、$\Psi=0.95$、$t=5min$ 升级泵站提升能力，设计流量 $Q=5.0m^3/s$。

根据改造要求，新建调蓄池与泵站合建，位于肖村桥西南侧绿地内。调蓄池由初期雨水池和雨水调蓄池两部分组成。初期雨水池按照初期降雨厚度 15mm 计算，新建雨水调蓄池进行削峰调蓄；初期雨水池池容 1950m³，雨水调蓄池池容 10450m³，总池容 12400m³。

8.5.3　工程设计

1. 排水系统设计

新建雨水泵站按 $P=5$ 年、$\Psi=0.95$、$t=5min$ 升级泵站提升能力，设计流量 $Q=5.0m^3/s$，其中一台水泵选用变频器控制。改造泵房出水管路，泵房独立压力出水，满足 $P=5$ 年设计标准 $Q=5.0m^3/s$。新建泵房出水管 D1800，向西排入凉水河。由于高水雨水系统在下穿铁路时，2 根 D1550 雨水管排水能力不足，故在南四环南侧与现况 3400mm×3000mm 雨水方沟相接新建 4400mm×3000mm 雨水方沟，分流部分高水雨水直接向西排入凉水河。肖村桥桥区总体改造设计图见图 8-10。

2. 调蓄系统设计

初期雨水池及雨水调蓄池内分别设置放空泵，负责排空池内雨水。泵坑上方设置检修孔，方便水泵吊装和维修。为方便池内排泥，池底设置坡道，坡向泵坑。池底沉积物可在重力作用下滑进泵坑。为保证池内压力正常及空气流通，池顶设置通气管。

调蓄池运行流程为：初期雨水进入初期雨水池内，雨水提升泵不启动；初期雨水贮存完毕后关闭初期雨水池闸门；雨水进入雨水调蓄池，随后开启泵站将超量雨水排入下游河道；降雨后，初期雨水提升排至污水管道系统，雨水调蓄池内雨水用来浇灌周边绿地等。如图8-11、图 8-12 所示。

图 8-10 肖村桥桥区总体改造设计图

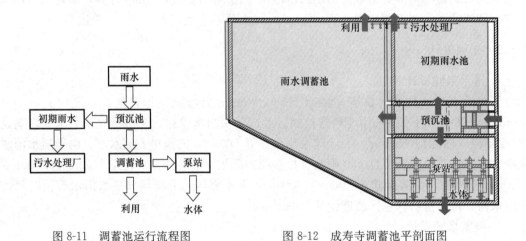

图 8-11 调蓄池运行流程图   图 8-12 成寿寺调蓄池平剖面图

3. 模型模拟

模型模拟采用 InfoWorks ICM 软件进行模拟。

（1）模型数据

成寿寺的高低水系统的地理范围包括交会于肖村桥的南北向的成寿寺路、三台山路和东西向的南四环东路以及周边汇水区域。该雨水系统包括沿道路铺设的雨水口、检查井和管道，以及用于抽排低水雨水的泵站，其排水出路为凉水河。

分别构建了成寿寺流域改造前的现况模型及改造后的模型。

（2）模型参数

雨水量模拟采用划分子集水区，并将子集水区指定到雨水口或者检查井的模型。其中，径流表面类型及其参数的设置见表 8-3。

子集水区参数　　　　　　　　　　　　　　　　表 8-3

径流表面	产流模型	固定径流系数	径流模型	地面糙率
道路/屋面	Fixed	0.95	SWMM	0.014
其余区域综合	Fixed	0.50 （流域用地加权平均）	SWMM	0.018

新建管道粗糙系数按设计规范选用 0.013，现况管道考虑使用后粗糙度增加，粗糙度系数设置为 0.014。

（3）设计降雨

设计降雨过程按北京市地方标准《城镇雨水系统规划设计暴雨径流计算标准》DB11/T 969—2016 中的"1440min 雨型分配表"。北京市 50 年一遇设计降雨过程线如图 8-13 所示。

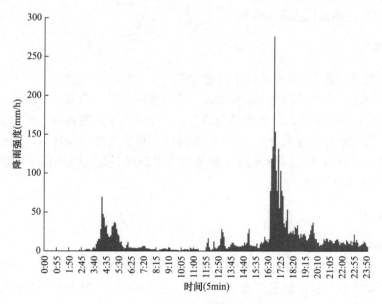

图 8-13　北京市 50 年一遇设计降雨过程线

（4）现况模型模拟

对现况管网进行了"7·21"实际降雨强度下的全流域模拟，其结果如下：现况管网在"7·21"实际降雨强度下流域内有多处积水，肖村桥桥区低点积水情况严重。肖村桥桥区东侧高水管线的水力坡降明显大于管道坡降，已为压力流状态，且部分区域地势过低，导致低洼处检查井冒水，流入桥区低点。

（5）改造模型模拟

实施排水改造项目后的肖村桥排水系统，其排水条件得到极大改善。在设计降雨模拟中，即使在 $P=50$ 年的降雨模拟中，桥区也未产生积水。

8.6 北京市五路居雨水泵站升级改造工程

8.6.1 项目介绍

与8.5节的项目背景相同，五路居雨水泵站升级改造也是下穿式立交交叉道路内涝综合整治工程之一。下穿式立交交叉道路内涝综合整治是系统工程，需要综合统筹源头、过程、末端各个系统，既需要在源头减排减少进入汇水面积的径流量，又要提高排水、泵站标准提升排水能力，同时需要通过调蓄合理处置涝水并加大雨水利用。同时，汇水面积内的雨水系统改造和下游雨水出路整治必须相结合，做到"高水高排，高截高蓄；低水低排低蓄，雨水就近入河"才能保证排水安全。在此原则下，通过新建及改扩建现有防涝设施，采取调蓄、滞渗和管理等措施，才能确保下穿式立交交叉道路的内涝防治系统能应对50年一遇的暴雨。

五路桥桥区的低水排水系统改造已经得以实现，提高了整个桥区的排水能力，桥区外高水系统改造还未实施，全部实施后，进一步改善雨水管道的排水条件，才能使五路桥流域整体达到50年一遇的内涝防治标准。

8.6.2 规模确定

改造雨水泵站达到$P=5$年及新建独立出水。

根据改造要求，为泵站新建雨水调蓄池，进行削峰调蓄，但受改造用地限制，调蓄池无法与泵站合建，因此采用顶管管道作为调蓄池。新建雨水调蓄池分为两部分：泵井格栅间和蓄水池（含检修井和蓄水管）。泵井格栅间位于泵站内西侧绿地内，为全地下式；检修井位于泵站北侧路以北现况绿地内，蓄水管位于现况泵站北侧道路下。蓄水管管径为3000mm，有效容积为2090m^3。

8.6.3 工程设计

1. 收水系统设计

完善现有低水区域收水系统，以达到10年一遇标准。具体改造方案：改造五路桥桥区低水收集系统雨水口，桥区雨水口数量由80个增至156个。修建雨水支管管道$DN500\sim DN700$。

2. 排水系统设计

改造雨水泵站达到$P=5$年及新建独立退水。对现况五路居雨水泵站进行提标改造，更换现有泵站内水泵及其配电系统，将泵站提升能力由目前的1.5m^3/s（$P=3$年）提高到2.26m^3/s（$P=5$年）；将用电系统改造为符合要求的双路用电。新建泵站独立出水管，管径范围$DN1000\sim DN1800$，使其满足2.26m^3/s水量（$P=5$年）要求，泵站出水管在永定河引水渠南路处直接入河。改造五路桥桥区外高水系统雨水口。桥区外高水系统增加雨水口96个，修建雨水支管$DN500\sim DN600$，减少高水汇入桥区低水系统的水量。五路桥桥区总体改造设计图见图8-14。

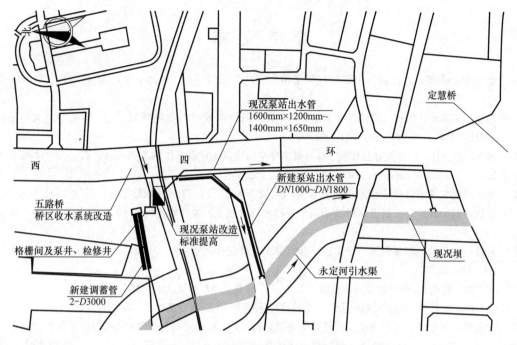

现况泵站出水管
1600mm×1200mm~
1400mm×1650mm

定慧桥

西　　四　　环

新建泵站出水管
DN1000~DN1800

五路桥
桥区收水系统改造

现况泵站改造
标准提高

格栅间及泵井、检修井

新建调蓄管
2-D3000

现况坝

永定河引水渠

图 8-14　五路桥桥区总体改造设计图

3. 调蓄系统设计

（1）调蓄池设计

蓄水管采用顶管施工，坡度为 1‰，坡向检修井以利于排泥。蓄水管末端设置 $DN600$ 通风管排气，保证池内正常压力。泵井、格栅间内别设置放空泵，负责排空贮水管内雨水。泵坑上方设置检修孔，方便水泵吊装和维修。

（2）调蓄池运行流程

调蓄池运行流程为：雨水进入调蓄池，随后开启泵站将超量雨水排入下游河道。降雨后，调蓄池内雨水用来浇灌周边绿地等。

4. 监测评估系统

（1）监测点布置

流量计布置点的选择应遵循以下原则：

1）在桥区高低水排水系统的下游总管应分别布置流量计，以监测高低水排水系统的总流量，对整个排水流域进行整体把握。

2）在高水排水系统的主要上游支管应布置流量计，以监测各个支路的流量情况。

3）上下游流量计之间应能相互校核各自监测数据的质量。

4）在上述重要管路的邻近位置布置备用流量计，在一个流量计故障的情况下，可从备用点的流量计获得测流数据。

（2）智能管理系统

通过监测及数学模型建立排水管网智能管理系统，可实现气象、流量、液位等数据的实时采集，雨前提前 2h 进行积水预测，对泵站运行、调蓄池运行等提供调度决策，根据积水情况，可提前制定合理的调度方案，提高排水系统的效率和保障度。

参 考 文 献

[1] 史培军，孔锋，方佳毅. 中国年代际暴雨时空变化格局 [J]. 地理科学，2014，34 (11)：1281-1290.

[2] 刘新，何隆华，周驰. 长江中下游近 30 年来湖泊的水域面积变化研究 [J]. 华东师范大学学报（自然科学版），2008 (4)：124-129.

[3] 国务院办公厅. 国务院办公厅关于做好城市排水防涝设施建设工作的通知 [DB/OL]. (2013-03-25). http://www.gov.cn/zwgk/2013-04/01/content_2367368.htm.

[4] 张辰. 建立城镇内涝防治标准体系-保障城市安全运行 [J]. 工程建设标准化，2014 (6)：8-9.

[5] 新版规范局部修订编制组. 2014 版《室外排水设计规范》局部修订解读 [J]. 给水排水，2014，40 (4)：7-11.

[6] 任毅，周倩倩，李冬梅等. 呼和浩特市大排水系统的构建规划与评估研究 [J]. 人民珠江，2015，36 (4)：25-28.

[7] 李双菊，程瑞丰. 浅议城市雨水收集与回用 [J]. 建筑工程技术与设计，2015，(2)：445.

[8] 孟静静，常海涛. 浅谈巩义市污水厂二期管线工程设计 [J]. 江西建材，2015 (3)：10.

[9] 徐国锋，贺晓红. 城市内涝成因及防治对策分析 [J]. 城市道桥与防洪，2013 (9)：107-110，11.

[10] 张辰，贺晓红，吕永鹏等. 美国城市排水防涝规划设计 12 条原则的启示 [J]. 中国市政工程，2013 (Sup)：14-16.

[11] 杨宁. 我国绿色建筑评价标准中雨洪控制利用的研究 [D]. 北京：北京建筑大学，2013.

[12] 严慈玉，王景芸，康乾昌等. 可持续排水系统的发展与应用研究 [J]. 城镇供水，2019 (6)：14，60-63.

[13] 张玉鹏. 国外雨水管理理念与实践 [J]. 国际城市规划，2015，30 (Sup1)：89-93.

[14] 刘颂，李春晖. 澳大利亚水敏性城市转型历程及其启示 [J]. 风景园林，2016 (6)：104-111.

[15] 许臣思. 面向雨洪问题的城市可持续发展方式分析——以武汉市为例 [J]. 建筑与文化，2017 (5)：78-79.

[16] 艾维. 让洪水有路可走有地可蓄——国外抗洪排涝面面观 [J]. 资源导刊，2016 (8)：56-57.

[17] FLOOD C. Tunnel and reservoir plan [J]. 2004.

[18] 张毅. 低影响开发建设模式及效果评价应用研究 [D]. 北京：北京建筑大学，2016.

[19] 王晓多，王学明，吴惠勋. 新加坡的排水规划与管理 [J]. 黑龙江水利科技，2000 (2)：106-107.

[20] 张丽. 值得借鉴的排水处理 [J]. 黑龙江水利科技，2006 (6)：118-119.

[21] 王涛. 英国：加大雨水利用力度 [N]. 经济日报，2011-08-20 (8).

[22] 李湘洲. 国外雨水回收利用经验及借鉴 [J]. 广西节能，2012 (1)：21-23.

[23] 陈嫣. 日本大城市雨水综合管理分析和借鉴 [J]. 中国给水排水，2016，32 (10)：42-47.

[24] 路向军. 新加坡城市集水区建设的经验及启示 [J]. 求知，2012 (6)：45-46.

[25] 李满. 新加坡：珍惜水资源建起"集水区" [N]. 经济日报，2006-09-20.

[26] 郇公弟. 德国灾后重建经验 [J]. 农村工作通讯，2008 (11)：58-59.

[27] 东京——雨水利用融入日常生活 [N]. 人民日报，2020-08-12 (17).

[28] 国家标准《室外排水设计规范》局部修订的条文及具体内容 [J]. 工程建设标准化，2014 (3)：30-41.

[29] 贺晓红，邹伟国，吕永鹏等. 流域末端河网地区城市内涝特点及总体防治思路研究 [J]. 给水排水，2014，40 (10)：30-34.

8 김우리